北京市重点建设学科(71D1311012)
北京市教委面上项目(KM201411232018)
北京信息科技大学研究生教育质量工程项目(YJT2015XX)

数值计算方法与实验学习辅导

左　军　谢冬秀　编著

国防工业出版社
·北京·

内容简介

本书是国防工业出版社出版的教材《数值计算方法与实验》的配套学习辅导书,全书内容共分八章,包括引论、非线性方程求根、解线性方程组的数值解法、插值法、函数逼近与曲线拟合、数值积分与数值微分、代数特征值问题计算方法、常微分方程的数值解法.每章分三部分:第一部分是基本要求与知识要点,简明扼要地提出本章的要求,系统归纳了要掌握的知识点及有关重点难点内容;第二部分是典型例题选讲,为巩固和深化课程内容,选择一些典型例题作了详细分析与解答;第三部分是课后习题解答,对教材课后习题给出详尽解答过程.

本书可作为理工科院校各专业本科生及研究生学习数值分析或计算方法课程时的辅导书,也可供从事科学与工程计算的科技人员参考使用,对准备考研的人员也有很好的参考价值.

图书在版编目(CIP)数据

数值计算方法与实验学习辅导/左军,谢冬秀编著.—北京:
国防工业出版社,2015.8
ISBN 978-7-118-10326-7

Ⅰ.①数…　Ⅱ.①左…②谢…　Ⅲ.①数值计算–
计算方法　Ⅳ.①O241

中国版本图书馆 CIP 数据核字(2015)第 191207 号

※

*国防工业出版社*出版发行

(北京市海淀区紫竹院南路23号　邮政编码100048)
北京奥鑫印刷厂印刷
新华书店经售

*

开本 787×1092　1/16　印张 11¾　字数 267 千字
2015 年 8 月第 1 版第 1 次印刷　印数 1—4000 册　定价 26.00 元

(本书如有印装错误,我社负责调换)

国防书店:(010)88540777　　　发行邮购:(010)88540776
发行传真:(010)88540755　　　发行业务:(010)88540717

前　言

“数值计算方法”(又称“数值分析”)是很多高等院校信息与计算科学、数学与应用数学、计算机科学等理工科本科专业开设的一门专业基础课,也是工件研究生的学位课程.该课程的理论与方法已广泛应用到科学研究、工程技术和社会科学的各领域,为了帮助学生更好地掌握数值计算方法的基本理论,开拓思路,提高解题能力,我们结合多年的教学经验,编写了这本与国防工业出版社出版的教材《数值计算方法与实验》相配套的学习辅导书.

本书内容与《数值计算方法与实验》内容相对应,共分八章,分别是引论、非线性方程求根、解线性方程组的数值解法、插值法、函数逼近与曲线拟合、数值积分与数值微分、代数特征值问题计算方法、常微分方程的数值解法.每章分三部分:第一部分提出本章的基本要求,系统归纳了有关的重要概念、基本理论和基本方法,突出主要定理及重要公式,结构清晰,便于读者重点把握;第二部分选择一部分典型例题,给出了详细分析与解答,有助于读者深入掌握解题方法和技巧;第三部分对教材课后习题给出解答,供读者参考.

本书的出版得到北京市重点建设学科(71D1311012)、北京市教委面上项目(KM201411232018)和北京信息科技大学研究生教育质量工程项目(YJT2015XX)的资助,书中内容参考了众多的数值分析、计算方法教科书及文献资料,在此对原作者及给予支持和帮助的同行表示衷心的感谢.

由于编者水平有限,书中内容难免有错误或不妥之处,恳请广大读者批评指正.

编　者

2015 年 5 月

目　录

第1章　引　论

1.1　基本要求与知识要点

掌握误差的相关概念,明确误差的来源与分类,会计算误差和判断有效数字,理解误差定性分析的方法,掌握避免误差危害的若干原则,理解内积概念与性质,掌握向量、矩阵和连续函数的范数概念,掌握相关常用范数的计算.

一、误差

1. 误差的来源与分类

误差的来源是复杂多样的,主要有模型误差、观测误差、截断误差、舍入误差.

本文主要考虑截断误差和舍入误差. 例如,要计算级数

$$1+\frac{1}{2!}+\frac{1}{3!}+\cdots+\frac{1}{n!}+\cdots=\sum_{k=1}^{\infty}\frac{1}{k!}$$

的值,当用计算机计算时,用前 n 项(有限项)的和来代替无穷项之和,即舍弃了第 n 项后面的无穷多项,因而产生了截断误差 $\sum\limits_{k=n+1}^{\infty}\frac{1}{k!}$. 再例如,用 3.14159 表示圆周率 π 时产生的误差 0.0000026…,用 0.33333 表示 $1\div 3$ 的运算结果时所产生的误差 0.0000033…都是舍入误差。

2. 误差与有效数字

定义 1.1　设 x 为准确值,x^* 是 x 的近似值,则 $\varepsilon=x-x^*$ 称为近似值 x^* 的绝对误差,简称误差.

定义 1.2　设 x 为准确值, x^* 为 x 的近似值,且 x^* 的绝对误差为

$$|\varepsilon|=|x-x^*|\leqslant\delta(x^*),$$

则 $\delta(x^*)$ 称为 x^* 的绝对误差限.

定义 1.3　$\varepsilon_r=\dfrac{x-x^*}{x}$称为近似值 x^* 的相对误差,当 $x\neq 0$ 时,$\delta_r(x^*)=\dfrac{\delta(x^*)}{|x|}$称为 x^* 的相对误差限.

实际上精确值 x 往往未知,所以常常把 $\varepsilon_r=\dfrac{x-x^*}{x^*}$作为 x^* 的相对误差,而 $\delta_r(x^*)=\dfrac{\delta(x^*)}{|x^*|}$作为它的相对误差限.

定义 1.4　设 x^* 是 x 的一个近似数,表示为

$$x^*=\pm 10^k\times 0.a_1a_2\cdots a_n,$$

每个 $a_i(i=1,2,\cdots,n)$ 均为 $0,1,\cdots,9$ 中的一个数字，$a_1\neq 0$，k 为整数，如果 $|x-x^*|\leqslant\frac{1}{2}\times 10^{k-n}$，则称 x^* 为 x 的具有 n 位有效数字的近似值.

定理 1.1 设 x 的近似值为 x^*，则

(1) 如果 x^* 具有 n 位有效数字，则其误差限为

$$\frac{|x-x^*|}{|x^*|}\leqslant\delta_r(x^*)=\frac{1}{2a_1}\times 10^{-(n-1)}.$$

(2) 如果

$$\frac{|x-x^*|}{|x^*|}\leqslant\delta_r(x^*)=\frac{1}{2(a_1+1)}\times 10^{-(n-1)},$$

则 x^* 至少具有 n 位有效数字.

二、数值计算的误差估计

设一元函数 $f(x)$ 具有二阶连续导数，自变量 x 的一个近似值为 x^*，用 $f(x^*)$ 近似 $f(x)$，则 $f(x^*)$ 的绝对误差限为

$$\delta f(x^*)\approx|f'(x^*)|\delta(x^*),$$

相对误差限为

$$\delta_r f(x^*)\approx\left|\frac{f'(x^*)}{f(x^*)}\right|\delta(x^*).$$

对多元函数 $f(x_1,x_2,\cdots,x_n)$，若自变量的近似值为分别是 $x_1^*,x_2^*,\cdots,x_n^*$，则 $f(x_1^*,x_2^*,\cdots x_n^*)$ 的绝对误差限为

$$\delta f(x_1{}^*,x_2{}^*,\cdots,x_n^*)\approx\sum_{k=1}^{n}\left|\frac{\partial f(x_1{}^*,x_2{}^*,\cdots,x_n^*)}{\partial x_k}\right|\delta(x_k^*),$$

其相对误差限为

$$\delta_r f(x_1^*,x_2^*,\cdots,x_n^*)\approx\sum_{k=1}^{n}\left|\frac{\partial f(x_1^*,x_2^*,\cdots,x_n^*)}{\partial x_k}\right|\frac{\delta(x_k^*)}{|f(x_1^*,\cdots,x_n^*)|}.$$

一般地，近似值 x_1^* 及 x_2^* 的四则运算结果的误差估计为

$$\delta(x_1{}^*\pm x_2{}^*)=\delta(x_1{}^*)+\delta(x_2{}^*);$$

$$\delta(x_1x_2)=|x_2^*|\delta(x_1^*)+|x_1^*|\delta(x_2^*);$$

$$\delta\left(\frac{x_1^*}{x_2^*}\right)\approx\frac{|x_2^*|\delta(x_1^*)+|x_1^*|\delta(x_2^*)}{|x_2^*|^2},x_2^*\neq 0.$$

三、误差定性分析与避免误差危害

1. 误差定性分析

对于一个数值问题，往往由于问题本身，如果输入数据有微小扰动（即误差），引起输出数据（即问题解）相对误差很大，这就是病态问题. 对于函数 $f(x)$，若 x 的近似值为 x^*，其相

对误差为$\frac{x-x^*}{x^*}$,函数值$f(x^*)$的相对误差为$\frac{f(x)-f(x^*)}{f(x^*)}$，它们相对误差比的绝对值为

$$\left|\frac{[f(x)-f(x^*)]/f(x^*)}{(x-x^*)/x^*}\right| \approx \left|\frac{x^*f'(x^*)}{f(x^*)}\right| = C_p,$$

式中:C_p 为计算函数值$f(x)$的条件数. 一般情形下,若条件数 $C_p \geqslant 10$,则认为是问题病态,C_p 越大,病态越严重.

算法的计算复杂性是指在达到给定精度时,该算法所需的计算量和所占的内存空间. 前者称为时间复杂性,后者称为空间复杂性.

一个算法如果输入数据有误差,而在计算过程舍入误差不增长,则称此算法是数值稳定的,否则,称算法是不稳定的.

2. 避免误差危害的若干原则

数值计算中既要注意病态问题和数值算法稳定性,还应尽量避免误差危害,防止有效数字的损失,通常运算中应注意以下若干原则:

(1) 简化计算步骤,减少运算次数.

(2) 避免两个相近数的相减,以免有效数字损失.

(3) 避免除数的绝对值远小于被除数的绝对值.

(4) 注意运算次序,防止大数“吃掉”小数.

四、向量、矩阵和连续函数的范数

1. 内积

定义 1.5 设 $\boldsymbol{x},\boldsymbol{y}\in\mathbb{R}^n$ 或$\mathbb{C}^n$,$\boldsymbol{x}=(x_1,\cdots,x_n)^{\mathrm{T}}$,$y=(y_1,\cdots,y_n)^{\mathrm{T}}$, 实数$(\boldsymbol{x},\boldsymbol{y})=\sum_{i=1}^{n}x_iy_i$ 或复数$(\boldsymbol{x},\boldsymbol{y})=\boldsymbol{y}^{\mathrm{H}}\boldsymbol{x}=\sum_{i=1}^{n}x_i\bar{y}_i$($\boldsymbol{y}^{\mathrm{H}}=\bar{\boldsymbol{y}}^{\mathrm{T}}$,$\bar{y}$ 为 $\boldsymbol{y}$ 的共轭) 称为向量 $\boldsymbol{x}$ 与 $\boldsymbol{y}$ 的内积.

内积有以下性质:

(1) $(\boldsymbol{x},\boldsymbol{x})\geqslant 0$ 当且仅当 $\boldsymbol{x}=\boldsymbol{0}$ 时等号成立;

(2) $(\lambda\boldsymbol{x},\boldsymbol{y})=\lambda(\boldsymbol{x},\boldsymbol{y})$,$\lambda\in\mathbb{R}^1$ 或$(\lambda\boldsymbol{x},\boldsymbol{y})=\bar{\lambda}(\boldsymbol{x},\boldsymbol{y})$,$\lambda\in\mathbb{C}^1$;

(3) $(\boldsymbol{x},\boldsymbol{y})=(\boldsymbol{y},\boldsymbol{x})$,或$(\boldsymbol{x},\boldsymbol{y})=\overline{(\boldsymbol{y},\boldsymbol{x})}\boldsymbol{x},\boldsymbol{y}\in\mathbb{C}^n$;

(4) $(\boldsymbol{x}+\boldsymbol{y},\boldsymbol{z})=(\boldsymbol{x},\boldsymbol{z})+(\boldsymbol{y},\boldsymbol{z})$,$\boldsymbol{x},\boldsymbol{y},\boldsymbol{z},\in\mathbb{R}^n$;

(5) $|(\boldsymbol{x},\boldsymbol{y})|^2\leqslant(\boldsymbol{x},\boldsymbol{x})(\boldsymbol{y},\boldsymbol{y})$ (柯西－施瓦兹不等式)

定义 1.6 设$\rho(x)$是定义在(a,b)上的非负函数,且满足:

(1) $\int_a^b |x|^n\rho(x)\,\mathrm{d}x$ 存在$(n=0,1,2,\cdots)$;

(2) 对非负的连续函数 $g(x)$,若$\int_a^b g(x)\rho(x)\,\mathrm{d}x=0$.

则在(a,b) 上有 $g(x)\equiv 0$,称$\rho(x)$ 为(a,b) 上的权函数.

定义 1.7 设$f(x)$, $g(x)$为$[a,b]$上的连续函数,$\rho(x)$为(a,b)上的权函数,称

$$(f,g)=\int_a^b f(x)g(x)\rho(x)\,\mathrm{d}x$$

为函数$f(x)$与$g(x)$在$[a,b]$上带权$\rho(x)$的内积. 特别当$\rho(x)=1$时,上式变为

$$(f,g)=\int_a^b f(x)g(x)\mathrm{d}x.$$

连续函数的内积满足

(1) 对称性:$(f,g)=(g,f)$;

(2) 齐次性:$(\lambda f,g)=\lambda(f,g),\lambda\in\mathbb{R}$;

(3) 可加性:$(f+g,u)=(f,u)+(g,u),f,g,u\in C[a,b]$;

(4) 正定性:$(f,f)\geqslant 0$,当且仅当$f(x)\equiv 0$时,$(f,f)=0$.

定理 1.2 $\varphi_0(x),\varphi_1(x),\cdots,\varphi_n(x)$在$[a,b]$上线性无关的充要条件为

$$\begin{vmatrix} (\varphi_0,\varphi_0) & (\varphi_0,\varphi_1) & \cdots & (\varphi_0,\varphi_n) \\ (\varphi_1,\varphi_0) & (\varphi_1,\varphi_1) & \cdots & (\varphi_1,\varphi_n) \\ \vdots & \vdots & \ddots & \vdots \\ (\varphi_n,\varphi_0) & (\varphi_n,\varphi_1) & \cdots & (\varphi_n,\varphi_n) \end{vmatrix} \neq 0.$$

2. 向量的范数

定义 1.8 如果向量$\boldsymbol{x}\in\mathbb{R}^n$的某个实值函数记作$\|\boldsymbol{x}\|$,若满足以下条件:

(1) $\|\boldsymbol{x}\|\geqslant 0$ 当且仅当 $x=\boldsymbol{0}$ 时等号成立(正定性);

(2) $\|\lambda\boldsymbol{x}\|=|\lambda|\,\|\boldsymbol{x}\|,\lambda\in\mathbb{R}$(齐次性);

(3) $\|\boldsymbol{x}+\boldsymbol{y}\|\leqslant\|\boldsymbol{x}\|+\|\boldsymbol{y}\|$(三角不等式).

则称$\|\boldsymbol{x}\|$是$\mathbb{R}^n$上的一个向量范数. 由(3)可推出不等式

$$\big|\,\|\boldsymbol{x}\|-\|\boldsymbol{y}\|\,\big|\leqslant\|\boldsymbol{x}-\boldsymbol{y}\|$$

下面给出几种常用的向量范数,设$\boldsymbol{x}=(x_1,\cdots,x_n)^{\mathrm{T}}$,定义

$$\|\boldsymbol{x}\|_1=\sum_{i=1}^n|x_i| \quad (1-范数),$$

$$\|\boldsymbol{x}\|_2=\Big(\sum_{i=1}^n|x_i|^2\Big)^{1/2} \quad (2-范数),$$

$$\|\boldsymbol{x}\|_\infty=\max_{1\leqslant i\leqslant n}|x_i| \quad (\infty-范数).$$

更一般地还可定义

$$\|\boldsymbol{x}\|_p=\Big(\sum_{i=1}^n|x_i|^p\Big)^{1/p} \quad (p-范数).$$

容易说明上述三种范数是$p-$范数的特殊情况($p=1,2,\infty$,且$\|\boldsymbol{x}\|_\infty=\lim\limits_{p\to\infty}\|\boldsymbol{x}\|_p$).

定理 1.3 (向量范数的连续性) 设$N(\boldsymbol{x})=\|\boldsymbol{x}\|$是$\mathbb{R}^n$上任一种向量范数,则$N(\boldsymbol{x})$是向量$\boldsymbol{x}$的分向量$x_1,x_2,\cdots,x_n$的连续函数.

定义 1.9 设$\|\cdot\|_s$与$\|\cdot\|_t$是$\mathbb{R}^n$上的两种向量范数,如果存在常数$c_1,c_2>0$,对所有$\boldsymbol{x}\in\mathbb{R}^n$,有

$$c_1\|\boldsymbol{x}\|_s\leqslant\|\boldsymbol{x}\|_t\leqslant c_2\|\boldsymbol{x}\|_s,$$

则称$\|\cdot\|_s$和$\|\cdot\|_t$是$\mathbb{R}^n$上等价的范数.

定理 1.4 $\mathbb{R}^n$上任意两种范数是等价的.

设$\boldsymbol{x}^{(k)}=(x_1^{(k)},\cdots,x_n^{(k)})^{\mathrm{T}}$, $\boldsymbol{x}=(x_1,\cdots,x_n)^{\mathrm{T}}\in\mathbb{R}^n$,由范数的等价性,若向量序列在一种

范数下收敛,则在其他范数下也收敛. 因此$\lim\limits_{k\to\infty}\boldsymbol{x}^{(k)}=\boldsymbol{x}\Leftrightarrow\lim\limits_{k\to\infty}x_i^{(k)}=x_i$.

3. 矩阵的范数

定义 1.10 如果对$\mathbb{R}^{n\times n}$上任一矩阵$\boldsymbol{A}$的某个非负实函数记为$\|\boldsymbol{A}\|$,满足以下条件:对于任意的$\boldsymbol{A},\boldsymbol{B}\in\mathbb{R}^{n\times n}$和$\alpha\in\mathbb{R}$,有

(1) $\|\boldsymbol{A}\|\geqslant 0$ 当且仅当$\boldsymbol{A}=0$(零矩阵)时等号成立;

(2) $\|\alpha\boldsymbol{A}\|=|\alpha|\,\|\boldsymbol{A}\|$;

(3) $\|\boldsymbol{A}+\boldsymbol{B}\|\leqslant\|\boldsymbol{A}\|+\|\boldsymbol{B}\|$;

(4) $\|\boldsymbol{AB}\|\leqslant\|\boldsymbol{A}\|\,\|\boldsymbol{B}\|$,

则称$\|\boldsymbol{A}\|$为矩阵$\boldsymbol{A}$的范数.

设$\boldsymbol{A}\in\mathbb{R}^{n\times n}$,常用的矩阵范数有

$$\|\boldsymbol{A}\|_\infty=\max_{1\leqslant i\leqslant n}\sum_{j=1}^n|a_{ij}|\quad(\boldsymbol{A}\text{ 的行范数}),$$

$$\|\boldsymbol{A}\|_1=\max_{1\leqslant j\leqslant n}\sum_{i=1}^n|a_{ij}|\quad(\boldsymbol{A}\text{ 的列范数}),$$

$$\|\boldsymbol{A}\|_2=\sqrt{\rho(\boldsymbol{A}^{\mathrm{T}}\boldsymbol{A})}\quad(\boldsymbol{A}\text{ 的 2 - 范数}),$$

$$\|\boldsymbol{A}\|_F=\Big(\sum_{i,j=1}^n a_{ij}^2\Big)^{1/2}\quad(\boldsymbol{A}\text{ 的 Frobenius 范数,简称 F - 范数}),$$

式中:$\rho(\cdot)$为矩阵的谱半径,即$\rho(\boldsymbol{A})=\max\limits_{1\leqslant i\leqslant n}|\lambda_i|$,其中$\lambda_i$是$\boldsymbol{A}$的特征值.

定义 1.11 对于给定的$\mathbb{R}^n$上一种向量范数$\|\boldsymbol{x}\|$和$\mathbb{R}^{n\times n}$上一种矩阵范数$\|\boldsymbol{A}\|$,若有

$$\|\boldsymbol{Ax}\|\leqslant\|\boldsymbol{A}\|\,\|\boldsymbol{x}\|,\quad\forall\boldsymbol{x}\in\mathbb{R}^n,\boldsymbol{A}\in\mathbb{R}^{n\times n},$$

则称上述矩阵范数与向量范数相容.

还可通过已知的向量范数来定义与之相容的矩阵范数.

设$\boldsymbol{x}\in\mathbb{R}^n,\boldsymbol{A}\in\mathbb{R}^{n\times n}$,当给定向量范数$\|\cdot\|_v$(如$v=1,2$或$\infty$)时可定义

$$\|\boldsymbol{A}\|_v=\max_{x\neq 0}\frac{\|\boldsymbol{Ax}\|_v}{\|\boldsymbol{x}\|_v}=\max_{\|x\|_v=1}\|\boldsymbol{Ax}\|_v.$$

称为由向量范数导出的矩阵范数或算子范数.

定理 1.5 设$\boldsymbol{x}\in\mathbb{R}^n,\boldsymbol{A}\in\mathbb{R}^{n\times n}$,$\|\cdot\|_v$是$\mathbb{R}^n$上的一种向量范数,则由向量范数导出的矩阵范数$\|\boldsymbol{A}\|_v$是$\mathbb{R}^{n\times n}$上的一种矩阵范数,且满足相容性条件$\|\boldsymbol{Ax}\|_v\leqslant\|\boldsymbol{A}\|_v\,\|\boldsymbol{x}\|_v$.

定理 1.6 设$\|\cdot\|$为$\mathbb{R}^{n\times n}$上任一种(无论是否与向量范数相容)矩阵范数,则对任何$\boldsymbol{A}\in\mathbb{R}^{n\times n}$,有

$$\rho(\boldsymbol{A})\leqslant\|\boldsymbol{A}\|.$$

反之,对任意的$\boldsymbol{A}\in\mathbb{R}^{n\times n}$及$\varepsilon>0$,至少存在一种算子范数$\|\cdot\|_\varepsilon$使

$$\|\boldsymbol{A}\|_\varepsilon\leqslant\rho(\boldsymbol{A})+\varepsilon.$$

定理 1.7 (矩阵范数等价性)对$\mathbb{R}^{n\times n}$上的任两种数$\|\cdot\|_s$及$\|\cdot\|_t$,存在常数c_1,$c_2>0$使

$$c_1\|\boldsymbol{A}\|_s\leqslant\|\boldsymbol{A}\|_t\leqslant c_2\|\boldsymbol{A}\|_s.$$

定理 1.8 设 $\boldsymbol{B}\in\mathbb{R}^{n\times n}$,如 $\|\boldsymbol{B}\|<1$,则 $\boldsymbol{I}\pm\boldsymbol{B}$ 非奇异,且

$$\|(\boldsymbol{I}\pm\boldsymbol{B})^{-1}\|\leqslant\frac{\|\boldsymbol{I}\|}{1-\|\boldsymbol{B}\|},$$

式中:$\|\cdot\|$ 指矩阵的算子范数.

4. 连续函数的范数

在 $C[a,b]$ 中定义了内积后,则

$$(f,f)=\int_a^b f^2(x)\rho(x)\mathrm{d}x$$

为一个非负值,因此有

定义 1.12 设 $f(x)\in C[a,b]$,$\|f\|$ 为某非负实数,若满足

(1) 正定性:$\|f\|\geqslant 0$,且 $\|f\|=0$ 当且仅当 $f(x)\equiv 0$;

(2) 齐次性:对任意实数 α,都有 $\|\alpha f\|=|\alpha|\,\|f\|$;

(3) 三角不等式:对任意 $f,g\in C[a,b]$,都有 $\|f+g\|\leqslant\|f\|+\|g\|$.

则称 $\|f\|$ 为连续函数的范数.

常用的连续函数的范数有

$$\|f(x)\|_\infty=\max_{a\leqslant x\leqslant b}|f(x)| \qquad (\infty-\text{范数}),$$

$$\|f(x)\|_1=\int_a^b|f(x)|\rho(x)\mathrm{d}x \qquad (1-\text{范数}),$$

$$\|f(x)\|_2=\sqrt{(f,f)} \qquad (2-\text{范数(欧几里得范数)}).$$

1.2 典型例题选讲

例 1.1 设 $x=108.57\ln t$,其近似值 x^* 的绝对误差 $\varepsilon(x^*)\leqslant 0.1$,证明 t^* 的相对误差 $\varepsilon_r(t^*)<0.1\%$.

证 由 $\varepsilon(x^*)=108.57(\ln t-\ln t^*)=108.57\ln\left(\dfrac{t}{t^*}\right)\leqslant 0.1$,得

$$0<\frac{t}{t^*}\leqslant \mathrm{e}^{\frac{0.1}{108.57}}$$

$$\varepsilon_r(t^*)=\frac{t-t^*}{t^*}=\frac{t^*}{t}-1\leqslant \mathrm{e}^{\frac{0.1}{108.57}}-1\approx 9.21\times 10^{-4}<0.1\%.$$

例 1.2 要使 $\sqrt{6}$ 的近似值的相对误差限小于 0.1%,需取几位有效数字?

解 方法1:因为 $\sqrt{6}=2.449\cdots$,有 $a_1=2$,设近似值 x^* 有 n 位有效数字,由定理 1.1 得

$$\delta_r(x^*)=\frac{|x-x^*|}{|x^*|}\leqslant\frac{1}{2a_1}\times 10^{-(n-1)}=\frac{1}{4}\times 10^{-(n-1)}$$

于是

$$\frac{1}{4}\times 10^{-(n-1)}<1\times 10^{-3}$$

注意到 $\dfrac{1}{4}<1$,取 $n-1=3$,得 $n=4$,故需取 4 位有效数字即可.

方法2：根据相对误差限 $\delta_r(x^*)=\frac{|x-x^*|}{|x^*|}=\frac{\delta(x^*)}{|x^*|}$，有 $\delta(x^*)=\delta_r(x^*)|x^*|$，所以

$$\frac{1}{2}\times 10^{-3}\times 2.449\cdots = 0.0012247\cdots > 0.0005 = \frac{1}{2}\times 10^{-3} = \delta(x^*)$$

则 $k-n=-3$，这里 $k=1$，从而 $n=4$，故取4位有效数字，$x^*=2.449$.

方法3：在方法1中，定理对所有具有 n 位有效数字的近似值都正确，故对误差估计偏大；在方法2中，取绝对误差限确定有效数字 n 也是偏大的. 对于本例，实际上，取3位有效数字2.45试算，其相对误差为

$$\frac{|\sqrt{6}-2.45|}{2.45}=0.000208 < 0.1\%$$

实际上已满足要求.

例1.3 设 $x_1=1.21$，$x_2=3.65$，$x_3=9.71$ 均是具有3位有效数字的近似值，判断 $x_1+x_2+x_3$ 有几位有效数字，试估算 $x_1x_2+x_3$ 的相对误差限.

解 $|\varepsilon(x_1)|\leqslant\frac{1}{2}\times 10^{-2}$，$|\varepsilon(x_2)|\leqslant\frac{1}{2}\times 10^{-2}$，$|\varepsilon(x_3)|\leqslant\frac{1}{2}\times 10^{-2}$.

$$\begin{aligned}|\varepsilon(x_1+x_2+x_3)| &\approx |\varepsilon(x_1)+\varepsilon(x_2)+\varepsilon(x_3)|\\ &\leqslant |\varepsilon(x_1)|+|\varepsilon(x_2)|+|\varepsilon(x_3)| = 1.5\times 10^{-2} < \frac{1}{2}\times 10^{-1},\end{aligned}$$

而 $x_1+x_2+x_3=14.57=0.1457\times 10^2$，故 $x_1+x_2+x_3$ 有3位有效数字.

又有

$$\varepsilon(x_1x_2+x_3)\approx\varepsilon(x_1x_2)+\varepsilon(x_3)\approx x_2\varepsilon(x_1)+x_1\varepsilon(x_2)+\varepsilon(x_3),$$

所以

$$\begin{aligned}|\varepsilon(x_1x_2+x_3)| &\leqslant x_2|\varepsilon(x_1)|+x_1|\varepsilon(x_2)|+|\varepsilon(x_3)|\\ &\leqslant 3.65\times\frac{1}{2}\times 10^{-2}+1.21\times\frac{1}{2}\times 10^{-2}+\frac{1}{2}\times 10^{-2}=2.93\times 10^{-2},\end{aligned}$$

于是

$$|\varepsilon_r(x_1x_2+x_3)|=\left|\frac{\varepsilon(x_1x_2+x_3)}{x_1x_2+x_3}\right|\leqslant\frac{2.93\times 10^{-2}}{1.21\times 3.65+9.71}=0.2074\times 10^{-2}.$$

例1.4 为了使计算

$$y=11+\frac{3}{x-1}+\frac{40}{(x-1)^2}-\frac{98}{(x-1)^3}$$

的乘除法运算次数尽量少，应将表达式改写成怎样的形式？

解 设 $t=\frac{1}{x-1}$，则 $y=11+(3+(40-98t)t)t$，共计四次乘法、一次除法. 在数值计算中，应注意简化运算步骤，减少运算次数，使计算量尽可能小.

例1.5 计算下列各式时，采用何种方法计算能使计算结果具有较高的精度？

(1) $\sqrt[3]{x+1}-\sqrt[3]{x}$，$x\gg 1$；　　(2) $\sin x-\tan x$，$x\neq 0$，$|x|\ll 1$.

解 两个相近数相减，会造成有效数字损失，为此作以下等价变形：

(1) $\sqrt[3]{x+1}-\sqrt[3]{x}=\dfrac{1}{\sqrt[3]{(x+1)^2}+\sqrt[3]{(x+1)x}+\sqrt[3]{x^2}},\ x\gg 1.$

(2) $\sin x-\tan x=\dfrac{\sin x}{\cos x}(\cos x-1)=\dfrac{\sin x}{\cos x}\left(-2\sin^2\dfrac{x}{2}\right)$

$$=-2\frac{\sin x}{\cos x}\sin^2\frac{x}{2},\ x\neq 0,\ |x|\ll 1.$$

例 1.6 建立下列积分的递推关系式，计算积分并分析其误差传播.

$$I_n=\int_0^1\frac{x^n}{x+5}\mathrm{d}x,n=0,1,\cdots,8.$$

解 由于

$$I_n+5I_{n-1}=\int_0^1\frac{x^n+5x^{n-1}}{x+5}\mathrm{d}x=\int_0^1x^{n-1}\mathrm{d}x=\frac{1}{n},$$

可得两个递推计算方法.

方法1:正向递推计算公式，即

$$I_n=\frac{1}{n}-5I_{n-1},n=1,2,\cdots,8,$$

$$I_0=\int_0^1\frac{1}{x+5}\mathrm{d}x=\ln 6-\ln 5\approx 0.1823.$$

方法2:逆向递推计算公式，即

$$I_{n-1}=-\frac{1}{5}I_n+\frac{1}{5n},n=8,7,\cdots 1.$$

下面求方法2的初值，利用广义积分中值定理

$$I_n=\frac{1}{\xi+5}\int_0^1x^n\mathrm{d}x=\frac{1}{\xi+5}\cdot\frac{1}{n+1},\zeta\in[0,1],$$

于是有

$$\frac{1}{6(n+1)}\leqslant I_n\leqslant\frac{1}{5(n+1)},$$

可取初值

$$I_8=\frac{1}{2}\left(\frac{1}{54}+\frac{1}{45}\right)=0.02037.$$

取4位有效数字计算，两种方法的计算结果如表1－1所列.

表1－1 计算结果对比

I_n	方法1	方法2	准确值	I_n	方法1	方法2	准确值
I_0	0.1823	0.1823	0.1823	I_5	0.09575	0.02846	0.02847
I_1	0.08850	0.08839	0.08839	I_6	−0.3121	0.02439	0.02433
I_2	0.05750	0.05804	0.05804	I_7	−1.703	0.02093	0.02123
I_3	0.04583	0.04314	0.04314	I_8	−8.392	0.02037	0.01884
I_4	0.02085	0.03431	0.03431				

对比计算结果可以看出,方法 1 在 I_6 时已为负值,显然与 $I_n>0$ 矛盾,事实上 I_4 和准确值相比已经连 1 位有效数字也没有了. 而方法 2 在初值 I_8 时虽然也没有有效数字,但倒推计算到 I_0 时各位都是有效数字. 实际上从递推计算公式可以看出,方法 1 的每步计算误差都扩大 5 倍,而方法 2 逆向迭代的结果是每次迭代误差都缩小为原来的 $\frac{1}{5}$ 倍,因此方法 2 逆向递推计算是稳定的算法.

例 1.7 建立计算积分

$$I_n=\int_0^1\frac{x^n+1}{4x+1}\mathrm{d}x,n=0,1,2,\cdots.$$

的稳定的递推算法,并证明算法的稳定性.

解 $I_0=\int_0^1\frac{2}{4x+1}\mathrm{d}x=\frac{1}{2}\ln5,$

$$\begin{aligned}I_n&=\int_0^1\frac{x^n+1}{4x+1}\mathrm{d}x=\frac{1}{4}\int_0^1\frac{(4x^n+x^{n-1})-(x^{n-1}+1)+5}{4x+1}\mathrm{d}x\\&=\frac{1}{4}\int_0^1x^{n-1}\mathrm{d}x-\frac{1}{4}\int_0^1\frac{x^{n-1}+1}{4x+1}\mathrm{d}x+\frac{1}{4}\int_0^1\frac{5}{4x+1}\mathrm{d}x\\&=\frac{1}{4n}-\frac{1}{4}I_{n-1}+\frac{5}{16}\ln5=\frac{1}{4n}-\frac{1}{4}I_{n-1}+\frac{5}{8}I_0,\end{aligned}$$

得递推算法

$$I_n=\frac{1}{4n}-\frac{1}{4}I_{n-1}+\frac{5}{8}I_0,I_0=\frac{1}{2}\ln5,n=1,2,\cdots.$$

设 $\tilde{I}_0$ 是 I_0 的一个近似值,则实际计算公式为

$$\tilde{I}_n=\frac{1}{4n}-\frac{1}{4}\tilde{I}_{n-1}+\frac{5}{8}\tilde{I}_0,$$

记 $e_n=I_n-\tilde{I}_n$,则得误差公式

$$e_n=-\frac{1}{4}e_{n-1}+\frac{5}{8}e_0,n=1,2,\cdots.$$

改写上式并递推下去,得

$$\begin{aligned}e_n-\frac{1}{2}e_0&=-\frac{1}{4}\left(e_{n-1}-\frac{1}{2}e_0\right)\\&=\left(-\frac{1}{4}\right)^2\left(e_{n-2}-\frac{1}{2}e_0\right)=\cdots=\left(-\frac{1}{4}\right)^n\left(e_0-\frac{1}{2}e_0\right)=\left(-\frac{1}{4}\right)^n\frac{1}{2}e_0,\end{aligned}$$

于是

$$e_n=\frac{1}{2}\left[1-\left(-\frac{1}{4}\right)^n\right]e_0,$$

因此

$$|e_n|=\left|\frac{1}{2}[1-(-\frac{1}{4})^n]e_0\right|\leqslant\frac{1}{2}(1+\frac{1}{4})|e_0|=\frac{5}{8}e_0,$$

从而递推算法稳定.

例 1.8 已知$A=\begin{pmatrix}1&1\\1&1\end{pmatrix}$,计算$\|A\|_p,p=1,2,\infty$,并解释它们满足矩阵从属范数的定义:$\|A\|_p=\max\limits_{\|x\|_p=1}\|Ax\|_p,p=1,2.$

解 由公式易得$\|A\|_1=2,\|A\|_\infty=2.$又

$$A^{\mathrm{T}}A=\begin{pmatrix}1&1\\1&1\end{pmatrix}\begin{pmatrix}1&1\\1&1\end{pmatrix}=\begin{pmatrix}2&2\\2&2\end{pmatrix},$$

其特征值λ满足$\det(\lambda I-A^{\mathrm{T}}A)=0$,即$\lambda^2-4\lambda=0$,得$\lambda=0,4.\rho(A^{\mathrm{T}}A)=4$,于是$\|A\|_2=\sqrt{\rho(A^{\mathrm{T}}A)}=2.$

设$x=(x_1,x_2)^{\mathrm{T}}$,则$Ax=(x_1+x_2,x_1+x_2)^{\mathrm{T}}$,于是

$$\|Ax\|_1=2|x_1+x_2|\leqslant 2(|x_1|+|x_2|)=2\|x\|_1,$$

且当x_1和x_2同号时等号成立,所以当$\|x\|_1=1$时,$\|Ax\|_1$的最大值为2,即$\|A\|_1=\max\limits_{\|x\|_1=1}\|Ax\|_1=2.$

另一方面,有

$$\|x\|_2=\sqrt{x_1^2+x_2^2},\|Ax\|_2=\sqrt{2(x_1^2+2x_1x_2+x_2^2)},$$

在条件$x_1^2+x_2^2=1$下,可知仅当$x_1=x_2=\frac{1}{\sqrt{2}}$时,$\|Ax\|_2$取得最大值,即

$$\|A\|_2=\max_{\|x\|_2=1}\|Ax\|_2=\sqrt{2\left(\frac{1}{\sqrt{2}}+\frac{1}{\sqrt{2}}\right)^2}=2.$$

由本例可知,如果用定义来求矩阵的从属范数,比较繁琐且计算量大,而用计算公式求解,则较为简便.

例 1.9 设A是非奇异矩阵,λ是A的任一特征值,$\|A\|$是相容矩阵范数,证明:

(1) $\|I\|\geqslant 1$;　(2) $\frac{1}{\|A^{-1}\|}\leqslant|\lambda|\leqslant\|A\|$.

这里I表示单位矩阵.

证明 (1) 方法1:$A=AI,\|A\|=\|AI\|\leqslant\|A\|\cdot\|I\|$,而$A$非奇异,$\|A\|>0$,从而$\|I\|\geqslant 1$.

方法2:易知单位矩阵的谱半径$\rho(I)=1$,且$\rho(I)\leqslant\|I\|$,因此$\|I\|\geqslant 1$.

(2) 设x是相应于A的特征值λ的特征向量,则$Ax=\lambda x$,由向量范数定义及矩阵范数与向量范数的相容性,得

$$|\lambda|\|x\|=\|\lambda x\|=\|Ax\|\leqslant\|A\|\|x\|,$$

由于$\|x\|>0$,于是$|\lambda|\leqslant\|A\|$.

因A非奇异,故A^{-1}存在,$\lambda\neq 0$,由$Ax=\lambda x$知,$A^{-1}x=\frac{1}{\lambda}x$,同理$\frac{1}{|\lambda|}\leqslant\|A^{-1}\|$. 因此有

$$\frac{1}{\|A^{-1}\|}\leqslant|\lambda|\leqslant\|A\|.$$

1.3 课后习题解答

1. 设 $x>0$，x 的相对误差为 δ，求 $\ln x$ 的误差.

解 设 x 的近似值为 x^*，则由假设有 $\delta=\dfrac{x-x^*}{x^*}$，对于 $f(x)=\ln x$，$f'(x)=\dfrac{1}{x}$，故由

$$\delta f(x^*)\approx |f'(x^*)|\delta(x^*),$$

得

$$\ln x-\ln x^*=\delta f(x^*)\approx\left|\frac{1}{x^*}\right|(x-x^*)=\frac{x-x^*}{x^*}=\delta,$$

即 $\delta(\ln x^*)\approx\delta$.

2. 设 x 的相对误差为 2%，求 x^n 的相对误差.

解 设 $f(x)=x^n$，则此计算函数值问题的条件数为

$$C_p=\left|\frac{xf'(x)}{f(x)}\right|=\left|\frac{x\cdot nx^{n-1}}{x^n}\right|=n,$$

而按条件数定义知

$$C_p\approx\frac{\varepsilon_r(f(x^*))}{\varepsilon_r(x^*)},$$

从而

$$\varepsilon_r(f(x^*))\approx C_p\cdot\varepsilon_r(x^*)=n\cdot 2\%=0.02n.$$

3. 已知 $\mathrm{e}=2.71828\cdots$，问下列 x 的近似值 a 有几位有效数字，相对误差是多少？

(1) $x=\mathrm{e}$，$a=2.7$；　　(2) $x=\mathrm{e}$，$a=2.718$；

(3) $x=\mathrm{e}/100$，$a=0.027$　　(4) $x=\mathrm{e}/100$，$a=0.02718$.

解 (1) $a=2.7=0.27\times10^1$，于是有 $k=1$，由有效数字的定义 1.4，得

$$|\varepsilon(a)|=|x-a|=|\mathrm{e}-2.7|=0.01828\cdots\leqslant\frac{1}{2}\times10^{-1}=\frac{1}{2}\times10^{1-2}$$

可知 a 有两位有效数字. 再由不等式

$$\varepsilon_r(a)=\frac{x-a}{a}=\frac{0.01828\cdots}{2.7}\leqslant\frac{0.0183}{2.7}\approx0.0067$$

得相对误差 $\varepsilon_r(a)\approx0.0067$.

类似可得

(2) 4 位，0.010%；(3) 2 位，0.67%；(4) 4 位，0.010%.

4. 要使 $\sqrt{17}$ 的相对误差不超过 0.1%，应取几位有效数字？

解 假设取到 n 位有效数字，则其相对误差限为

$$\delta_r(x^*)=\frac{|x-x^*|}{|x^*|}\leqslant\frac{1}{2a_1}\times10^{-(n-1)},$$

注意到 $4\leqslant\sqrt{17}\leqslant5$，可取 $a_1=4$，要使 $\sqrt{17}$ 的相对误差不超过 0.1%，只要满足

$$\frac{1}{2\times 4}\times 10^{-(n-1)}\leqslant 0.1\%,$$

得 $n\geqslant 1-\lg(8/1000)=4$，因此应取 4 位有效数字即可.

5. 设原始数据的下列近似值每位都是有效数字：

$$a_1=1.1021, a_2=0.031, a_3=385.6, a_4=56.430.$$

试计算：

(1) $a_1+a_2+a_4$；(2) $a_1a_2a_3$；(3) a_2/a_4.

并估计它们的相对误差限.

解 $a_1+a_2+a_4=57.5631$ ，$a_1a_2a_3=13.17406$ ，$a_2/a_4=0.000549$.

$$\delta(a_1)=\frac{1}{2}\times 10^{-4}, \delta(a_2)=\frac{1}{2}\times 10^{-3}, \delta(a_3)=\frac{1}{2}\times 10^{-1}, \delta(a_4)=\frac{1}{2}\times 10^{-3},$$

$$\delta(a_1+a_2+a_4)=\frac{1}{2}\times 10^{-4}+\frac{1}{2}\times 10^{-3}+\frac{1}{2}\times 10^{-3}=1.05\times 10^{-3},$$

$$\delta(a_1+a_2+a_4)=\frac{|\delta(a_1+a_2+a_4)|}{|a_1+a_2+a_4|}=\frac{1.05\times 10^{-3}}{57.5631}\approx 1.8\times 10^{-5}.$$

应用计算公式类似可求

$$\delta(a_1a_2a_3)=\frac{|\delta(a_1a_2a_3)|}{|a_1a_2a_3|}=\frac{|a_2a_3\delta(a_1)+a_1a_3\delta(a_2)+a_1a_2\delta(a_3)|}{|a_1a_2a_3|}\approx 0.016,$$

$$\delta(a_2/a_4)=\frac{|\delta(a_2/a_4)|}{|a_2/a_4|}=\frac{\left|\frac{1}{a_4}\delta(a_2)-\frac{a_2}{a_4^2}\delta(a_4)\right|}{|a_2/a_4|}\approx 0.016.$$

6. (1) 设 x 的相对误差限为 δ，求 x^n 的相对误差限.

(2) 函数 x^n 求值的条件数是多少？用以解释(1)的结果.

提示：此题解法同第 2 题，设 $f(x)=x^n$，x^n 求值的条件数 $C_p=n$，x^n 的相对误差限为 $\varepsilon_r(f(x^*))\approx C_p\cdot\varepsilon_r(x^*)=n\delta$.

7. 为了使计算球体体积 $V=\frac{4}{3}\pi R^3$ 时的相对误差不超过 1%，问测量半径 R 时的允许相对误差限是多少？

解 球体体积计算的条件数为

$$C_p=\left|\frac{R\cdot V'}{V}\right|=\left|\frac{R\cdot 4\pi R^2}{\frac{4}{3}\pi R^3}\right|=3,$$

按条件数定义知

$$C_p\approx\frac{\varepsilon_r(V^*)}{\varepsilon_r(R^*)},$$

从而

$$\varepsilon_r(R^*)\approx\frac{\varepsilon_r(V^*)}{C_p}=\frac{0.01}{3}\approx 0.0033.$$

8. 三角函数值取 4 位有效数字，怎样计算才能保证 $1-\cos 2^\circ$ 的精度？

解 用函数表计算，得

$$1-\cos 2^\circ \approx 1-0.9994=0.0006,$$

只有 1 位有效数字.

用其它方法计算，得

$$1-\cos 2^\circ=\frac{\sin^2 2^\circ}{1+\cos 2^\circ}\approx\frac{0.03490^2}{1.9994}\approx 6.092\times 10^{-4},$$

有 4 位有效数字.

$$1-\cos 2^\circ=2\sin^2 1^\circ\approx 6.09\times 10^{-4},$$

有 3 位有效数字.

准确值 $1-\cos 2^\circ=6.0917\cdots\times 10^{-4}$，以上三种方法的误差限分别为 0.1×10^{-4}，0.0003×10^{-4}，0.002×10^{-4}. 可见第 2 种方法精度较好.

9. 计算 $f=(\sqrt{2}-1)^6$，取 $\sqrt{2}\approx 1.4$，采用下列方法计算：

$$\frac{1}{(\sqrt{2}+1)^6},(3-2\sqrt{2})^3,\frac{1}{(3+2\sqrt{2})^3},99-70\sqrt{2}.$$

哪一个得到的结论最好？

解 $(\sqrt{2}-1)^6=0.0050506\cdots$，取 $\sqrt{2}\approx 1.4$.

(1) $\dfrac{1}{(\sqrt{2}+1)^6}\approx\dfrac{1}{(1.4+1)^6}=\dfrac{1}{2.4^6}\approx 0.0052328.$

(2) $(3-2\sqrt{2})^3\approx(3-2\times 1.4)^3\approx 0.008.$

(3) $\dfrac{1}{(3+2\sqrt{2})^3}\approx\dfrac{1}{(3+2.8)^3}\approx 0.0051253.$

(4) $99-70\sqrt{2}\approx 99-70\times 1.4=1.$

经比较，用第(3)式计算误差最小. 事实上，可作如下分析：

设 $x=\sqrt{2}$，其近似值为 $x^*=1.4$，所给 5 个算式可分别看成

$$f(x)=(x-1)^6,f_1(x)=(x+1)^{-6},f_2(x)=(3-2x)^3,$$
$$f_3(x)=(3+2x)^{-3},f_4(x)=99-70x.$$

而 $\varepsilon(x^*)=x-x^*=\sqrt{2}-1.4\leqslant 0.02$，记 $\varepsilon=0.02$，于是

$$\delta f(x^*)\approx|f'(x^*)(x-x^*)|\leqslant 6(x^*-1)^5\varepsilon\leqslant 0.062\varepsilon,$$
$$\delta f_1(x^*)\approx|f'_1(x^*)(x-x^*)|\leqslant 6(x^*+1)^{-7}\varepsilon\leqslant 0.014\varepsilon,$$
$$\delta f_2(x^*)\approx|f'_2(x^*)(x-x^*)|\leqslant 6(3-2x^*)^2\varepsilon\leqslant 0.24\varepsilon,$$
$$\delta f_3(x^*)\approx|f'_3(x^*)(x-x^*)|\leqslant 6(3+2x^*)^{-4}\varepsilon\leqslant 0.00531\varepsilon,$$
$$\delta f_4(x^*)\approx|f'_4(x^*)(x-x^*)|\leqslant 70\varepsilon,$$

由此可见，用 $\dfrac{1}{(3+2\sqrt{2})^3}$ 计算时误差最小.

10. 设函数$f(x)=\ln(x+\sqrt{x^2+1})$

(1) 怎样计算$f(x)$的值才能避免有效数字的损失?

(2) 开方和对数取6位有效数字,试计算$f(30)$和$f(-30)$的值.

解 (1) 函数$f(x)=\ln(x+\sqrt{x^2+1})$的另一等价形式为

$$f(x)=-\ln(\sqrt{x^2+1}-x),$$

两个相近数作减法可能会损失有效数字,因此应选择

$$f(x)=\begin{cases}\ln(\sqrt{x^2+1}+x), & x\geqslant 0\\ -\ln(\sqrt{x^2+1}-x), & x<0\end{cases}.$$

(2) $f(30)=\ln(\sqrt{30^2+1}+30)=\ln(30.0167+30)\approx 4.09462$,

$$f(-30)=-\ln[\sqrt{(-30)^2+1}-(-30)]=-\ln(30.0167+30)\approx -4.09462.$$

11. 求方程$x^2-56x+1=0$的两个根,使它们至少具有4位有效数字,其中取$\sqrt{783}\approx 27.982$.

解 由求根公式,得

$$x_{1,2}=28\pm\sqrt{783},$$

直接计算$x_2=28-\sqrt{783}$会损失有效数字,因此

$$x_1=28+\sqrt{783}\approx 28+27.982=55.982,$$

有5位有效数字.

$$x_2=28-\sqrt{783}=\frac{1}{28+\sqrt{783}}\approx\frac{1}{28+27.982}=\frac{1}{55.982}\approx 0.017863,$$

有5位有效数字.

12. 计算下列函数$f(x)\in C[0,1]$的$\|f\|_\infty$, $\|f\|_1$与$\|f\|_2$.

(1) $f(x)=(x-1)^5$; (2) $f(x)=\left|x-\frac{1}{4}\right|$; (3) $f(x)=(x+1)^8e^{-x}$.

解 (1) $f'(x)=5(x-1)^4\geqslant 0, x\in[0,1]$,

故$f(x)$单调递增.

$$\|f(x)\|_\infty=\max_{0\leqslant x\leqslant 1}|f(x)|=\max_{0\leqslant x\leqslant 1}|(x-1)^5|=\max\{0,1\}=1,$$

$$\|f(x)\|_1=\int_0^1|f(x)|dx=\int_0^1|(x-1)^5|dx=\int_0^1(1-x)^5dx=\frac{1}{6},$$

$$\|f(x)\|_2=\left[\int_0^1 f^2(x)dx\right]^{\frac{1}{2}}=\left[\int_0^1(x-1)^{10}dx\right]^{\frac{1}{2}}=\sqrt{\frac{1}{11}}.$$

(2) $\|f(x)\|_\infty=\max\limits_{0\leqslant x\leqslant 1}|f(x)|=\max\limits_{0\leqslant x\leqslant 1}|x-\frac{1}{4}|=\frac{3}{4}$,

$$\|f(x)\|_1=\int_0^1|f(x)|dx=\int_0^1\left|x-\frac{1}{4}\right|dx=\int_0^{\frac{1}{4}}\left(\frac{1}{4}-x\right)dx+\int_{\frac{1}{4}}^1\left(x-\frac{1}{4}\right)dx=\frac{7}{16},$$

$$\|f(x)\|_2 = \left[\int_0^1 f^2(x)\,dx\right]^{\frac{1}{2}} = \left[\int_0^1 \left(x - \frac{1}{4}\right)^2 dx\right]^{\frac{1}{2}} = \frac{\sqrt{21}}{12}.$$

(3) $f'(x) = e^{-x}(x+1)^7(7-x) > 0, x \in [0,1]$,

故$f(x)$单调递增.

$$\|f(x)\|_\infty = \max_{0\leqslant x\leqslant 1} |f(x)| = \max_{0\leqslant x\leqslant 1} |(x+1)^8 e^{-x}| = f(1) = \frac{2^8}{e} \approx 94.17714,$$

$$\|f(x)\|_1 = \int_0^1 |f(x)|\,dx = \int_0^1 (x+1)^8 e^{-x}\,dx \approx 25.90117,$$

$$\|f(x)\|_2 = \left[\int_0^1 f^2(x)\,dx\right]^{\frac{1}{2}} = \left[\int_0^1 (x+1)^{16} e^{-2x}\,dx\right]^{\frac{1}{2}} \approx 36.55285.$$

13. 对$f(x), g(x) \in C^1[a,b]$,定义

(1) $(f,g) = \int_a^b f'(x)g'(x)\,dx$; (2) $(f,g) = \int_a^b f'(x)g'(x)\,dx + f(a)g(a)$.

问它们是否构成内积.

解 (1) 取$f(x) = 1 \neq 0, f(x) \in C^1[a,b]$,由

$$(f,f) = \int_a^b f'(x)f'(x)\,dx = 0,$$

知不满足正定性条件,不构成内积.

(2) 由$(f,g) = \int_a^b f'(x)g'(x)\,dx + f(a)g(a)$,得

$$(f,f) = \int_a^b [f'(x)]^2 dx + f^2(a) \geqslant 0,$$

另一方面,若$f(x) = 0$,则必有$(f,f) = 0$;反之,若$(f,f) = 0$,则必有$f'(x) = 0$且$f(a) = 0$,从而$f(x) = 0$,故满足正定性.

易知满足对称性$(f,g) = (g,f)$,齐次性$(\lambda f, g) = \lambda(f,g)$,$\lambda$为常数.

又设$f, g, h \in C^1[a,b]$,则

$$\begin{aligned}(f+g,h) &= \int_a^b [f+g]'h'\,dx + [f(a)+g(a)]h(a) \\ &= \int_a^b f'h'\,dx + f(a)h(a) + \int_a^b g'h'\,dx + g(a)h(a) \\ &= (f,h) + (g,h).\end{aligned}$$

综合上述4点可知定义(2)构成内积.

14. 设$x \in \mathbb{R}^n$,证明:

(1) $\|\boldsymbol{x}\|_\infty \leqslant \|\boldsymbol{x}\|_1 \leqslant n\|\boldsymbol{x}\|_\infty$; (2) $\|\boldsymbol{x}\|_\infty \leqslant \|\boldsymbol{x}\|_2 \leqslant \sqrt{n}\|\boldsymbol{x}\|_\infty$.

证明 (1) 由定义知

$$\|\boldsymbol{x}\|_\infty = \max_{1\leqslant i\leqslant n} |x_i| \leqslant \sum_{i=1}^n |x_i| = \|\boldsymbol{x}\|_1 \leqslant n \max_{1\leqslant i\leqslant n} |x_i| = n\|\boldsymbol{x}\|_\infty.$$

(2) $\left(\max_{1\leqslant i\leqslant n} |x_i|^2\right)^{\frac{1}{2}} \leqslant \|\boldsymbol{x}\|_2 = \left(\sum_{i=1}^n |x_i|^2\right)^{\frac{1}{2}} \leqslant \left(n \cdot \max_{1\leqslant i\leqslant n} |x_i|^2\right)^{\frac{1}{2}}$,

整理,得

$$\max_{1\leqslant i\leqslant n}|x_i|\leqslant \|\boldsymbol{x}\|_2\leqslant\sqrt{n}\cdot\max_{1\leqslant i\leqslant n}|x_i|,$$

即

$$\|\boldsymbol{x}\|_\infty\leqslant\|\boldsymbol{x}\|_2\leqslant\sqrt{n}\ \|\boldsymbol{x}\|_\infty.$$

15. 计算下列矩阵的∞－范数、1－范数、2－范数和谱半径:

(1) $\boldsymbol{A}=\begin{pmatrix}4&-1\\-1&4\end{pmatrix}$; (2) $\boldsymbol{B}=\begin{pmatrix}1&0&0\\2&-1&0\\0&-2&\sqrt{5}\end{pmatrix}$; (3) $\boldsymbol{C}=\begin{pmatrix}0&a\\-a&0\end{pmatrix}$.

解 (1) $\|\boldsymbol{A}\|_\infty=\max\limits_{1\leqslant i\leqslant 2}\sum\limits_{j=1}^{2}|a_{ij}|=\max\{5,5\}=5$, $\|\boldsymbol{A}\|_1=\max\limits_{1\leqslant j\leqslant 2}\sum\limits_{i=1}^{2}|a_{ij}|=\max\{5,5\}=5$.

由$|\lambda\boldsymbol{I}-\boldsymbol{A}|=0$得$\boldsymbol{A}$的特征值为3,5,$\boldsymbol{A}$的谱半径$\rho(\boldsymbol{A})=\max\{3,5\}=5$. 因$\boldsymbol{A}$是对称阵,于是$\|\boldsymbol{A}\|_2=\sqrt{\rho(\boldsymbol{A}^{\mathrm{T}}\boldsymbol{A})}=\rho(\boldsymbol{A})=5$.

(2) $$\|\boldsymbol{B}\|_\infty=\max_{1\leqslant i\leqslant 2}\sum_{j=1}^{3}|a_{ij}|=\max\{1,3,2+\sqrt{5}\}=2+\sqrt{5},$$

$$\|\boldsymbol{B}\|_1=\max_{1\leqslant j\leqslant 2}\sum_{i=1}^{3}|a_{ij}|=\max\{3,3,\sqrt{5}\}=3.$$

$\boldsymbol{B}$的特征值为$1,1,\sqrt{5}$,$\boldsymbol{B}$的谱半径$\rho(\boldsymbol{B})=\sqrt{5}$.

由$|\lambda\boldsymbol{I}-\boldsymbol{B}^{\mathrm{T}}\boldsymbol{B}|=0$得$\boldsymbol{B}^{\mathrm{T}}\boldsymbol{B}$的特征值为$5,5\pm2\sqrt{6}$,则$\|\boldsymbol{B}\|_2=\sqrt{\rho(\boldsymbol{B}^{\mathrm{T}}\boldsymbol{B})}=\sqrt{5+2\sqrt{6}}$.

(3) $\|\boldsymbol{C}\|_\infty=\|\boldsymbol{C}\|_1=|a|$,$\rho(\boldsymbol{C})=|a|$,$\boldsymbol{C}^{\mathrm{T}}\boldsymbol{C}$的特征值为$\lambda_{1,2}=a^2$,故$\|C\|_2=|a|$.

16. 设$\boldsymbol{A}\in\mathbb{R}^{n\times n}$对称正定,记$\|\boldsymbol{x}\|_A=(\boldsymbol{A}\boldsymbol{x},\boldsymbol{x})^{\frac{1}{2}}$,$\forall\boldsymbol{x}\in\mathbb{R}^n$证明$\|\boldsymbol{x}\|_A$是$\mathbb{R}$上的一种向量范数.

证明 (1) 因$\boldsymbol{A}$为正定阵,故当$\boldsymbol{x}=0$时,$\|\boldsymbol{x}\|_A=0$,而当$\boldsymbol{x}\neq0$时,$\|\boldsymbol{x}\|_A=(\boldsymbol{x}^{\mathrm{T}}\boldsymbol{A}\boldsymbol{x})^{\frac{1}{2}}>0$.

(2) 对任意实数c,有

$$\|c\boldsymbol{x}\|_A=\sqrt{(c\boldsymbol{x})^{\mathrm{T}}\boldsymbol{A}(c\boldsymbol{x})}=|c|\sqrt{\boldsymbol{x}^{\mathrm{T}}\boldsymbol{A}\boldsymbol{x}}=|c|\cdot\|\boldsymbol{x}\|_A.$$

(3) 因$\boldsymbol{A}$为对称正定阵,故有分解$\boldsymbol{A}=\boldsymbol{L}\boldsymbol{L}^{\mathrm{T}}$,则

$$\|\boldsymbol{x}\|_A=(\boldsymbol{x}^{\mathrm{T}}\boldsymbol{A}\boldsymbol{x})^{\frac{1}{2}}=(\boldsymbol{x}^{\mathrm{T}}\boldsymbol{L}\boldsymbol{L}^{\mathrm{T}}\boldsymbol{x})^{\frac{1}{2}}=((\boldsymbol{L}^{\mathrm{T}}\boldsymbol{x})^{\mathrm{T}}(\boldsymbol{L}^{\mathrm{T}}\boldsymbol{x}))^{\frac{1}{2}}=\|\boldsymbol{L}^{\mathrm{T}}\boldsymbol{x}\|_2,$$

于是对任意向量$\boldsymbol{x},\boldsymbol{y}\in\mathbb{R}^n$,有

$$\begin{aligned}\|\boldsymbol{x}+\boldsymbol{y}\|_A&=\|\boldsymbol{L}^{\mathrm{T}}(\boldsymbol{x}+\boldsymbol{y})\|_2=\|\boldsymbol{L}^{\mathrm{T}}\boldsymbol{x}+\boldsymbol{L}^{\mathrm{T}}\boldsymbol{y}\|_2\\&\leqslant\|\boldsymbol{L}^{\mathrm{T}}\boldsymbol{x}\|_2+\|\boldsymbol{L}^{\mathrm{T}}\boldsymbol{y}\|_2=\|\boldsymbol{x}\|_A+\|\boldsymbol{y}\|_A,\end{aligned}$$

综上可知,$\|\boldsymbol{x}\|_A$是$\mathbb{R}$上的一种向量范数.

17. 设$\boldsymbol{A},\boldsymbol{B}$为非奇异阵,证明

(1) $\|\boldsymbol{A}^{-1}\|\geqslant\dfrac{1}{\|\boldsymbol{A}\|}$(对算子范数); (2) $\|\boldsymbol{A}^{-1}-\boldsymbol{B}^{-1}\|\leqslant\|\boldsymbol{A}^{-1}\|\ \|\boldsymbol{B}^{-1}\|\ \|\boldsymbol{A}-\boldsymbol{B}\|$.

证明 （1）因$\boldsymbol{I}=\boldsymbol{A}^{-1}\boldsymbol{A}$,故

$$1=\|\boldsymbol{A}^{-1}\boldsymbol{A}\|\leqslant\|\boldsymbol{A}^{-1}\|\cdot\|\boldsymbol{A}\|,$$

从而有

$$\|\boldsymbol{A}^{-1}\|\geqslant\frac{1}{\|\boldsymbol{A}\|}.$$

（2）
$$\begin{aligned}\|\boldsymbol{A}^{-1}\|\|\boldsymbol{B}^{-1}\|\|\boldsymbol{A}-\boldsymbol{B}\|&=\|\boldsymbol{A}^{-1}\|\|\boldsymbol{A}-\boldsymbol{B}\|\|\boldsymbol{B}^{-1}\|\\&\geqslant\|\boldsymbol{A}^{-1}(\boldsymbol{A}-\boldsymbol{B})\boldsymbol{B}^{-1}\|=\|\boldsymbol{B}^{-1}-\boldsymbol{A}^{-1}\|\\&=\|\boldsymbol{A}^{-1}-\boldsymbol{B}^{-1}\|,\end{aligned}$$

即

$$\|\boldsymbol{A}^{-1}-\boldsymbol{B}^{-1}\|\leqslant\|\boldsymbol{A}^{-1}\|\|\boldsymbol{B}^{-1}\|\|\boldsymbol{A}-\boldsymbol{B}\|.$$

18. 设$\boldsymbol{A}=\begin{pmatrix}3\lambda & \lambda\\ 2 & 2\end{pmatrix}$,$\lambda\in\mathbb{R}$,试证明当$|\lambda|<1$时,$\|\boldsymbol{A}\|_\infty$有最小值.

证明 显然,当$|\lambda|<1$时,$\|\boldsymbol{A}\|_\infty=\max\limits_{1\leqslant i\leqslant 2}\sum\limits_{j=1}^{2}|a_{ij}|=\max\{4|\lambda|,4\}=4$,而当$|\lambda|\geqslant 1$时,$\|\boldsymbol{A}\|_\infty=4|\lambda|\geqslant 4$,故明当$|\lambda|<1$时,$\|\boldsymbol{A}\|_\infty$有最小值4.

第2章　非线性方程求根

2.1　基本要求与知识要点

本章要求掌握二分法、简单迭代法、牛顿迭代法等求方程近似根的基本思想，理解不动点原理，会判断给定迭代法的收敛性和收敛阶，会进行误差分析，会用埃特金(Aitken)方法和斯蒂芬森(Steffesen)方法加速迭代的收敛，了解用牛顿法求解非线性方程组.

一、二分法

1. 二分法的理论基础

二分法的基本思想是通过不断地对分根的隔离区间$[a,b]$，逐步缩小隔离区间的长度来求得方程的近似根，其理论依据为根的存在性定理(零点定理)即：设如果$f(x)$在区间$[a,b]$上连续，且满足$f(a)\cdot f(b)<0$，则在区间(a,b)内至少存在一点x^*，使得$f(x^*)=0$. 特别地当$f(x)$在区间$[a,b]$上严格单调时，则$f(x)=0$在区间(a,b)内有且仅有一个根.

2. 二分法的步骤

假定方程$f(x)=0$在区间$[a,b]$上仅有一个根(隔离区间).

(1) 记$[a,b]=[a_0,b_0]$，取$x_0=\dfrac{a_0+b_0}{2}$，计算$f(x_0)$.

若$f(x_0)=0$，则x_0是根；若$f(a_0)f(x_0)<0$，则有根区间为$[a_0,x_0]$，否则有根区间为$[x_0,b_0]$. 即新的有根区间为$[a_1,b_1]$，则$[a_0,b_0]\supset[a_1,b_1]$，且$b_1-a_1=\dfrac{1}{2}(b-a)$.

(2) 取$x_1=\dfrac{a_1+b_1}{2}$，计算$f(x_1)$.

若$f(x_1)=0$，则x_1是根；若$f(a_1)f(x_1)<0$，则有根区间为$[a_1,x_1]$，否则有根区间为$[x_1,b_1]$. 即新的有根区间为$[a_2,b_2]$，则$[a_1,b_1]\supset[a_2,b_2]$，且$b_2-a_2=\dfrac{1}{2^2}(b-a)$.

按照上述方法(1)，(2)依次进行下去，得闭区间套

$$[a_0,b_0]\supset[a_1\ b_1]\supset\cdots\supset[a_n,b_n]\supset\cdots,$$

由区间套定理，必存在$x^*\in[a_n,b_n]$，且$b_n-a_n=\dfrac{1}{2^n}(b-a)\to 0,n\to\infty$. 当$n$充分大时，可取$x_n=\dfrac{a_n+b_n}{2}$作为方程$f(x)=0$的根$x^*$的近似值，此时有误差估计式

$$|x_n-x^*|\leqslant\frac{b_n-a_n}{2}=\frac{b-a}{2^{n+1}},$$

以上过程称为解方程 $f(x)=0$ 的二分法.

如精度要求 $|x_n - x^*| < \varepsilon$，即要求 $\frac{1}{2^{n+1}}(b-a) < \varepsilon$，两边取自然对数可得区间分半次数为

$$n > \frac{1}{\lg 2}(\lg(b-a) - \lg\varepsilon) - 1.$$

3. 二分法的特点

二分法的优点是计算简单且收敛性有保证，误差估计容易，对函数 $f(x)$ 的性质要求也不高，只要求连续即可，但该方法收敛速度很慢，不能求偶数重根，也不能求复根. 因此，在求方程近似根时，很少单独使用，一般为其它求根方法提供较好的初始值.

二、简单迭代法

1. 基本概念

对于非线性方程 $f(x)=0$，其中 $x\in\mathbb{R}$，$f(x)\in C[a,b]$，如果函数 $f(x)$ 可以写成

$$f(x) = (x - x^*)^m g(x),\ m \geqslant 1,$$

其中 $g(x^*)\neq 0$，则当 $m>1$ 时，称 x^* 是方程 $f(x)=0$ 的 m 重根，或称 x^* 是函数 $f(x)$ 的 m 重零点. 显然，若 x^* 是函数 $f(x)$ 的 m 重零点，且 $g(x)$ 充分光滑，则

$$f(x^*) = f'(x^*) = \cdots = f^{(m-1)}(x^*) = 0,\ f^{(m)}(x^*) \neq 0.$$

当 $m=1$ 时，称 x^* 是方程的单根，或称 x^* 是函数 $f(x)$ 的单零点.

定义 2.1 设方程 $f(x)=0$ 在区间 $[a,b]$ 内有唯一根 x^*，将方程化为等价方程

$$x = \varphi(x), \tag{2-1}$$

若 x^* 满足 $x^*=\varphi(x^*)$，则称 x^* 为 φ 的一个不动点，x^* 也是方程 $f(x)=0$ 的根. 对于迭代格式

$$x_{k+1} = \varphi(x_k),\ k = 0,1,\cdots, \tag{2-2}$$

如果 $\lim\limits_{n\to\infty} x_n = x^*$，则迭代格式(2-2)是收敛的，否则称为发散. 这里 $\{x_n\}$ 称为迭代序列，$\varphi(x)$ 称为迭代函数.

定义 2.2 设 φ 在某区间 I 有不动点 x^*，若存在 x^* 的一个邻域 $S=\{|x-x^*|\leqslant\delta\}\subset I$，对 $\forall x_0\in S$，迭代法(2-2)生成的序列 $\{x_n\}\subset S$ 且收敛于 x^*，则称迭代序列(2-2)局部收敛.

定义 2.3 设序列 $\{x_n\}$ 收敛于 x^*，记误差 $\varepsilon_k = x_k - x^*$，

(1) 若存在实数 $p\geqslant 1$ 及非零常数 α，使

$$\lim_{k\to\infty} \frac{|\varepsilon_{k+1}|}{|\varepsilon_k|^p} = \alpha, \tag{2-3}$$

则称序列 $\{x_n\}$ 是 p 阶收敛的，α 称为渐近误差常数，特别地，$p=1$ 时，称为线性收敛，$p>1$ 称为超线性收敛，$p=2$ 称为平方收敛.

(2) 若存在实数 $p\geqslant 1$ 和 $\alpha>0$（当 $p=1$ 时规定 $0<\alpha<1$）及正整数 N，使 $k>N$ 时，有

$$|\varepsilon_{k+1}| \leqslant \alpha\,|\varepsilon_k|^p,$$

则称$\{x_n\}$至少 p 阶收敛.

(3) 若存在实数 $p\geqslant 1$ 及正整数 N,使 $k\geqslant N$ 时有 $\varepsilon_k\equiv 0$,或

$$\lim_{k\to\infty}\frac{|\varepsilon_{k+1}|}{|\varepsilon_k|^p}=0, \tag{2-4}$$

则称序列$\{x_n\}$为超 p 阶收敛.

2. 简单迭代法的收敛性

定理 2.1 若 $\varphi(x)\in C[a,b]$满足

(1) $\forall x\in[a,b], a\leqslant\varphi(x)\leqslant b$.

(2) $\forall x\in[a,b]$,存在 $L\in(0,1)$使

$$|\varphi(x)-\varphi(y)|\leqslant L|x-y|. \tag{2-5}$$

则 φ 在$[a,b]$上存在唯一不动点 x^*,且由式(2-2)生成的迭代序列$\{x_n\}$对任何 $x_0\in[a,b]$收敛于 x^*,并有估计式

$$|x_k-x^*|\leqslant\frac{L^k}{1-L}|x_1-x_0|. \tag{2-6}$$

推论 2.1 $\varphi\in C^1[a,b]$,若定理 2.1 中的式(2-5)改为

$$|\varphi'(x)|\leqslant L<1 \tag{2-7}$$

则定理 2.1 中结论成立.

如果 $\varphi'(x)$连续,可用式(2-7)代替式(2-5),$|\varphi'(x)|\leqslant L<1$ 的 L 越小收敛越快. 定理 2.1 给出了迭代法(2-2)在区间$[a,b]$上的收敛性,称为全局收敛性.

定理 2.2 设 x^* 为 φ 的不动点,φ'在 x^* 的邻域 S 内连续,且$|\varphi'(x^*)|<1$,则迭代法(2-2)局部收敛.

定理 2.3 设 x^* 为 φ 的不动点,整数 $p>1$,$\varphi^{(p)}(x)$在 x^* 的邻域连续,且满足

$$\varphi'(x^*)=\cdots=\varphi^{(p-1)}(x^*)=0,\text{而 }\varphi^{(p)}(x^*)\neq 0$$

则由迭代法(2-2)生成的序列$\{x_n\}$在 x^* 的邻域是 p 阶收敛的,并有

$$\lim_{k\to\infty}\frac{\varepsilon_{k+1}}{\varepsilon_k^p}=\frac{\varphi^{(p)}(x^*)}{p!}$$

三、迭代法的加速收敛方法

不动点迭代(2-2)通常只有线性收敛,有时甚至不收敛,迭代法的收敛速度往往与迭代函数有关,为提高收敛速度,常常构造新的迭代函数. 埃特金加速法和斯蒂芬森加速法是改善收敛性的算法,具有更好的收敛性,甚至迭代(2-2)不收敛时它也收敛.

1. 埃特金加速法

若迭代过程 $x_{k+1}=\varphi(x_k)$线性收敛,则$\lim\limits_{k\to\infty}\dfrac{|x_{k+1}-x^*|}{|x_k-x^*|}=1$. 因此,当 k 充分大时,有

$$\frac{x_{k+1}-x^*}{x_k-x^*}\approx\frac{x_{k+2}-x^*}{x_{k+1}-x^*}$$

由此推得

$$x^* \approx \frac{x_k x_{k+2} - x_{k+1}^2}{x_{k+2} - 2x_{k+1} + x_k} = x_k - \frac{(x_{k+1} - x_k)^2}{x_{k+2} - 2x_{k+1} + x_k}.$$

可用上式右端作为 x^* 的新近似. 一般地,记

$$\bar{x}_{k+1} = x_k - \frac{(x_{k+1} - x_k)^2}{x_{k+2} - 2x_{k+1} + x_k}, k = 0,1,\cdots, \tag{2-8}$$

称为埃特金加速方法.

可以证明 $\lim\limits_{k\to\infty}\frac{\bar{x}_{k+1} - x^*}{x_k - x^*} = 0$,它表明序列 $\{\bar{x}_k\}$ 的收敛速度比 $\{x_k\}$ 的收敛速度快.

2. 斯蒂芬森加速法

把不动点迭代与埃特金加速方法结合,则得下面的加速法:

$$\begin{cases} y_k = \varphi(x_k), z_k = \varphi(y_k) \\ x_{k+1} = x_k - \dfrac{(y_k - x_k)^2}{z_k - 2y_k + x_k}, k = 0,1,\cdots, \end{cases} \tag{2-9}$$

称为斯蒂芬森加速法. 它可改为另一种不动点迭代,即

$$x_{k+1} = \psi(x_k), k = 0,1,\cdots,$$

其中迭代函数

$$\psi(x) = x - \frac{[\varphi(x) - x]^2}{\varphi(\varphi(x)) - 2\varphi(x) + x} = \frac{x\varphi(\varphi(x)) - [\varphi(x)]^2}{\varphi(\varphi(x)) - 2\varphi(x) + x}. \tag{2-10}$$

定理 2.4 若 x^* 为式(2-10)定义的函数 ψ 的不动点,则 x^* 为 φ 的不动点. 反之,若 x^* 为 φ 的不动点,并设 $\varphi'(x)$ 存在且连续,$\varphi'(x^*) \neq 1$,则 x^* 是 ψ 的不动点.

定理 2.5 设 φ 是迭代法(2-2)的迭代函数,x^* 是 φ 的不动点,在 x^* 的邻域 φ 有 $p+1$ 阶导数存在,对 $p=1$,若 $\varphi'(x^*) \neq 1$,则斯蒂芬森方法是二阶收敛的. 若式(2-2)是 $p(p>1)$ 阶收敛的,则斯蒂芬森方法是 $2p-1$ 阶收敛的.

四、牛顿迭代法

1. 牛顿迭代法及其收敛性

牛顿迭代法是一种特殊的不动点迭代法,其基本思想是将非线性方程 $f(x)=0$ 逐步归结为线性方程求解,其迭代公式为

$$x_{k+1} = x_k - \frac{f(x_k)}{f'(x_k)}, k = 0,1,2,\cdots. \tag{2-11}$$

称为解方程 $f(x)=0$ 的牛顿迭代法.

定理 2.6 设 x^* 是 $f(x)=0$ 的一个根,$f(x)$ 在 x^* 附近二阶导数连续,且 $f'(x^*) \neq 0$,则牛顿法(2-11)至少具有二阶收敛,且

$$\lim_{k\to\infty}\frac{x_{k+1} - x^*}{(x_k - x^*)^2} = \frac{1}{2}\frac{f''(x^*)}{f'(x^*)}.$$

牛顿法收敛快但它是局部收敛的,对初始值的选取敏感.

定理 2.7 设函数 $f(x)$ 在 $[a,b]$ 上满足:

(1) $f(a)\cdot f(b)<0$;

(2) $f'(x)$在$[a,b]$内不为零;

(3) $f''(x)$在$[a,b]$内不为零;

(4) 选取 $x_0\in[a,b]$,满足$f(x)f''(x)>0$.

则牛顿法迭代序列收敛到方程$f(x)=0$ 在$[a,b]$内的唯一的根 x^*.

2. 有关重根的处理

重根情形的牛顿法是线性收敛的,即当 x^* 是 $m(m\geqslant 2)$ 重根时,$\lim\limits_{k\to\infty}\dfrac{x_{k+1}-x^*}{x_k-x^*}=1-\dfrac{1}{m}<1$.

若已知重数,用修改的牛顿迭代格式

$$x_{k+1}=x_k-m\frac{f(x_k)}{f'(x_k)},k=0,1,2,\cdots.$$

若未知重数,定义$\mu(x)=\dfrac{f(x)}{f'(x)}$,修改的牛顿迭代格式为

$$x_{k+1}=x_k-\frac{\mu(x_k)}{\mu'(x_k)},$$

即

$$x_{k+1}=x_k-\frac{f(x_k)f'(x_k)}{[f'(x_k)]^2-f(x_k)f''(x_k)},k=0,1,2,\cdots,$$

但此公式可能产生严重的舍入误差.

这两个修正的牛顿迭代格式均具有二阶收敛性.

3. 有关牛顿迭代法的变形

1) 牛顿下山法

由于牛顿法对初始值选取严格,在实际应用中较难保证迭代收敛,为扩大收敛范围,对迭代过程再附加一项要求,即具有单调性

$$|f(x_{k+1})|<|f(x_k)|,$$

满足这项要求的算法称为下山法. 将牛顿法与下山法结合起来用,构造迭代格式

$$x_{k+1}=x_k-\lambda_k\frac{f(x_k)}{f'(x_k)},k=0,1,2,\cdots \tag{2-12}$$

称为牛顿下山法. 计算时可取 $\lambda_k=1,\dfrac{1}{2},\dfrac{1}{4},\cdots$直到满足$|f(x_{k+1})|<|f(x_k)|$为止,牛顿下山法只是线性收敛的.

2) 割线法

牛顿法中,计算导数$f'(x)$往往较困难,且计算量较大. 因此,若用函数差商近似$f'(x_k)$,即

$$f'(x_k)\approx\frac{f(x_k)-f(x_{k-1})}{x_k-x_{k-1}},$$

得割线法迭代格式

$$x_{k+1} = x_k - \frac{f(x_k)}{f(x_k) - f(x_{k-1})}(x_k - x_{k-1}), k = 1,2,\cdots, \tag{2-13}$$

定理 2.8 假设$f(x)$在根x^*的邻域$S=[\delta - x^* \leqslant x \leqslant x^* + \delta]$上具有二阶连续导数，且对任意$x \in S$有$f'(x) \neq 0$，又初值$x_0, x_1 \in S$，那么当邻域$S$充分小时，割线法(2-13)将按阶$p = \frac{1+\sqrt{5}}{2} \approx 1.618$收敛到$x^*$，这里$p$是方程$\lambda^2 - \lambda - 1 = 0$的正根.

由该定理知割线法(2-15)是超线性收敛的.

3）抛物线法

抛物线法可以看成割线法的改进，其原理是通过三点$(x_i, f(x_i))(i = k-2, k-1, k)$作一条抛物线，它与$x$轴的交点的横坐标$x_{k+1}$作为根$x^*$的近似值，迭代格式为

$$x_{k+1} = x_k - \frac{2f(x_k)}{w + \operatorname{sgn}(x)\sqrt{w^2 - 4f(x_k)f[x_k, x_{k-1}, x_{k-2}]}},$$

其中$w = f[x_k, x_{k-1}] + f[x_k, x_{k-1}, x_{k-2}](x_k - x_{k-1})$.

单根情况下，它的收敛是$p \approx 1.839$.

五、非线性方程组的牛顿迭代法

设非线性方程组

$$\begin{cases} f_1(x_1, x_2, \cdots, x_n) = 0, \\ f_2(x_1, x_2, \cdots, x_n) = 0, \\ \quad \vdots \\ f_n(x_1, x_2, \cdots, x_n) = 0, \end{cases} \tag{2-14}$$

若记

$$\boldsymbol{x} = \begin{pmatrix} x_1 \\ x_2 \\ \vdots \\ x_n \end{pmatrix}, \boldsymbol{F}(\boldsymbol{x}) = \begin{pmatrix} f_1(x_1, x_2, \cdots, x_n) \\ f_2(x_1, x_2, \cdots, x_n) \\ \vdots \\ f_n(x_1, x_2, \cdots, x_n) \end{pmatrix},$$

方程组(2-14)可简写成$\boldsymbol{F}(\boldsymbol{x}) = \boldsymbol{0}$，其牛顿法的迭代格式为

$$\boldsymbol{x}^{(k+1)} = \boldsymbol{x}^{(k)} - \boldsymbol{F}'(\boldsymbol{x}^{(k)})^{-1}\boldsymbol{F}(\boldsymbol{x}^{(k)}), \ k = 0,1,\cdots,$$

其中

$$\boldsymbol{F}'(\boldsymbol{x}) = \begin{pmatrix} \frac{\partial f_1(\boldsymbol{x})}{\partial x_1} & \frac{\partial f_1(\boldsymbol{x})}{\partial x_2} & \cdots & \frac{\partial f_1(\boldsymbol{x})}{\partial x_n} \\ \frac{\partial f_2(\boldsymbol{x})}{\partial x_1} & \frac{\partial f_2(\boldsymbol{x})}{\partial x_2} & \cdots & \frac{\partial f_2(\boldsymbol{x})}{\partial x_n} \\ \vdots & \vdots & \ddots & \vdots \\ \frac{\partial f_n(\boldsymbol{x})}{\partial x_1} & \frac{\partial f_n(\boldsymbol{x})}{\partial x_2} & \cdots & \frac{\partial f_n(\boldsymbol{x})}{\partial x_n} \end{pmatrix}$$

称为$\boldsymbol{F}(\boldsymbol{x})$的雅可比矩阵.

定理 2.9 设 $\boldsymbol{F}(\boldsymbol{x})$ 在 $D\subset\mathbb{R}^n$ 上有定义,$\boldsymbol{x}$ 满足 $\boldsymbol{F}(\boldsymbol{x}^*)=0$. $\boldsymbol{F}$ 在 $\boldsymbol{x}^*$ 的开邻域 $S_0\subset D$ 上可导,且 $\boldsymbol{F}'(\boldsymbol{x})$ 连续,$\boldsymbol{F}'(\boldsymbol{x}^*)$ 可逆,则

(1) 存在以 $\boldsymbol{x}^*$ 为中心,δ 为半径的闭球 $S=S(\boldsymbol{x}^*,\delta)\subset S_0$,使 $\boldsymbol{x}-\boldsymbol{F}'(\boldsymbol{x})^{-1}\boldsymbol{F}(\boldsymbol{x})$ 在 S 上有意义;

(2) 牛顿法序列 $\{\boldsymbol{x}^{(k)}\}$ 在 S 上收敛于 $\boldsymbol{x}^*$,且是超线性收敛的;

(3) 若再加上条件,即存在常数 $K>0$,使

$$\|\boldsymbol{F}'(\boldsymbol{x})-\boldsymbol{F}'(\boldsymbol{x}^*)\|\leqslant K\|\boldsymbol{x}-\boldsymbol{x}^*\|,\ \forall\boldsymbol{x}\in S,$$

则 $\{\boldsymbol{x}^{(k)}\}$ 至少平方收敛.

2.2 典型例题选讲

例 2.1 用二分法求方程 $x^4-2x^3-4x^2+4x+4=0$ 在 $[0,2]$ 内的一个根,使误差不超过 10^{-2}.

解 记 $f(x)=x^4-2x^3-4x^2+4x+4$,$f(0)=4>0$,$f(2)=-4<0$,由于 $f(0)f(4)<0$,故原方程在 $[0,2]$ 内有根. 由二分法误差估计式 $|x_n-x^*|\leqslant\dfrac{b-a}{2^{n+1}}<10^{-2}$,其中 $a=0,b=2$,得

$$n>\frac{1}{\lg2}(\lg2+2\lg10)-1\approx6.64,$$

即若满足误差 $|x_n-x^*|\leqslant10^{-2}$,至少要二分 7 次. 计算结果如表 2-1 所列.

表 2-1 计算结果

n	a_n	b_n	x_n	$f(x_n)$	n	a_n	b_n	x_n	$f(x_n)$
0	0	2	1	+	4	1.375	1.5	1.4375	−
1	1	2	1.5	−	5	1.375	1.4375	1.40625	+
2	1	1.5	1.25	+	6	1.40625	1.4375	1.421875	−
3	1.25	1.5	1.375	+	7	1.40625	1.421875	1.4140625	+

取 $x^*\approx x_7=1.4140625$,满足误差不超过 10^{-2}.

例 2.2 已知方程 $x=\varphi(x)$ 满足 $|\varphi'(x)-3|<1$,试问如何利用 $\varphi(x)$ 构造一个收敛的简单迭代法 $\psi(x)$,使 $x_{k+1}=\psi(x_k)$ $(k=0,1,\cdots)$ 收敛于方程 $x=\varphi(x)$ 的根?

解 方程 $x=\varphi(x)$ 等价于 $x-3x=\varphi(x)-3x$,即 $x=-\dfrac{1}{2}(\varphi(x)-3x)$,构造迭代格式

$$x_{k+1}=-\frac{1}{2}(\varphi(x_k)-3x_k),k=0,1,\cdots.$$

迭代函数为

$$\psi(x)=-\frac{1}{2}(\varphi(x)-3x),$$

由于

$$|\psi'(x)| = \frac{1}{2}|\varphi'(x) - 3| < \frac{1}{2} < 1,$$

故迭代格式 $x_{k+1} = \psi(x_k) = -\frac{1}{2}(\varphi(x_k) - 3x_k)(k = 0,1,\cdots.)$ 收敛于方程 $x = \varphi(x)$ 的根.

例 2.3 已知 $x = \varphi(x)$ 在 $[a,b]$ 上只有一个根,且当 $x \in [a,b]$ 时,$|\varphi'(x)| \geqslant L > 1$($L$ 为常数),问如何将 $x = \varphi(x)$ 化为适合于迭代的形式? 对于方程 $x = 4 - 2^x$,写出在 $[1,2]$ 上收敛的求根迭代形式,并取 $x_0 = 1.5$,求出方程的根,精度达到 10^{-4}.

解 由于 $x = \varphi(x)$ 在 $[a,b]$ 上只有一个根,故 $\varphi(x)$ 反函数 $\psi(x)$ 存在,又

$$\varphi'(x) = \frac{1}{\psi'(x)},$$

当 $x \in [a,b]$ 时,$|\varphi'(x)| \geqslant L > 1$,所以有

$$|\varphi'(x)| = \frac{1}{|\psi'(x)|} < 1,$$

从而 $x = \psi(x)$ 收敛于方程的根.

对于方程 $x = 4 - 2^x$,记 $f(x) = x - 4 + 2^x$,$\varphi(x) = 4 - 2^x$,在 $[1,2]$ 上由于

$$f(1) \cdot f(2) = (-1) \cdot 1 = -1 < 0, f'(x) = 1 + 2^x \ln 2 > 0,$$

函数 $f(x)$ 在 $[1,2]$ 上单调增加,方程 $f(x) = 0$ 有唯一根. 但在 $[1,2]$ 上,有

$$|\varphi'(x)| = 2^x \ln 2 \geqslant 2\ln 2 > 1,$$

因此对于 $x = \varphi(x)$,不能用简单迭代法求解.

令 $y = 4 - 2^x$,则 $x = \frac{\ln(4-y)}{\ln 2}$,转而考虑求解 $x = \frac{\ln(4-x)}{\ln 2}$,原方程改为

$$x = \psi(x) = \frac{\ln(4-x)}{\ln 2},$$

容易计算

$$|\psi'(x)| = \left|\frac{1}{\ln 2} \cdot \frac{1}{x-4}\right| \leqslant \frac{1}{\ln 4} < 1, x \in [1,2].$$

得收敛的迭代格式

$$x_{k+1} = \psi(x_k) = \frac{\ln(4-x_k)}{\ln 2}, k = 0,1,2,\cdots.$$

取 $x_0 = 1.5$,计算结果如表 2-2 所列.

表 2-2 计算结果

k	x_k	k	x_k	k	x_k
1	1.321928	6	1.389431	11	1.386000
2	1.421195	7	1.384364	12	1.386259
3	1.366703	8	1.387162	13	1.386116
4	1.396870	9	1.385618	14	1.386195
5	1.380247	10	1.386470	15	1.386152

方程的近似根取 $x^*\approx 1.3861$.

例 2.4 对 $\varphi(x)=x+x^2$, $x=0$ 为 $\varphi(x)$ 的一个不动点,验证不动点迭代对 $x_0\neq 0$ 不收敛,而斯蒂芬森加速迭代法收敛.

证明 (1) 不动点迭代格式为

$$x_{k+1}=\varphi(x_k)=x_k+x_k^3, x_0\neq 0,$$

迭代函数为

$$\varphi(x)=x+x^3,\ \varphi'(x)=1+3x^2,$$

因 $\varphi'(0)=1$,故无法用收敛性定理判断收敛性. 如果 $x_0\neq 0$,由于

$$\frac{x_{k+1}-0}{x_k-0}=\frac{x_k+x_k^3}{x_k}=1+x_k^2\geqslant L>1,$$

从而 $|x_{k+1}-0|\geqslant L|x_k-0|\geqslant\cdots\geqslant L^{k+1}|x_0-0|$,即 $\lim\limits_{k\to\infty}x_k\neq 0$,迭代法不收敛.

(2) 斯蒂芬森加速迭代格式为

$$\begin{cases}y_k=x_k+x_k^3, z_k=y_k+y_k^3,\\ x_{k+1}=x_k-\dfrac{(y_k-x_k)^2}{z_k-2y_k+x_k},\end{cases}\quad k=0,1,\cdots,$$

整理得

$$x_{k+1}=x_k-\frac{x_k}{x_k^4+3x_k^2+3},\ \varphi(x)=x-\frac{x}{x^4+3x^2+3},$$

$$\varphi'(x)=1-\frac{x^4+3x^2+3-x(4x^3-6x)}{[x^4+3x^2+3]^2}.$$

由于 $|\varphi'(0)|=1-\dfrac{3}{9}=\dfrac{2}{3}<1$,所以斯蒂芬森加速迭代法收敛.

例 2.5 用斯蒂芬森加速法求解下列方程. 取初值 $x_0=0$,精度 $\varepsilon=\dfrac{1}{2}\times 10^{-6}$.

$$f(x)=x-\cos x=0,$$

解 把方程改写为 $x=\cos x$,建立斯蒂芬森加速迭代格式

$$\begin{cases}y_k=\cos x_k, z_k=\cos y_k,\\ x_{k+1}=x_k-\dfrac{(y_k-x_k)^2}{z_k-2y_k+x_k},\end{cases}\quad k=0,1,\cdots.$$

取 $x_0=0$,计算结果如表 2-3 所列.

表 2-3 计算结果

k	y_k	z_k	x_{k+1}
0	1.000000000	0.540302305	0.685073357
1	0.774372633	0.714859871	0.738660156
2	0.739371336	0.738892313	0.739085106
3	0.739085151	0.739085121	0.739085133
4	0.739085133	0.739085133	0.739085133

取 $x^* = 0.739085133$,满足误差不超过 $\frac{1}{2}\times 10^{-6}$.

例 2.6 确定常数 p,q,r,使得迭代格式

$$x_{k+1} = px_k + q\frac{a}{x_k^2} + r\frac{a^2}{x_k^5}, k = 0,1,2,\cdots$$

局部收敛到$\sqrt[3]{a}$,其中 a 为有限位小数,并使收敛阶尽可能高.

解 迭代函数为 $\varphi(x) = px + q\frac{a}{x^2} + r\frac{a^2}{x^5}$,为了使 x_k 局部收敛到 $x^* = \sqrt[3]{a}$,必须满足

$$\begin{cases} x^* = \varphi(x^*), \\ |\varphi'(x^*)| < 1, \end{cases}$$

即

$$\begin{cases} p + q + r = 1, \\ |p - 2q - 5r| < 1. \end{cases}$$

为了使收敛阶尽可能高,必须 $\varphi'(x^*) = 0, \varphi''(x^*) = 0$,即

$$\begin{cases} p - 2q - 5r = 0, \\ q + 5r = 1. \end{cases}$$

综上所述解得 $p = \frac{5}{9}, q = \frac{5}{9}, r = -\frac{1}{9}$. 又注意到

$$\varphi''(x^*) = -24q\frac{a}{x^5} - 210r\frac{a^2}{x^8},$$

$$\varphi'''(x^*) = 10a^{-\frac{2}{3}} \neq 0,$$

收敛阶最高为三阶.

例 2.7 设 $a > 0$,写出用牛顿法解方程 $x^2 - a = 0$ 和 $1 - \frac{a}{x^2} = 0$ 的迭代公式,分别记为 $x_{k+1} = \varphi_1(x_k)$ 和 $x_{k+1} = \varphi_2(x_k)$,确定常数 c_1, c_2,使新迭代法

$$x_{k+1} = c_1\varphi_1(x_k) + c_2\varphi_2(x_k), k = 0,1,2,\cdots.$$

产生的序列$\{x_k\}$三阶收敛于方程的根$\sqrt{a}$.

解 由牛顿迭代公式 $x_{k+1} = x_k - \frac{f(x_k)}{f'(x_k)}$,得

对于方程 $x^2 - a = 0$,牛顿迭代法为

$$x_{k+1} = \varphi_1(x_k) = x_k - \frac{x_k^2 - a}{2x_k} = \frac{1}{2}\left(x_k + \frac{a}{x_k}\right), \varphi_1(x) = \frac{1}{2}\left(x + \frac{a}{x}\right).$$

对于方程 $1 - \frac{a}{x^2} = 0$,牛顿迭代法为

$$x_{k+1} = \varphi_2(x_k) = x_k - \frac{1 - a/x_k^2}{2a/x_k^3} = \frac{1}{2}\left(3x_k - \frac{x_k^3}{a}\right), \varphi_1(x) = \frac{1}{2}\left(3x - \frac{x^3}{a}\right).$$

于是新迭代法

$$x_{k+1}=c_1\varphi_1(x_k)+c_2\varphi_2(x_k)=\frac{c_1}{2}\left(x_k+\frac{a}{x_k}\right)+\frac{c_2}{2}\left(3x_k-\frac{x_k^3}{a}\right),k=0,1,2,\cdots.$$

迭代函数为

$$\varphi(x)=\frac{c_1}{2}\left(x+\frac{a}{x}\right)+\frac{c_2}{2}\left(3x-\frac{x^3}{a}\right),$$

又得

$$\varphi'(x)=\frac{c_1}{2}\left(1-\frac{a}{x^2}\right)+\frac{c_2}{2}\left(3-\frac{3x^2}{a}\right),\varphi''(x)=\frac{c_1a}{x^3}-\frac{3c_2x}{a}.$$

要求满足 $x^*=\varphi(x^*)$ 即 $\sqrt{a}=\varphi(\sqrt{a})=(c_1+c_2)\sqrt{a}$，得 $c_1+c_2=1$.

另一方面，要求新迭代法产生的序列 $\{x_k\}$ 三阶收敛，故

$$\varphi'(\sqrt{a})=0,\varphi''(\sqrt{a})=(c_1-3c_2)\frac{1}{\sqrt{a}}=0,$$

得 $c_1-3c_2=0$，再与 $c_1+c_2=1$ 联立，解得 $c_1=\frac{3}{4},c_2=\frac{1}{4}$. 所以新迭代法为

$$\begin{aligned}x_{k+1}&=\frac{3}{8}\left(x_k+\frac{a}{x_k}\right)+\frac{1}{8}\left(3x_k-\frac{x_k^3}{a}\right)\\&=\frac{1}{8}\left(6x_k+\frac{3a}{x_k}-\frac{x_k^3}{a}\right),k=0,1,2,\cdots.\end{aligned}$$

进一步还可验证 $\varphi'''(\sqrt{a})\neq0$，故新迭代法产生的序列 $\{x_k\}$ 三阶收敛于方程的根 $\sqrt{a}$.

例 2.8 给定方程 $x+e^{-x}-2=0$，分析方程有几个实根，试用牛顿迭代法求出方程的所有实根，精度达到 10^{-5}.

解 记 $f(x)=x+e^{-x}-2$，原方程改写为 $2-x=e^{-x}$，又记 $h(x)=2-x,g(x)=e^{-x}$，用 Matlab 作出 $h(x)$ 和 $g(x)$ 的图像(图 2-1)，可以看出 $h(x)$ 和 $g(x)$ 有两个交点，大致在 -1 和 2 附近. 事实上，$x>0$ 时，$f'(x)=1-e^{-x}>0$，$f(x)$ 单调递增；$x<0$ 时，$f'(x)<0$，$f(x)$ 单调递减. 而 $f(-2)f(0)<0$，$f(1)f(3)<0$，故原方程有两个根，分别在 $(-2,0)$ 和 $(1,3)$ 内.

牛顿迭代格式为

$$x_{k+1}=x_k-\frac{x_k+e^{-x_k}+2}{1-e^{-x_k}},k=0,1,2,\cdots.$$

取 $x_0=-1$，计算结果为

$$x_1=-1.163953414,x_2=-1.146421185,$$
$$x_3=-1.146193259,x_4=-1.146193221,$$

故 $x_1^*\approx x_4=-1.14619$

取 $x_0=2$，计算结果为

$$x_1=1.843482357,x_2=1.841406066,x_3=1.841405660,$$

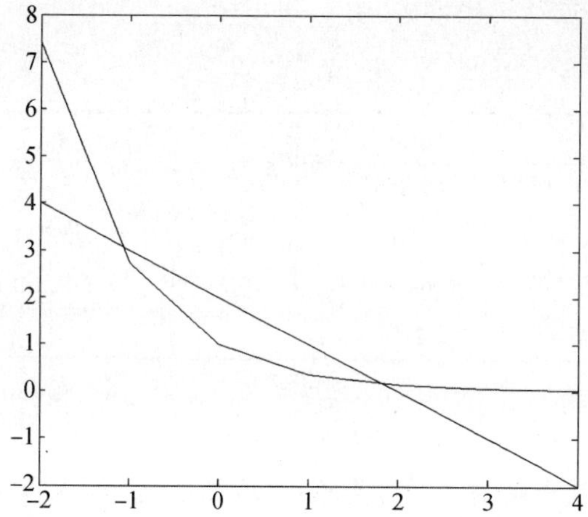

图 2 - 1　$h(x)=2-x, g(x)=e^{-x}$图形

故 $x_2^* \approx x_3 = 1.84141$.

例 2.9　设函数$f(x)$二阶导数连续,$f(x^*)=0, f'(x^*)\neq 0$,证明解方程$f(x)=0$的牛顿法序列$\{x_k\}$满足

$$\lim_{k\to\infty}\frac{x_k-x_{k-1}}{(x_{k-1}-x_{k-2})^2}=-\frac{f''(x^*)}{2f'(x^*)}.$$

证明　由牛顿法迭代公式可知

$$x_{k-1}-x_{k-2}=-\frac{f(x_{k-2})}{f'(x_{k-2})}, x_k-x_{k-1}=-\frac{f(x_{k-1})}{f'(x_{k-1})},$$

又由泰勒展开式

$$f(x_{k-1})=f(x_{k-2})+f'(x_{k-2})(x_{k-1}-x_{k-2})+\frac{f''(\xi)}{2}(x_{k-1}-x_{k-2})^2,$$

得

$$f(x_{k-1})=\frac{f''(\xi)}{2}(x_{k-1}-x_{k-2})^2, \xi \text{ 在 } x_{k-1} \text{ 和 } x_{k-2} \text{ 之间}.$$

从而

$$x_k-x_{k-1}=-\frac{1}{f'(x_{k-1})}\frac{f''(\xi)}{2}(x_{k-1}-x_{k-2})^2.$$

显然 $k\to\infty$ 时,ξ 和 x_{k-1}都收敛于 x^*,于是

$$\lim_{k\to\infty}\frac{x_k-x_{k-1}}{(x_{k-1}-x_{k-2})^2}=-\lim_{k\to\infty}\frac{f''(\xi)}{2f'(x_{k-1})}=-\frac{f''(x^*)}{2f'(x^*)}.$$

例 2.10　用双点割线法求方程 $x^3+3x^2-x-9=0$ 在区间[1,2]内的一个实根,精确到5位有效数字.

解　记$f(x)=x^3+3x^2-x-9$,双点割线法迭代公式为

$$x_{k+1}=x_k-\frac{f(x_k)}{f(x_k)-f(x_{k-1})}(x_k-x_{k-1}), k=1,2,\cdots,$$

取 $x_0=1.4$, $x_1=1.6$,计算结果如表 2-3.

表 2-3

k	x_k	$f(x_k)$	k	x_k	$f(x_k)$
0	1.4	-2.168	4	1.52417	-0.0140970
1	1.6	1.176	5	1.52511	1.17173×10^{-4}
2	1.52967	0.0692609	6	1.52510	-3.41118×10^{-5}
3	1.51069	-0.216464			

所以取 $x^*\approx1.5251$.

例 2.11 用牛顿法求解下非线性方程组. 取初值 $x_0=0$, $y_0=0$,精度 $\varepsilon=\frac{1}{2}\times10^{-6}$.

$$\begin{cases}4x-y+\dfrac{1}{10}\mathrm{e}^x=1,\\ -x+4y+\dfrac{1}{8}x^2=0.\end{cases}$$

解 记

$$\boldsymbol{F}(x,y)=\begin{pmatrix}4x-y+\dfrac{1}{10}\mathrm{e}^x\\ -x+4y+\dfrac{1}{8}x^2\end{pmatrix}=0,$$

则雅可比矩阵及逆矩阵为

$$\boldsymbol{F}'(x,y)=\begin{pmatrix}4+\dfrac{1}{10}\mathrm{e}^x & -1\\ -1+\dfrac{1}{4}x & 4\end{pmatrix},[\boldsymbol{F}'(x,y)]^{-1}=\frac{1}{15+\dfrac{2}{5}\mathrm{e}^x+\dfrac{1}{4}x}\begin{pmatrix}4+\dfrac{1}{10}\mathrm{e}^x & -1\\ -1+\dfrac{1}{4}x & 4\end{pmatrix}$$

牛顿法迭代公式为

$$\begin{pmatrix}x^{(k+1)}\\ y^{(k+1)}\end{pmatrix}=\begin{pmatrix}x^{(k)}\\ y^{(k)}\end{pmatrix}-[\boldsymbol{F}'(x^{(k)},y^{(k)})]^{-1}\boldsymbol{F}(x_k,y_k),$$

取初值 $(x^{(0)},y^{(0)})^{\mathrm{T}}=(0,0)^{\mathrm{T}}$,计算结果如表 2-4 所列.

表 2-4

k	x_k	y_k
0	0.0	0.0
1	0.233766233	0.058441558
2	0.232567039	0.056451572
3	0.232567005	0.056451519
4	0.232567005	0.056451519

方程组近似解为 $x^*\approx0.232567005$, $y^*\approx0.056451519$.

2.3 课后习题解答

1. 证明方程 $x^2-x-1=0$ 在[1,2]上有一个实根 x^*，并用二分法求这个根，要求 $|x_k-x^*|\leqslant 10^{-3}$，若要求 $|x_k-x^*|\leqslant 10^{-6}$，需二分区间[1,2]多少次？

解 设 $f(x)=x^2-x-1$，则在[1,2]上 $f'(x)=2x-1>0$，$f(x)$ 单调递增. 又 $f(1)=-1$，$f(2)=1$，$f(1)f(2)<0$，从而 $f(x)$ 在[1,2]上有唯一实根 x^*.

由二分法估计式 $|x_n-x^*|\leqslant\dfrac{b-a}{2^{n+1}}<10^{-3}$，其中 $a=1,b=2$，则

$$n>\frac{1}{\lg 2}(\lg 1+3\lg 10)-1=8.966,$$

即若满足误差 $|x_k-x^*|\leqslant 10^{-3}$，至少要二分 9 次. 同理若满足 $|x_k-x^*|\leqslant 10^{-6}$，则

$$n>\frac{1}{\lg 2}(\lg 1+6\lg 10)-1=18.93,$$

至少要二分 19 次. 二分 9 次的计算结果如表 2-5 所列.

表 2-5 计算结果

n	a_n	b_n	x_n	$f(x_n)$	n	a_n	b_n	x_n	$f(x_n)$
0	1	2	1.5	-	5	1.59375	1.625	1.609375	-
1	1.5	2	1.75	+	6	1.609375	1.625	1.617186	-
2	1.5	1.75	1.625	+	7	1.617186	1.625	1.621093	+
3	1.5	1.625	1.5625	-	8	1.617186	1.621093	1.619139	+
4	1.5625	1.625	1.59375	-	9	1.617186	1.619139	1.618163	+

即 $x^*\approx x_9=1.618163$，满足误差不超过 10^{-3}.

2. 设有方程 $f(x)=x^3-x^2-1=0$.

(1) 利用函数 $f(x)$ 的性质，直接证明该方程在闭区间[1,2]上有唯一根 x^*.

(2) 对于不动点迭代 $x_{k+1}=\varphi(x_k)=(1+{x_k}^2)^{\frac{1}{3}}$，证明迭代函数 $\varphi(x)$ 在闭区间[1,2]收敛性条件，用该方法求 x^* 的值，使其具有 8 位有效数字.

(3) 用图形说明，取任何初值 $x_0\neq x^*$，迭代公式 $x_{k+1}=\dfrac{1}{\sqrt{x_k-1}}$ 都不收敛.

解 (1) 设连续函数 $f(x)=x^3-x^2-1$，则在[1,2]上 $f'(x)=3x^2-2x>0$，$f(x)$ 单调递增. 又 $f(1)=-1$，$f(2)=3$，$f(1)f(2)<0$，从而由根的存在性定理知 $f(x)$ 在[1,2]上有唯一实根 x^*.

(2) 当 $x\in[1,2]$ 时，易验证 $\varphi(x)=(1+x^2)^{\frac{1}{3}}\in[1,2]$，又

$$|\varphi'(x)|=\frac{2}{3}\left|\frac{x}{(1+x)^{\frac{2}{3}}}\right|<\frac{2}{3}\frac{2}{[(1+1)^2]^{\frac{2}{3}}}=0.529<1,$$

故迭代 $x_{k+1}=\varphi(x_k)=(1+x_k{}^2)^{\frac{1}{3}}$ 在[1,2]上全局收敛. 取 $x_0=1.5$,计算结果如表2-6所列.

表2-6 计算结果

k	x_k	k	x_k
1	1.481248034	7	1.465710240
2	1.472705730	8	1.465634465
3	1.468817314	⋮	⋮
4	1.467047973	20	1.465571236
5	1.466243010	21	1.465571233
6	1.465876820	22	1.465571232

由于 $|x_{22}-x_{21}|\leqslant 10^{-8}$,故可取 $x^*\approx x_{22}=1.465571232$.

(3) $\varphi(x)=\dfrac{1}{\sqrt{x-1}}$, $|\varphi'(x)|=\left|\dfrac{-1}{2\,(x-1)^{3/2}}\right|\geqslant\dfrac{1}{2\sqrt{2}}>1$,

故无论取何初值 $x_0\neq x^*$,迭代公式 $x_{k+1}=\dfrac{1}{\sqrt{x_k-1}}$ 都不收敛,如图2-2所示.

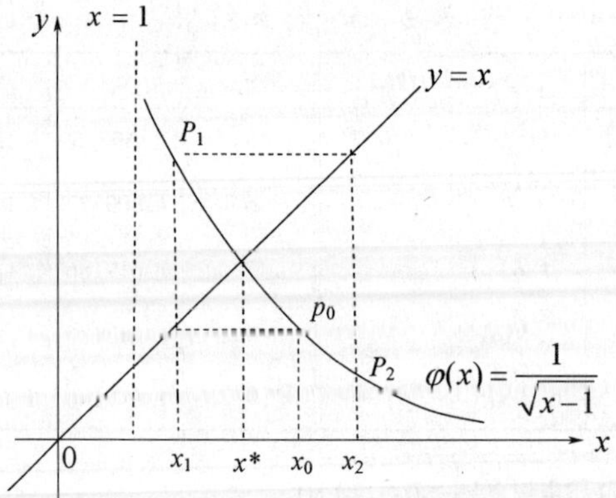

图2-2

3. 设方程 $12-3x+2\cos x=0$ 的迭代法 $x_{k+1}=4+\dfrac{2}{3}\cos x_k$

(1) 证明对 $\forall x_0\in\mathbb{R}$,均有 $\lim\limits_{k\to\infty}x_k=x^*$,其中 x^* 为方程的一个根.

(2) 取 $x_0=4$,求此迭代法的近似根,使误差不超过 10^{-3},并列出各次迭代值.

(3) 此迭代法收敛阶是多少? 证明你的结论.

解 (1)对于迭代法 $x_{k+1}=4+\dfrac{2}{3}\cos x_k$,迭代函数 $\varphi(x)=4+\dfrac{2}{3}\cos x$ 是连续函数,又

$$4-\frac{2}{3}\leqslant 4+\frac{2}{3}\cos x\leqslant 4+\frac{2}{3},\ \varphi(x)\in\left[4-\frac{2}{3},4+\frac{2}{3}\right]\in(-\infty,+\infty),$$

$$\max_{x\in\mathbb{R}}|\varphi'(x)|=\left|-\frac{2}{3}\sin x\right|<1,$$

故对$\forall x_0\in\mathbb{R}$，均有$\lim\limits_{k\to\infty}x_k=x^*$.

(2) 选初值$x_0=4$，计算结果如表2-7所列.

表2-7 计算结果

k	x_k	$\|x_k-x_{k-1}\|$	k	x_k	$\|x_k-x_{k-1}\|$
0	4	—	4	3.3483	0.0058
1	3.5642	0.4358	5	3.3475	0.0008
2	3.3920	0.1722	6	3.3474	0.0001
3	3.3541	0.0379	7	3.3474	0.0000

取近似值$x^*\approx x_7=3.3474$.

(3) $\varphi'(x^*)|_{3.3474}=-\dfrac{2}{3}\sin(3.3474)\approx 0.13624\neq 0$，所以迭代法1阶收敛(线性收敛).

4. 给定函数$f(x)$，设对一切x，$f'(x)$存在，而且$0<m\leqslant f'(x)\leqslant M$. 证明对$0<\lambda<\dfrac{2}{M}$的任意常数$\lambda$，迭代法$x_{k+1}=x_k-\lambda f(x_k)$均收敛于方程$f(x)=0$的根.

证明 由于$f'(x)>0$，$f(x)$为单调递增函数，故方程$f(x)=0$的根x^*唯一(假定方程有根).

迭代函数$\varphi(x)=x-\lambda f(x)$，$|\varphi'(x)|=|1-\lambda f'(x)|$.

由$0<m\leqslant f'(x)\leqslant M$及$0<\lambda<\dfrac{2}{M}$，得

$$0<\lambda m\leqslant \lambda f'(x)\leqslant \lambda M<2,$$

$$-1<1-\lambda M\leqslant 1-\lambda f'(x)\leqslant 1-\lambda m<1,$$

从而$|\varphi'(x)|\leqslant L=\max\{|1-\lambda m|,|1-\lambda M|\}<1$，由此得

$$|x_k-x^*|\leqslant L|x_{k-1}-x^*|\leqslant\cdots\leqslant L^k|x_0-x^*|\to 0,(k\to\infty)$$

即$\lim\limits_{k\to\infty}x_k=x^*$，迭代法收敛.

5. 设函数$f(x)\in C^1(-\infty,+\infty)$，并且$f'(x)$满足$0<m\leqslant f'(x)\leqslant M$. 用任何固定的$\lambda\in\left(0,\dfrac{2}{M}\right)$，构造迭代法

$$x_{k+1}=x_k-\lambda f(x_k),\quad k=0,1,2,\cdots.$$

试证：取任何初值x_0，迭代都收敛到$f(x)$的唯一根x^*.

提示 证明方法类似第4题，略.

6. 用斯蒂芬森方法计算第2题中(2)、(3)的近似根，精确到10^{-5}.

解 记第2题(2)的迭代函数为$\varphi_2(x)=(1+x^2)^{\frac{1}{3}}$，(3)的迭代函数为$\varphi_3(x)=\dfrac{1}{\sqrt{x-1}}$，利用斯蒂芬森加速法(2-9)，计算结果如表2-8所列.

表 2-8

k	加速 $\varphi_2(x)$ 的结果 x_k	k	加速 $\varphi_3(x)$ 的结果 x_k
0	1.5	0	1.5
1	1.465558485	1	1.467342286
2	1.465571233	2	1.465576085
3	1.465571232	3	1.465571232
		4	1.465571232

(2) 用三次,(3) 用四次,$x^* \approx 1.465571232$.

7. 已知方程 $f(x) = xe^x - 1 = 0$.

(1) 证明方程在[0,1]内有唯一的实根.

(2) 用迭代格式 $x_{k+1} = \varphi(x_k)$, $k = 0,1,2,\cdots$,其中迭代函数 $\varphi(x) = e^{-x}$,初始值 $x_0 = 0.5$,求方程的根的近似值.

(3) 试将上述迭代法改造成斯蒂芬森迭代法,取初始值 $x_0 = 0.5$,并求解方程的根的近似值.

(4) 比较两种方法的收敛快慢程度.

解 (1) $f(x)$ 在[0,1]上连续,$f'(x) = e^x(1+x) > 0$,$f(x)$ 单调递增,又

$$f(0) = -1 < 0, f(1) = e - 1 > 0, f(0)f(1) < 0$$

由根的存在性定理,方程 $f(x) = 0$ 在[0,1]内有唯一的实根.

(2) 在 $x_0 = 0.5$ 附近有

$$|\varphi'(x)| = |-e^{-x}| < 1,$$

则迭代格式 $x_{k+1} = e^{-x_k}$ 在 $x_0 = 0.5$ 附近具有局部收敛性,计算结果如表 2-9 所列.

表 2-9

k	x_k	k	x_k
0	0.500000	10	0.566907
1	0.606531	11	0.567277
2	0.545239	12	0.567067
3	0.579703	13	0.567186
4	0.560065	14	0.567119
5	0.571172	15	0.567157
6	0.564863	16	0.567135
7	0.568438	17	0.567148
8	0.566409	18	0.567141
9	0.567560	19	0.567141

方程 $xe^x - 1 = 0$ 在 $x_0 = 0.5$ 附近的近似根取 $x^* \approx 0.567141$.

(3) 迭代函数 $\varphi(x) = e^{-x}$,利用斯蒂芬森加速法(2-9),计算结果如表 2-10 所列.

表 2-10

k	加速后的迭代结果 x_k
0	0.500000
1	0.567624
2	0.567143
3	0.567143

方程在 $x_0=0.5$ 附近的近似根取 $x^*\approx 0.567143$.

(4) 比较(2)、(3)两种迭代法,显然方法(3)收敛快,事实上本例中方程在[0,1]内有唯一单根,$\varphi'(x^*)\neq 0$,迭代格式 $x_{k+1}=\varphi(x_k)$ 线性收敛,而斯蒂芬森迭代法二阶收敛.

8. 用牛顿法求下列方程的根,计算准确到4位有效数字.

(1) $f(x)=x^3-3x-1=0$,在 $x_0=2$ 附近的根.

(2) $f(x)=x^3+10x-20=0$,在 $x_0=1.5$ 附近的根.

(3) $f(x)=xe^x-1=0$,在 $x_0=1.5$ 附近的根.

解 (1) $f(x)=x^3-3x-1$,$f'(x)=3x^2-3$,牛顿迭代法为

$$x_{k+1}=x_k-\frac{x_k^3-3x_k-1}{3(x_k^2-1)},k=0,1,2,\cdots,$$

取 $x_0=2$,得 $x_1=1.8889$,$x_2=1.8795$,$x_3=1.8794$,$x_4=1.8794$,准确到4位有效数字,取 $x^*\approx 1.879$.

(2) $f(x)=x^3+10x-20$,$f'(x)=3x^2+10$,牛顿迭代法为

$$x_{k+1}=x_k-\frac{x_k^3+10x_k-20}{3x_k^2+10},k=0,1,2,\cdots,$$

取 $x_0=1.5$,得 $x_1=1.5970149$,$x_2=1.5945637$,$x_3=1.5945621$,$x_4=1.5945621$,准确到4位有效数字,取 $x^*\approx 1.594$.

(3) $f(x)=xe^x-1$,$f'(x)=e^x(1+x)$,牛顿迭代法为

$$x_{k+1}=x_k-\frac{x_ke^{x_k}-1}{e^{x_k}(1+x_k)},k=0,1,2,\cdots,$$

取 $x_0=1.5$,得 $x_1=0.98925206$,$x_2=0.67888549$,$x_3=0.57661315$,$x_4=0.56721625$

$$x_5=0.56714329,x_2=0.56714329.$$

准确到4位有效数字,取 $x^*\approx 0.5671$.

9. 应用牛顿法于方程 $x^3-a=0$,求立方根 $\sqrt[3]{a}$ 的迭代公式,并讨论其收敛性.

解 $f(x)=x^3-a$,故 $f'(x)=3x^2$,$f''(x)=6x$,牛顿迭代公式为

$$x_{k+1}=x_k-\frac{x_k^3-a}{3x_k^2}=\frac{2x_k^3-a}{3x_k^2},k=0,1,2,\cdots.$$

当 $a\neq 0$ 时,$\sqrt[3]{a}$ 为 $f(x)=0$ 的单根,此时,牛顿法在 x^* 附近是平方收敛的.

当 $a=0$ 时,迭代公式退化为

$$x_{k+1} = \frac{2}{3}x_k,$$

从而 $x_k \to 0$,即迭代公式收敛.

10. 对于方程 $f(x) = 3x^2 - e^x = 0$,选择适当的初始值,分别用牛顿法和割线法求它的全部根.

解 $f(x) = 3x^2 - e^x, f'(x) = 6x - e^x$,牛顿法迭代格式为

$$x_{k+1} = x_k - \frac{3x_k^2 - e^{x_k}}{6x_k - e^{x_k}}, k = 0,1,2,\cdots,$$

割线法迭代格式为

$$x_{k+1} = x_k - \frac{f(x_k)}{f(x_k) - f(x_{k-1})}(x_k - x_{k-1})$$

$$= x_k - \frac{3x_k^2 - e^{x_k}}{3(x_k^2 - x_{k-1}^2) - e^{x_k} + e^{x_{k-1}}}(x_k - x_{k-1}), k = 1,2,\cdots,$$

通过 Matlab 绘图发现,方程大致在 $x = -0.4, 0.8, 3.5$ 附近各有一个根,如图 2-3 所示.

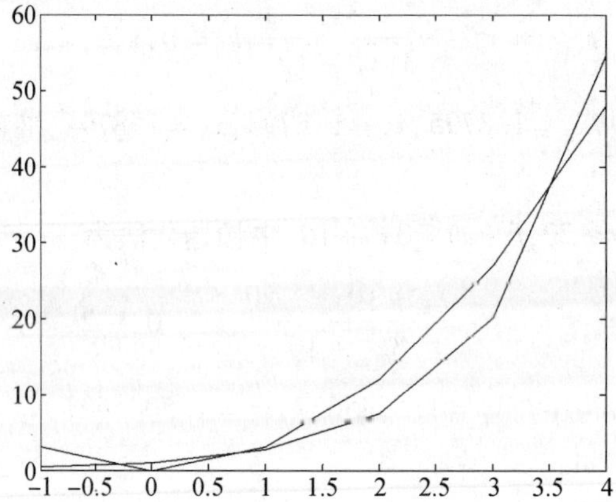

图 2-3

$x<0$ 时,$f'(x) = 6x - e^x < 0$,$f(x)$ 单调减少,而 $f(-1)f(0) = (3 - e^{-1}) \cdot (-1) < 0$,故方程 $f(x) = 0$ 在 $(-1,0)$ 内有唯一根;又分析知,$f(0)f(1) = (-1)(3-e) < 0$,方程在 $(0,1)$ 内有根;$f(1)f(4) = (3-e)(48-e^4) < 0$,方程在 $(1,4)$ 内有根. 精度取 10^{-8} 计算结果如下:

$(-1,0)$ 内,取 $x_0 = -0.5$,牛顿法 $x^* \approx -0.45896227$,割线法 $x^* \approx -0.45896222$;

$(0,1)$ 内,取 $x_0 = 0.5$,牛顿法 $x^* \approx 0.91000757$,割线法 $x^* \approx 0.91000757$;

$(1,4)$ 内,取 $x_0 = 3$,牛顿法 $x^* \approx 3.73307902$,割线法 $x^* \approx 3.73307903$.

11. 把单步迭代法 $x_{k+1} = x_k - \dfrac{f^2(x_k)}{f(x_k + f(x_k)) - f(x_k)}$ 看成牛顿法的一种修正,设 f 有二阶连续导数,$f(x^*) = 0, f'(x^*) \neq 0$,试证明这种迭代法二阶收敛.

证明 本题的迭代函数为

$$\varphi(x) = x - \frac{f(x)}{[f(x+f(x)) - f(x)]/f(x)},$$

注意到

$$\lim_{x\to x^*} \frac{f(x+f(x)) - f(x)}{f(x)} = \lim_{x\to x^*} \frac{f'(x+f(x))(1+f'(x)) - f'(x)}{f'(x)}$$
$$= \frac{f'(x^*)(1+f'(x^*)) - f'(x^*)}{f'(x^*)} = f'(x^*).$$

当 $x\to x^*$ 时，得 $\varphi(x^*) = x^* - \frac{f(x^*)}{f'(x^*)} = x^*$，所以本题给出的迭代法收敛于方程 $f(x)=0$ 的根 x^*.

若记 $\varphi'(x) = 1 - F + G$，其中

$$F = \frac{2f'(x)}{[f(x+f(x)) - f(x)]/f(x)},$$
$$G = \frac{[f(x)]^2[f'(x+f(x))(1+f'(x)) - f'(x)]}{[f(x+f(x)) - f(x)]^2},$$

则当 $x\to x^*$ 时，有

$$F \to \frac{2f'(x^*)}{f'(x^*)} = 2,$$
$$G \to \frac{f'(x^*)(1+f'(x^*)) - f'(x^*)}{[f'(x^*)]^2} = 1,$$

从而 $\varphi'(x^*) = 1 - F + G = 0$，迭代法是收敛的，且至少二阶收敛.

12. $\varphi(x) = x - p(x)f(x) - q(x)f^2(x)$，试确定函数 $p(x)$ 和 $q(x)$，使求解 $f(x)=0$ 且以 φ 为迭代函数的迭代法至少三阶收敛.

解 若使 $x_{k+1} = \varphi(x_k)$ 三阶收敛到 $f(x)=0$ 的根 x^*，由定理 2.3 知 $\varphi(x^*) = x^*$，$\varphi'(x^*) = 0$，$\varphi''(x^*) = 0$. 于是

$$\varphi(x^*) = x^* - p(x^*)f(x^*) - q(x^*)f^2(x^*) = 0,$$
$$\varphi'(x^*) = 1 - p(x^*)f'(x^*) = 0,$$
$$\varphi''(x^*) = -2p'(x^*)f'(x^*) - p(x^*)f''(x^*) - 2q(x^*)[f'(x^*)]^2 = 0,$$

得

$$p(x^*) = \frac{1}{f'(x^*)}, q(x^*) = \frac{1}{2}\frac{f''(x^*)}{[f'(x^*)]^3},$$

故取

$$p(x) = \frac{1}{f'(x)}, q(x) = \frac{1}{2}\frac{f''(x)}{[f'(x)]^3}$$

时迭代至少三阶收敛.

13. 用两种不同的方法求方程 $f(x) = x^3 - x^2 - x + 1 = 0$ 的一个近似根，准确到10^{-5}，初始值均取 $x_0 = 1.5$，并比较结果优劣.

解 （1）牛顿迭代法：

$$f(x)=x^3-x^2-x+1=0, f'(x)=3x^2-2x-1,$$

迭代公式为

$$x_{k+1}=x_k-\frac{x_k^3-x_k^2-x_k+1}{3x_k^2-2x_k-1}, k=0,1,2,\cdots,$$

取 $x_0=1.5$,得

$$x_1=1.2727273, x_2=1.1440823, x_3=1.0743831, x_4=1.0378466, \cdots,$$
$$x_{14}=1.0000377, x_{15}=1.0000188, x_{16}=1.0000094, x_{17}=1.0000047.$$

准确到10^{-5},取 $x^*=1.00000$.

(3) 由方程 $x=x^3-x^2+1$,迭代函数 $\varphi(x)=x^3-x^2+1$,利用斯蒂芬森加速法(2-9),迭代 10 次满足要求,得 $x_{10}=1.0000046$,取 $x^*=1.00000$.

显然斯蒂芬森加速法比牛顿迭代法速度快.

14. 取适当的初值,用牛顿法解下列方程组:

(1) $\begin{cases}x^2+y^2=4,\\x^2-y^2=1;\end{cases}$ (2) $\begin{cases}3x^2-y^2=0,\\3xy^2-y^3-1=0.\end{cases}$

解 (1) 记 $f_1(x,y)=x^2+y^2-4, f_2(x,y)=x^2-y^2-1$,则

$$\boldsymbol{F}'(x,y)=\begin{pmatrix}2x & 2y\\2x & -2y\end{pmatrix}, [\boldsymbol{F}'(x,y)]^{-1}=\begin{pmatrix}\frac{1}{4x} & \frac{1}{4x}\\ \frac{1}{4y} & -\frac{1}{4y}\end{pmatrix},$$

牛顿法迭代公式为

$$\begin{pmatrix}x^{(k+1)}\\y^{(k+1)}\end{pmatrix}=\begin{pmatrix}x^{(k)}\\y^{(k)}\end{pmatrix}-[\boldsymbol{F}'(x^{(k)},y^{(k)})]^{-1}\begin{pmatrix}f_1(x^{(k)},y^{(k)})\\f_2(x^{(k)},y^{(k)})\end{pmatrix},$$

取初值 $(x^{(0)},y^{(0)})^{\mathrm{T}}=(1.6,1.2)^{\mathrm{T}}$,得

$$\begin{pmatrix}x^{(1)}\\y^{(1)}\end{pmatrix}=\begin{pmatrix}1.581250000\\1.225000000\end{pmatrix}, \begin{pmatrix}x^{(2)}\\y^{(2)}\end{pmatrix}=\begin{pmatrix}1.581138834\\1.224744898\end{pmatrix}$$

$$\begin{pmatrix}x^{(3)}\\y^{(3)}\end{pmatrix}=\begin{pmatrix}1.581138830\\1.224744871\end{pmatrix}, \begin{pmatrix}x^{(4)}\\y^{(4)}\end{pmatrix}=\begin{pmatrix}1.581138830\\1.224744871\end{pmatrix}$$

故

$$\begin{pmatrix}x^*\\y^*\end{pmatrix}=\begin{pmatrix}1.581138830\\1.224744871\end{pmatrix}.$$

(2) 记 $f_1(x,y)=3x^2-y^2, f_2(x,y)=3xy^2-y^3-1$,则

$$\boldsymbol{F}'(x,y)=\begin{pmatrix}6x & -2y\\3y^2 & -3y^2\end{pmatrix}, [\boldsymbol{F}'(x,y)]^{-1}=\frac{1}{-18xy^2+6y^3}\begin{pmatrix}-3y^2 & 2y\\-3y^2 & 6x\end{pmatrix},$$

取初值 $(x^{(0)},y^{(0)})^{\mathrm{T}}=(0.5,1.0)^{\mathrm{T}}$,代入牛顿法迭代公式,得方程组(2)的近似解为

$$\begin{pmatrix}x^*\\y^*\end{pmatrix}=\begin{pmatrix}0.640607911\\1.109565451\end{pmatrix}.$$

第3章　解线性方程组的数值解法

3.1　基本要求与知识要点

本章主要介绍用直接法和迭代法求解线性方程组的数值解法，直接法部分要求掌握求解线性方程组的高斯消去法、列主元高斯消去法、矩阵的杜里特尔分解法、正定方程组的乔里斯基方法、三对角方程组的追赶法；在迭代法部分要求掌握雅可比迭代法、高斯－赛德尔迭代法和SOR迭代法，以及这几种迭代法的收敛性条件. 此外还要掌握病态方程组和矩阵的条件数，了解方程组解的误差估计.

一、直接法

1. 高斯消去法和选主元高斯消去法

高斯消去法的基本思想是：先逐次消去变量，将方程组化成同解的上三角形方程组，此过程称为消元过程. 然后按方程相反顺序求解上三角形方程组，得到原方程组的解，此过程称为回代过程.

定义3.1　设 $\boldsymbol{x}=(x_1,\cdots,x_n)^{\mathrm{T}}\in\mathbb{C}^n, x_k\neq 0$. 记 $g_{ik}=x_i/x_k, i=k+1,\cdots,n$，向量 $\boldsymbol{g}^{(k)}=(0,\cdots,0,g_{k+1,k},\cdots,g_{nk})^{\mathrm{T}}$ 称为相伴 $\boldsymbol{x}$ 的高斯向量. 矩阵

$$G_k=I-\boldsymbol{g}^{(k)}\boldsymbol{e}_k^{\mathrm{T}}=\begin{pmatrix}1 & & & & \\ & \ddots & & & \\ & & 1 & & \\ & & -g_{k+1,k} & 1 & \\ & & \vdots & & \ddots \\ & & -g_{n,k} & & & 1\end{pmatrix}$$

称为相伴 $\boldsymbol{x}$ 的高斯矩阵，也称初等（下三角）矩阵，它所确定的线性变换称为高斯变换.

定理3.1　对于线性方程组 $\boldsymbol{Ax}=\boldsymbol{b}$，其中 $\boldsymbol{A}$ 非奇异，则可用高斯消去法求出方程组的解的充要条件是 $\boldsymbol{A}$ 的各阶顺序主子式均不为零.

高斯消元法的计算步骤：

1）消元过程

设 $a_{kk}^{(k)}\neq 0$，对 $k=1,2,\cdots,n-1$，有

$$\begin{cases}l_{ik}=\dfrac{a_{ik}^{(k)}}{a_{kk}^{(k)}}\\ a_{ij}^{(k+1)}=a_{ij}^{(k)}-l_{ik}a_{kj}^{(k)}\\ b_i^{(k+1)}=b_i^{(k)}-l_{ik}b_k^{(k)}\end{cases},\quad i,j=k+1,k+2,\cdots,n,\tag{3-1}$$

2）回代过程

$$x_n = \frac{b_n^{(n)}}{a_{nn}^{(n)}}, x_k = (b_k^{(k)} - \sum_{l=k+1}^{n} a_{kj}^{(k)} x_j)/a_{kk}^{(k)}, k = n-1, n-2, \cdots, 1.$$

选主元的高斯消去法分为列主元高斯消去法和全主元高斯消去法，即在第 k 步消元之前，先在系数矩阵第 k 列的对角线以下的元素或在右下角的 $n-k+1$ 阶主子阵中选取绝对值最大的元素作为主元素，这种消元过程可进一步减小误差提高精度. 因全主元消去法比列主元消去法运算量大得多，故实际应用中一般采用列主元消去法即能满足要求.

定理 3.2 设 $\boldsymbol{A}$ 是 n 阶非奇异矩阵，则存在置换矩阵 $\boldsymbol{P}$，使得 $\boldsymbol{PA}$ 的 n 个顺序主子式非零，且有

$$\boldsymbol{PA} = \boldsymbol{L}\hat{\boldsymbol{U}} = \boldsymbol{LDU},$$

式中：$\boldsymbol{L}$ 为单位下三角矩阵，其元素 $|l_{ij}| \leqslant 1$；$\hat{\boldsymbol{U}}$ 为上三角矩阵；$\boldsymbol{U}$ 为单位上三角矩阵；$\boldsymbol{D}$ 为对角矩阵.

2. 矩阵的三角分解

定义 3.2 如果方阵 $\boldsymbol{A}$ 可分解成一个下三角矩阵 $\boldsymbol{L}$ 和一个上三角矩阵 $\boldsymbol{U}$ 的乘积，即 $\boldsymbol{A}=\boldsymbol{LU}$，则称 $\boldsymbol{A}$ 可作三角分解或 $\boldsymbol{LU}$ 分解.

如果 $\boldsymbol{A}$ 的三角分解 $\boldsymbol{A}=\boldsymbol{LU}$ 中，$\boldsymbol{L}$ 为单位下三角矩阵，$\boldsymbol{U}$ 是上三角矩阵，此时的三角分解称为杜里特尔分解；若 $\boldsymbol{L}$ 为下三角矩阵，而 $\boldsymbol{U}$ 是单位上三角矩阵，则称三角分解为克劳特分解.

定理 3.3 设 $\boldsymbol{A}=(a_{ij}) \in \mathbb{R}^{n\times n}$ 非奇异，如果 $\boldsymbol{A}_i$ 是 $\boldsymbol{A}$ 的 k 阶顺序主子阵，则 $\boldsymbol{A}$ 可作三角分解的充要条件是 $\boldsymbol{A}$ 的顺序主子式 $\Delta_i = \det \boldsymbol{A}_i \neq 0 (k=1,2,\cdots,n)$. 进一步，存在唯一的单位下三角矩阵 $\boldsymbol{L}$ 和单位下三角矩阵 $\boldsymbol{U}$，使

$$\boldsymbol{A} = \boldsymbol{LDU},\ \boldsymbol{D} = \mathrm{diag}(d_1, d_2, \cdots, d_n),$$

式中：$d_1 = \Delta_1, d_k = \dfrac{\Delta_k}{\Delta_{k-1}} \quad (k=2,3,\cdots,n)$.

推论 3.1 设 $\boldsymbol{A}$ 是 n 阶矩阵，则 $\boldsymbol{A}$ 可以唯一地进行杜里特尔分解或克劳特分解的充分必要条件是 $\boldsymbol{A}$ 的顺序主子式 $\Delta_i \neq 0 (i=1,2,\cdots,n-1)$.

3. 几种常用的矩阵分解方法

1）杜里特尔分解法

设 $\boldsymbol{A}=\boldsymbol{LU}$，其中 $\boldsymbol{L}$ 为单位下三角矩阵，$\boldsymbol{U}$ 为上三角矩阵. 计算公式为

$$\begin{cases} u_{kj} = a_{kj} - \sum\limits_{t=1}^{k-1} l_{kt} u_{tj}, j = k, k+1, \cdots, n, \\ l_{ik} = (a_{ik} - \sum\limits_{t=1}^{k-1} l_{it} u_{tk})/u_{kk}, i = k+1, \cdots, n. \end{cases} \tag{3-2}$$

将方程组 $\boldsymbol{Ax}=\boldsymbol{b}$ 化为等价的形式 $\boldsymbol{LUx}=\boldsymbol{b}$，然后求解

$$\begin{cases} \boldsymbol{Ly} = \boldsymbol{b}, \\ \boldsymbol{Ux} = \boldsymbol{y}. \end{cases}$$

计算公式为

$$\begin{cases} y_1 = b_1, \\ y_i = b_i - \sum_{j=1}^{i-1} l_{ij} y_j, i = 2,3,\cdots,n. \end{cases}$$

$$\begin{cases} x_n = \dfrac{y_n}{u_{nn}}, \\ x_i = \dfrac{1}{u_{ii}}\left(y_i - \sum_{j=i+1}^{j-1} u_{ij} x_j\right), i = n-1,\cdots,2,1. \end{cases}$$

从而求得方程组的解.

2）乔里斯基分解法

定理 3.4 若 $\boldsymbol{A} \in \mathbb{R}^{n\times n}$ 对称正定,则存在唯一的对角元为正的下三角矩阵 $\boldsymbol{L}$,使 $\boldsymbol{A}$ 分解为 $\boldsymbol{A} = \boldsymbol{L}\boldsymbol{L}^{\mathrm{T}}$,这种分解称为乔里斯基分解.

计算公式:

对于 $j=1,2,\cdots,n$,有

$$l_{jj} = \left(a_{jj} - \sum_{k=1}^{j-1} l_{jk}^2\right)^{1/2},$$

$$l_{ij} = \frac{a_{ij} - \sum_{k=1}^{j-1} l_{ik} l_{jk}}{l_{jj}}, i = j+1,\cdots,n. \tag{3-3}$$

求解 $\boldsymbol{Ax} = \boldsymbol{b}$ 转化为求解 $\boldsymbol{Ly} = \boldsymbol{b}, \boldsymbol{L}^{\mathrm{T}}\boldsymbol{x} = \boldsymbol{y}$,得

$$y_1 = b_1/l_{11}, y_i = \left(b_i - \sum_{k=1}^{i-1} l_{ik} y_k\right)/l_{ii}, i = 2,3,\cdots,n$$

$$x_n = y_n/l_{nn}, x_i = \left(y_i - \sum_{k=i+1}^{n} l_{ki} x_k\right)/l_{ii}, i = n-1,\cdots,1,$$

3）三对角方程组的追赶法

对于三对角方程组 $\boldsymbol{Ax} = \boldsymbol{d}$,即

$$\begin{pmatrix} b_1 & c_1 & & & \\ a_2 & b_2 & c_2 & & \\ & \ddots & \ddots & \ddots & \\ & & \ddots & \ddots & c_{n-1} \\ & & & a_n & b_n \end{pmatrix} \begin{pmatrix} x_1 \\ x_2 \\ \vdots \\ x_{n-1} \\ x_n \end{pmatrix} = \begin{pmatrix} d_1 \\ d_2 \\ \vdots \\ d_{n-1} \\ d_n \end{pmatrix},$$

可以用杜里特尔分解方法求解,设 $\boldsymbol{A} = \boldsymbol{LU}$,其中 $\boldsymbol{L}$ 和 $\boldsymbol{U}$ 有以下形式:

$$\boldsymbol{L} = \begin{pmatrix} 1 & & & \\ l_2 & 1 & & \\ & \ddots & \ddots & \\ & & l_n & 1 \end{pmatrix}, \boldsymbol{U} = \begin{pmatrix} u_1 & c_1 & & \\ & u_2 & \ddots & \\ & & \ddots & c_{n-1} \\ & & & u_n \end{pmatrix}.$$

计算公式为

$$\begin{cases} u_1 = b_1, \\ l_i = \dfrac{a_i}{u_{i-1}}, i = 2,3,\cdots,n, \\ u_i = b_i - l_i c_{i-1}, i = 2,3,\cdots,n. \end{cases} \tag{3-4}$$

原方程组 $\boldsymbol{Ax}=\boldsymbol{d}$ 可分为两步求解 $\boldsymbol{Ly}=\boldsymbol{d}$ 和 $\boldsymbol{Ux}=\boldsymbol{y}$，计算公式是

$$\begin{cases} y_1 = d_1, \\ y_i = d_i - l_i y_{i-1}, i = 2,3,\cdots,n. \end{cases}$$

$$\begin{cases} x_n = \dfrac{y_n}{u_n}, \\ x_i = \dfrac{y_i - c_i x_{i+1}}{u_i}, i = n-1, n-2, \cdots, 1. \end{cases}$$

该方法称为解三对角方程组的追赶法，又称为托马斯算法.

定理 3.5　设三对角矩阵 $\boldsymbol{A}$ 满足

$$\begin{cases} |b_1| > |c_1| > 0, \\ |b_i| \geqslant |a_i| + |c_i|, a_i c_i \neq 0, i = 2,3,\cdots,n-1, \\ |b_n| > |a_n| > 0. \end{cases}$$

则 A 非奇异，且指式(3-4)的系数为

$$u_i \neq 0, i = 1,2,\cdots,n,$$

$$0 < \frac{|c_i|}{|u_i|} < 1, i = 1,2,\cdots,n-1,$$

$$|b_i| - |a_i| < |u_i| < |b_i| + |a_i|, i = 2,3,\cdots,n.$$

二、迭代法

1. 迭代法的一般格式

对于线性方程组 $\boldsymbol{Ax}=\boldsymbol{b}$，其中 $\boldsymbol{A}$ 为非奇异矩阵，将方程组化为等价方程组

$$\boldsymbol{x} = \boldsymbol{Bx} + \boldsymbol{f}, \tag{3-5}$$

由此得迭代公式

$$\boldsymbol{x}^{(k+1)} = \boldsymbol{B}\boldsymbol{x}^{(k)} + \boldsymbol{f},\ k = 0,1,2,\cdots \tag{3-6}$$

若对任意$\boldsymbol{x}^{(0)} \in \mathbb{R}^n$，序列$\{\boldsymbol{x}^{(k)}\}$都收敛于 $\boldsymbol{x}^*$，则有 $\boldsymbol{x}^* = \boldsymbol{Bx}^* + \boldsymbol{f}$，称 $\boldsymbol{B}$ 为迭代矩阵，这时迭代公式是收敛的，否则是发散的.

2. 雅可比迭代法

将方程组 $\boldsymbol{Ax}=\boldsymbol{b}$ 中系数矩阵 $\boldsymbol{A}=(a_{ij}) \in \mathbb{R}^{n\times n}$分解为

$$\boldsymbol{A} = \boldsymbol{D} - \boldsymbol{L} - \boldsymbol{U},$$

式中：$\boldsymbol{D} = \mathrm{diag}(a_{11},\cdots,a_{nn})$为 $\boldsymbol{A}$ 的对角矩阵.

$$A^{-1}=\begin{pmatrix}500.5 & 500\\ 1000 & 1000\end{pmatrix},\quad \|A\|_\infty=3.001,\quad \|A^{-1}\|_\infty=2000,$$

于是 $\mathrm{cond}\,(A)_\infty=\|A^{-1}\|_\infty\cdot\|A\|_\infty=6002$.

$$\frac{\|\delta x\|_\infty}{\|x\|_\infty}\leqslant \mathrm{cond}(A)_\infty\frac{\|\delta b\|_\infty}{\|b\|_\infty}=6002\times\frac{0.0001}{1.0001}=0.6001.$$

$\det A=2\times10^{-3}$.

由 $Ax=b$ 解得 $x=A^{-1}b=(-0.45,0.1)^{\mathrm T}$,而由 $A(x+\delta x)=(b+\delta b)$,解得 $(x+\delta x)=(-0.4.0.2)^{\mathrm T}$,$\delta x=(0.05.0.1)^{\mathrm T}$,

得 $\frac{\|\delta x\|_\infty}{\|x\|_\infty}=0.2222$. 对比可见,误差是合理的,这表明若 $\mathrm{cond}(A)$ 不大,即 A 是良态的,b 的微小扰动,引起解 x 的扰动也较小,若 $\mathrm{cond}(A)$ 很大,即 A 是病态的,则 b 的微小扰动,可能引起解 x 的扰动会很大.

13. 设 $A=A^{\mathrm T}$ 非奇异,试证明 $\mathrm{cond}\,(A)_2=\frac{|\lambda_1|}{|\lambda_n|}$,其中 λ_1 和 λ_n 分别为矩阵 A 的按模最大和最小的特征值.

证明
$$\mathrm{cond}\,(A)_2=\|A\|_2\ \|A^{-1}\|_2=\sqrt{\lambda_{\max}(A^{\mathrm T}A)}\cdot\sqrt{\lambda_{\max}[(A^{-1})^{\mathrm T}A^{-1}]}$$
$$=\sqrt{\lambda_{\max}(A^{\mathrm T}A)}\cdot\sqrt{\lambda_{\max}(AA^{\mathrm T})^{-1}}=\sqrt{\frac{\lambda_{\max}(A^{\mathrm T}A)}{\lambda_{\min}(AA^{\mathrm T})}},$$

又因 A 为对称阵,故

$$\mathrm{cond}\,(A)_2=\sqrt{\frac{\lambda_{\max}(A^2)}{\lambda_{\min}(A^2)}}=\frac{\sqrt{\lambda_1^2}}{\sqrt{\lambda_n^2}}=\frac{|\lambda_1|}{|\lambda_n|}.$$

14. 给定方程组 $Ax=b$,其中 $A=\begin{pmatrix}1 & -1\\ -1 & 1.0001\end{pmatrix}$,$b=\begin{pmatrix}1\\2\end{pmatrix}$.

(1) 试用 13 题的结论证明 $\mathrm{cond}\,(A)_2\approx4\times10^4$;

(2) A 扰动后得到矩阵 $B=\begin{pmatrix}1 & -1\\ -1 & 1.0002\end{pmatrix}$,求解方程组 $Ax=b$ 和 $By=b$,分析计算结果.

解 (1) 由于 A 为对称阵,故 $\mathrm{cond}\,(A)_2=\frac{|\lambda_1|}{|\lambda_2|}$,其中 λ_1,λ_2 为 A 的绝对值最大和最小的特征值. 由特征方程 $|\lambda I-A|=0$,得

$$\begin{vmatrix}\lambda-1 & 1\\ 1 & \lambda-1.0002\end{vmatrix}=0.$$

A 的特征值为 $\lambda_1=2$,$\lambda_2=0.00005$,则 $\mathrm{cond}\,(A)_2=\frac{|\lambda_1|}{|\lambda_2|}=4\times10^4$.

(2) 由 $Ax=b$,得

$$x=A^{-1}b=\begin{pmatrix}10001 & 10000\\ 10000 & 10000\end{pmatrix}\begin{pmatrix}1\\2\end{pmatrix}=\begin{pmatrix}30001\\30000\end{pmatrix}.$$

由 $\boldsymbol{By}=\boldsymbol{b}$,得

$$\boldsymbol{x}=\boldsymbol{B}^{-1}\boldsymbol{b}=\begin{pmatrix}5001 & 5000\\5000 & 5000\end{pmatrix}\begin{pmatrix}1\\2\end{pmatrix}=\begin{pmatrix}15001\\15000\end{pmatrix}.$$

分析结果看出,

$$\delta\boldsymbol{A}=\begin{pmatrix}0 & 0\\0 & 0.0001\end{pmatrix},\frac{\|\delta\boldsymbol{A}\|_\infty}{\|\boldsymbol{A}\|_\infty}=0.005\%,$$

$$\delta\boldsymbol{x}=(-15000,-15000)^{\mathrm{T}},\frac{\|\delta\boldsymbol{x}\|_\infty}{\|\boldsymbol{x}\|_\infty}=200\%.$$

由于条件数 $\mathrm{cond}(\boldsymbol{A})_2=4\times10^4$ 较大,方程组 $\boldsymbol{Ax}=\boldsymbol{b}$ 为病态方程组,此时,即便系数矩阵 $\boldsymbol{A}$ 的相对误差较小,但却引起解的相对误差的巨大变化.

15. 设方程组 $\boldsymbol{Ax}=\boldsymbol{b}$,其中 $\boldsymbol{A}=\begin{pmatrix}1 & 2\\1.0001 & 2\end{pmatrix}$,$\boldsymbol{b}=\begin{pmatrix}3\\3.0001\end{pmatrix}$,其精确解为 $\boldsymbol{x}=(1,1)^{\mathrm{T}}$,给 $\boldsymbol{A}$ 一个扰动 $\delta\boldsymbol{A}=\begin{pmatrix}0 & 0\\-0.00002 & 0\end{pmatrix}$,引起解的变化为 $\delta\boldsymbol{x}$.

(1) 用7位有效数字计算扰动后的解 $\tilde{\boldsymbol{x}}$;

(2) 求 $\dfrac{\|\delta\boldsymbol{x}\|_\infty}{\|\boldsymbol{x}\|_\infty}$ 的上界;

(3) $\boldsymbol{A}$ 是病态吗?

解 (1) 由 $(\boldsymbol{A}+\delta\boldsymbol{A})(\boldsymbol{x}+\delta\boldsymbol{x})=\boldsymbol{b}$,得

$$\tilde{\boldsymbol{x}}=(\boldsymbol{x}+\delta\boldsymbol{x})=(\boldsymbol{A}+\delta\boldsymbol{A})^{-1}\boldsymbol{b}=\begin{pmatrix}1 & 2\\1.00008 & 2\end{pmatrix}^{-1}\begin{pmatrix}3\\3.0001\end{pmatrix}$$

$$=\begin{pmatrix}-12500.00 & 12500.00\\6250.500 & -6250.000\end{pmatrix}\begin{pmatrix}3\\3.0001\end{pmatrix}=\begin{pmatrix}1.25\\0.875\end{pmatrix}.$$

(2) 计算,得

$$\boldsymbol{A}^{-1}=\begin{pmatrix}-10000 & 10000\\5000.5 & 5000\end{pmatrix},\|\boldsymbol{A}\|_\infty=3.0001,\|\boldsymbol{A}^{-1}\|_\infty=20000,$$

于是 $\mathrm{cond}(\boldsymbol{A})_\infty=\|\boldsymbol{A}^{-1}\|_\infty\cdot\|\boldsymbol{A}\|_\infty=60002$. 则

$$\frac{\|\delta\boldsymbol{x}\|_\infty}{\|\boldsymbol{x}\|_\infty}\leqslant\frac{\mathrm{cond}(\boldsymbol{A})_\infty\dfrac{\|\delta\boldsymbol{A}\|_\infty}{\|\boldsymbol{A}\|_\infty}}{1-\mathrm{cond}(\boldsymbol{A})_\infty\dfrac{\|\delta\boldsymbol{A}\|_\infty}{\|\boldsymbol{A}\|_\infty}}=\frac{60002\times\dfrac{0.00002}{3.0001}}{1-60002\times\dfrac{0.00002}{3.0001}}=0.6667.$$

(3) 条件数 $\mathrm{cond}(\boldsymbol{A})_\infty=60002$ 较大,$\boldsymbol{A}$ 是病态.

16. 给定方程组

$$\begin{pmatrix}3 & -1 & 0\\0 & 2 & 3\\2 & 1 & 4\end{pmatrix}\begin{pmatrix}x_1\\x_2\\x_3\end{pmatrix}=\begin{pmatrix}3\\4\\5\end{pmatrix}.$$

(1) 写出高斯-赛德尔迭代格式;

（2）分析该迭代格式是否收敛？

解 （1）由方程组先写出雅可比迭代格式，即

$$\begin{cases} x_1^{(k+1)} = \dfrac{1}{3}x_2^{(k)} + 1, \\ x_2^{(k+1)} = -\dfrac{3}{2}x_3^{(k)} + 2, \\ x_3^{(k+1)} = -\dfrac{1}{2}x_1^{(k)} - \dfrac{1}{4}x_2^{(k)} + \dfrac{5}{4}. \end{cases}$$

高斯－赛德尔迭代格式为

$$\begin{cases} x_1^{(k+1)} = \dfrac{1}{3}x_2^{(k)} + 1, \\ x_2^{(k+1)} = -\dfrac{3}{2}x_3^{(k)} + 2, \\ x_3^{(k+1)} = -\dfrac{1}{2}x_1^{(k+1)} - \dfrac{1}{4}x_2^{(k+1)} + \dfrac{5}{4}. \end{cases}$$

即

$$\begin{cases} x_1^{(k+1)} = \dfrac{1}{3}x_2^{(k)} + 1, \\ x_2^{(k+1)} = -\dfrac{3}{2}x_3^{(k)} + 2, \\ x_3^{(k+1)} = -\dfrac{1}{6}x_2^{(k)} + \dfrac{3}{8}x_3^{(k)} + \dfrac{1}{4}. \end{cases}$$

（2）迭代矩阵为

$$\boldsymbol{B}_G = \begin{pmatrix} 0 & \dfrac{1}{3} & 0 \\ 0 & 0 & -\dfrac{3}{2} \\ 0 & -\dfrac{1}{6} & \dfrac{3}{8} \end{pmatrix},$$

$\boldsymbol{B}_G$ 的特征值为 $\lambda_1=0$，$\lambda_2=-0.3465$，$\lambda_3=0.7215$，$\rho(\boldsymbol{B}_G)=0.7215<1$，故迭代收敛.

17. 方程组

（1）$\begin{cases} 5x_1+2x_2+x_3=-12 \\ -x_1+4x_2+2x_3=20 \\ 2x_1-3x_2+10x_3=3 \end{cases}$；（2）$\begin{cases} 8x_1-3x_2+2x_3=20 \\ 4x_1+11x_2-x_3=20 \\ 2x_1+x_2+4x_3=12 \end{cases}$.

考察用雅可比法和高斯－赛德尔法解方程组的收敛性；写出用雅可比法及高斯－赛德尔法解此方程组的迭代公式并以 $\boldsymbol{x}^{(0)}=(0,0,0)^{\mathrm{T}}$ 计算到 $\|x^{(k+1)}-x^{(k)}\|_\infty<10^{-4}$ 为止.

解 （1）因系数矩阵为严格对角占优矩阵，故雅可比法和高斯－赛德尔法均收敛.

雅可比法迭代公式为

$$\begin{cases} x_1^{(k+1)} = \qquad\qquad -\frac{2}{5}x_2^{(k)} - \frac{1}{5}x_3^{(k)} - \frac{12}{5}, \\ x_2^{(k+1)} = \frac{1}{4}x_1^{(k)} \qquad\qquad -\frac{1}{2}x_3^{(k)} + 5, \\ x_3^{(k+1)} = -\frac{1}{5}x_1^{(k)} + \frac{3}{10}x_2^{(k)} \qquad\qquad + \frac{3}{10}. \end{cases}$$

取$\boldsymbol{x}^{(0)} = (0,0,0)^{\mathrm{T}}$,迭代到 17 次达到精度要求.

$$\boldsymbol{x}^{(17)} = (-4.0000186, 2.9999915, 2.0000012)^{\mathrm{T}}.$$

高斯－赛德尔法迭代公式为

$$\begin{cases} x_1^{(k+1)} = \qquad\qquad -\frac{2}{5}x_2^{(k)} - \frac{1}{5}x_3^{(k)} - \frac{12}{5}, \\ x_2^{(k+1)} = \frac{1}{4}x_1^{(k+1)} \qquad\qquad -\frac{1}{2}x_3^{(k)} + 5, \\ x_3^{(k+1)} = -\frac{1}{5}x_1^{(k+1)} + \frac{3}{10}x_2^{(k+1)} \qquad\qquad + \frac{3}{10}. \end{cases}$$

取$\boldsymbol{x}^{(0)} = (0,0,0)^{\mathrm{T}}$,迭代到 8 次达到精度要求.

$$\boldsymbol{x}^{(8)} = (-4.0000186, 2.9999915, 2.0000012)^{\mathrm{T}}.$$

(2) 因系数矩阵为严格对角占优矩阵,故雅可比法和高斯－赛德尔法均收敛.

雅可比法迭代公式为

$$\begin{cases} x_1^{(k+1)} = \qquad\qquad \frac{3}{8}x_2^{(k)} - \frac{2}{8}x_3^{(k)} + \frac{5}{2}, \\ x_2^{(k+1)} = -\frac{4}{11}x_1^{(k)} \qquad \frac{1}{11}x_3^{(k)} \qquad + \frac{20}{11}, \\ x_3^{(k+1)} = -\frac{1}{2}x_1^{(k)} - \frac{1}{4}x_2^{(k)} \qquad\qquad + 3. \end{cases}$$

取$\boldsymbol{x}^{(0)} = (0,0,0)^{\mathrm{T}}$,迭代结果$\boldsymbol{x}^{(8)} = (3.0002001, 2.0006379, 0.9998305)^{\mathrm{T}}$.

高斯－赛德尔法迭代公式为

$$\begin{cases} x_1^{(k+1)} = \qquad\qquad \frac{3}{8}x_2^{(k)} - \frac{2}{8}x_3^{(k)} + \frac{5}{2}, \\ x_2^{(k+1)} = -\frac{4}{11}x_1^{(k)} \qquad \frac{1}{11}x_3^{(k)} \qquad + \frac{20}{11}, \\ x_3^{(k+1)} = -\frac{1}{2}x_1^{(k+1)} - \frac{1}{4}x_2^{(k+1)} \qquad\qquad + 3. \end{cases}$$

取$\boldsymbol{x}^{(0)} = (0,0,0)^{\mathrm{T}}$,迭代结果$\boldsymbol{x}^{(4)} = (2.9998424, 2.0000721, 1.0000608)^{\mathrm{T}}$.

18. 下列两个方程组$\boldsymbol{Ax} = \boldsymbol{b}$,若分别用雅可比法及高斯－赛德尔法求解,是否收敛?

(1) $A = \begin{pmatrix} 1 & 2 & -2 \\ 1 & 1 & 1 \\ 2 & 2 & 1 \end{pmatrix}$; (2) $A = \begin{pmatrix} 1 & -2 & 2 \\ -1 & 1 & -1 \\ -2 & -2 & 1 \end{pmatrix}$.

解 (1) 雅可比法的迭代矩阵

$$B_J = D^{-1}(L+U) = \begin{pmatrix} 0 & -2 & 2 \\ -1 & 0 & -1 \\ -2 & -2 & 0 \end{pmatrix},$$

计算得$|\lambda I - B_J| = \lambda^3$,$\rho(B_J) = 0 < 1$,故雅可比法收敛.

高斯－赛德尔法的迭代矩阵

$$B_G = (D-L)^{-1}U = \begin{pmatrix} 0 & -2 & 2 \\ 0 & 2 & -3 \\ 0 & 0 & 2 \end{pmatrix},$$

计算得$|\lambda I - B_G| = \lambda(\lambda-2)^2$,$\rho(B_G) = 2 > 1$,故高斯－赛德尔法发散.

(2) 雅可比法的迭代矩阵

$$B_J = D^{-1}(L+U) = \begin{pmatrix} 0 & 2 & -2 \\ 1 & 0 & 1 \\ 2 & 2 & 0 \end{pmatrix},$$

计算得$|\lambda I - B_J| = \lambda^3$,$\rho(B_J) = 0 < 1$,故雅可比法收敛.

高斯－赛德尔法的迭代矩阵

$$B_G = (D-L)^{-1}U = \begin{pmatrix} 0 & 2 & -2 \\ 0 & 2 & -1 \\ 0 & 8 & -6 \end{pmatrix},$$

计算得$|\lambda I - B_G| = \lambda(\lambda^2 + 4\lambda - 4)$,$\rho(B_G) = 2 + 2\sqrt{2} > 1$,故高斯－赛德尔法发散.

19. 设$A = \begin{bmatrix} 10 & a & 0 \\ b & 10 & b \\ 0 & a & 5 \end{bmatrix}$,$\det A \neq 0$,用$a$,$b$表示解方程组$Ax = f$的雅可比法及高斯－赛德尔法收敛的充分必要条件.

解 雅可比迭代矩阵

$$B_J = D^{-1}(L+U) = \begin{pmatrix} 10 & 0 & 0 \\ 0 & 10 & 0 \\ 0 & 0 & 5 \end{pmatrix}^{-1} \begin{pmatrix} 0 & -a & 0 \\ -b & 0 & -b \\ 0 & -a & 0 \end{pmatrix} = \begin{pmatrix} 0 & -\frac{a}{10} & 0 \\ -\frac{b}{10} & 0 & -\frac{b}{10} \\ 0 & -\frac{a}{5} & 0 \end{pmatrix},$$

B_J的特征值为$\lambda = 0, \pm\frac{\sqrt{3|ab|}}{10}$,$\rho(B_J) = \frac{\sqrt{3|ab|}}{10}$,雅可比迭代收敛的充要条件为$\rho(B_J) < 1$,即$|ab| < \frac{100}{3}$.

高斯－赛德尔迭代矩阵为

$$B_G = (D-L)^{-1}U = \begin{pmatrix} 0 & -\frac{a}{10} & 0 \\ 0 & \frac{ab}{100} & -\frac{b}{10} \\ 0 & -\frac{a^2 b}{500} & \frac{ab}{50} \end{pmatrix},$$

B_G 的特征值为 $\lambda=0,\dfrac{3ab}{100},\rho(B_G)=\dfrac{3ab}{100}$,高斯–赛德尔迭代收敛的充要条件为 $|ab|<\dfrac{100}{3}$.

20. 用迭代公式 $x^{(k+1)}=x^{(k)}+\alpha(Ax^{(k)}-b)$ 求解方程组 $Ax=b$,问取什么实数 α 可使迭代收敛？证明 $\alpha=-0.4$ 收敛最快. 其中 $A=\begin{pmatrix}3&2\\1&2\end{pmatrix},b=\begin{pmatrix}3\\-1\end{pmatrix}$.

解 由 $x^{(k+1)}=x^{(k)}+\alpha(Ax^{(k)}-b)=(I+\alpha A)x^{(k)}-\alpha b$,可知该迭代公式的迭代矩阵为 $B=I+\alpha A$.

易得 A 的特征值为 1 和 4,于是 B 的特征值为 $1+\alpha$ 和 $1+4\alpha$,而

$$\rho(B)=\max\{|1+\alpha|,|1+4\alpha|\},$$

则

$$\rho(B)<1\Leftrightarrow\begin{cases}|1+\alpha|<1\\|1+4\alpha|<1\end{cases}\Leftrightarrow-\frac{1}{2}<\alpha<0,$$

由于 $\rho(B)$ 越小,收敛速度 $R(B)=\ln\rho(B)$ 越大,则收敛最快的 $\alpha=\min\limits_{-\frac{1}{2}<\alpha<0}\ln\rho(B)=-\dfrac{2}{5}$.

21. 雅可比法的一种改进方法为 $x^{(k+1)}=B_\omega x^{(k)}+\omega D^{-1}b$,称为 JOR 法. 其中 $B_\omega=\omega B+(1-\omega)I$,$B$ 为雅可比法迭代矩阵. 证明若雅可比法收敛,则 JOR 方法对 $0<\omega\leqslant1$ 收敛.

证明 设 B 的特征值为 λ,则迭代矩阵 $B_\omega=\omega B+(1-\omega)I$ 对应的特征值为

$$\lambda(B_\omega)=\omega\lambda+(1-\omega),$$

特征值都是复数,由复数模的三角不等式,得

$$|\lambda(B_\omega)|=|\omega\lambda+(1-\omega)|\leqslant|\omega\lambda|+|1-\omega|,$$

又 J 法收敛,故 $\lambda<1$,而 $0<\omega\leqslant1$,所以

$$|\lambda(B_\omega)|\leqslant|\omega\lambda|+|1-\omega|<\omega+1-\omega=1,$$

从而 JOR 方法对 $0<\omega\leqslant1$ 收敛.

22. 设 $A=\begin{pmatrix}3&0&-2\\0&2&1\\-2&1&2\end{pmatrix}$,若用雅可比方法与高斯–赛德尔方法解方程 $Ax=b$ 时,如果收敛,试比较哪种方法收敛快？

解 雅可比方法的迭代矩阵

$$B_J=D^{-1}(L+U)=\begin{pmatrix}0&0&\frac{2}{3}\\0&0&-\frac{1}{2}\\1&-\frac{1}{2}&0\end{pmatrix},$$

B_J 的特征值为 $0,\pm\sqrt{\dfrac{11}{12}},\rho(B_J)=\sqrt{\dfrac{11}{12}}<1$,故雅可比方法收敛.

高斯–赛德尔法的迭代矩阵

$$B_G = (D - L)^{-1}U = \begin{pmatrix} 0 & 0 & \frac{2}{3} \\ 0 & 0 & -\frac{1}{2} \\ 0 & 0 & \frac{11}{12} \end{pmatrix},$$

B_G 的特征值为 $0, 0, \frac{11}{12}$，$\rho(B_G) = \frac{11}{12} < 1$，故高斯-赛德尔法收敛.

因 $\rho(B_G) < \rho(B_J)$，故高斯-赛德尔法收敛快.

23. 给定方程组

$$\begin{pmatrix} 4 & 3 & 0 \\ 3 & 4 & -1 \\ 0 & -1 & 4 \end{pmatrix}\begin{pmatrix} x_1 \\ x_2 \\ x_3 \end{pmatrix} = \begin{pmatrix} 24 \\ 30 \\ -24 \end{pmatrix},$$

(1) 研究用 SOR 方法求解的收敛性；

(2) 分别用 $\omega = 1$ 及 $\omega = 1.25$ 的 SOR 法求解，$x^{(0)} = (1,1,1)^T$，$\| x^{(k+1)} - x^{(k)} \| \leqslant 10^{-7}$；

(3) 求最佳松弛因子.

解 (1) 系数矩阵 A 的顺序主子式 $\Delta_1 = 4, \Delta_2 = 7, \Delta_3 = \det A = 24$，均大于零，$A$ 对称正定，故 SOR 迭代法收敛.

(2) SOR 方法分量迭代格式

$$\begin{cases} x_1^{(k+1)} = (1-\omega)x_1^{(k)} + \frac{\omega}{4}(24 - 3x_2^{(k)}), \\ x_2^{(k+1)} = (1-\omega)x_2^{(k)} + \frac{\omega}{4}(30 - 3x_1^{(k+1)} + x_3^{(k)}), \\ x_3^{(k+1)} = (1-\omega)x_3^{(k)} + \frac{\omega}{4}(-24 + x_2^{(k+1)}). \end{cases}$$

对于 $\omega = 1$，即高斯-赛德尔迭代法，有

$$x^{(1)} = (5.250000, 3.812500, -5.046875)^T,$$
$$x^{(2)} = (3.140625, 3.882813, -5.029297)^T,$$
$$\vdots$$
$$x^{(32)} = (3.000000, 3.999999, -5.000000)^T.$$

对于 $\omega = 1.25$，计算得

$$x^{(1)} = (6.312500, 3.519531, -6.650147)^T,$$
$$x^{(2)} = (2.622315, 3.958527, -4.600424)^T,$$
$$\vdots$$
$$x^{(15)} = (3.000000, 4.000000, -5.000000)^T.$$

(3) A 是三对角的对称正定矩阵，可按公式计算最优松弛因子 ω_b.

$$B_J = D^{-1}(L + U) = \begin{pmatrix} 0 & -0.75 & 0 \\ -0.75 & 0 & 0.25 \\ 0 & 0.25 & 0 \end{pmatrix},$$

$\det(\lambda \boldsymbol{I}-\boldsymbol{B}_J)=\lambda^3-\frac{5}{8}\lambda$，$\boldsymbol{B}_J$ 的特征值为 0，$\pm\sqrt{0.625}$，所以 $\rho(\boldsymbol{B}_J)=\sqrt{0.625}$，由公式得

$$\omega_b=\frac{2}{1+\sqrt{1-(\rho(\boldsymbol{B}_J))^2}}=\frac{2}{1+\sqrt{1-0.625}}\approx 1.240.$$

事实上，进一步计算 $\rho(\boldsymbol{B}_G)=0.625$，$\rho(\boldsymbol{G}_\omega)=0.240$，可以看到雅可比法、高斯－赛德尔法和 SOR（取 ω_b）法的渐进收敛率分别为

$$-\ln\rho(\boldsymbol{B}_J)=0.235,\ -\ln\rho(\boldsymbol{B}_G)=0.470,\ -\ln\rho(\boldsymbol{G}_\omega)=1.425,$$

第三个数分别是前两个数的 6 倍和 3 倍左右，可见 SOR（取 ω_b）法收敛最快.

第4章　插值法

4.1　基本要求与知识要点

本章要求理解插值法的基本概念,掌握差商与差分的基本性质,熟练掌握拉格朗日插值、牛顿插值、埃尔米特插值、分段低次插值以及样条插值的计算方法,理解各种插值方法误差估计的基本思想,掌握插值多项式余项定理,会用各种插值方法解决实际问题.

一、插值法基本概念

给定 $y=f(x)$ 在区间 $[a,b]$ 上 $n+1$ 个互异节点 $a\leqslant x_0<x_1<\cdots<x_n\leqslant b$ 的函数值 $y_i=f(x_i)\,(i=0,1,\cdots,n)$,且 $f(x)$ 在区间 $[a,b]$ 上是连续的,若存在一简单函数 $p(x)$ 使

$$p(x_i)=y_i,i=0,1,\cdots,n \tag{4-1}$$

成立,则称 $p(x)$ 为 $f(x)$ 的插值函数,点 $x_0,\cdots,x_n$ 称为插值节点,包含插值节点的区间 $[a,b]$ 称为插值区间,求插值函数 $p(x)$ 的方法称为插值法.

通常 $p(x)\in\Phi_n=\mathrm{span}\{\varphi_0,\varphi_1,\cdots,\varphi_n\}$,其中 $\varphi_i(x)\,(i=0,1,\cdots,n)$ 是一组在 $[a,b]$ 上线性无关的函数族,此时

$$p(x)=a_0\varphi_0(x)+a_1\varphi_1(x)+\cdots+a_n\varphi_n(x),$$

这里 $a_i(i=0,1,\cdots,n)$ 是 $n+1$ 个待定常数. 若 $p(x)\in H_n=\mathrm{span}\{1,x,\cdots,x^n\}$,即

$$p(x)=a_0+a_1x+\cdots+a_nx^n$$

称 $p(x)$ 为插值多项式.

定理4.1　设 $x_0,\cdots,x_n$ 是互异插值节点,则满足插值条件 $p(x_i)=y_i(i=0,1,2,\cdots,n)$ 的插值多项式 $p(x)=a_0+a_1x+a_2x^2+\cdots+a_nx^n$ 是存在且唯一的.

二、拉格朗日插值

1. 线性插值与二次插值

已知函数 $y=f(x)$ 过两点 $(x_0,f(x_0))$ 及 $(x_1,f(x_1))$,则过这两点的线性插值多项式为

$$L_1(x)=l_0(x)f(x_0)+l_1(x)f(x_1), \tag{4-2}$$

其中 $l_0(x)=\dfrac{x-x_1}{x_0-x_1},l_1(x)=\dfrac{x-x_0}{x_1-x_0}$.

若已知函数 $y=f(x)$ 过三点 $(x_0,f(x_0)),(x_1,f(x_1)),(x_2,f(x_2))$,记

$$l_0(x)=\frac{(x-x_1)(x-x_2)}{(x_0-x_1)(x_0-x_2)},\ l_1(x)=\frac{(x-x_0)(x-x_2)}{(x_1-x_0)(x_1-x_2)},\ l_2(x)=\frac{(x-x_0)(x-x_1)}{(x_2-x_0)(x_2-x_1)},$$

则过这三点的二次插值多项式为

$$L_2(x) = l_0(x)f(x_0) + l_1(x)f(x_1) + l_2(x)f(x_2), \tag{4-3}$$

$L_2(x)$实际上是过三点$(x_i, f(x_i))(i=0,1,2)$的抛物线.

2. n 次拉格朗日插值多项式

定义 4.1 若 n 次多项式 $l_j(x)(j=0,1,\cdots,n)$ 在 $n+1$ 个节点 $x_0<x_1<\cdots<x_n$ 满足条件

$$l_j(x_k) = \begin{cases} 1, k=j, \\ 0, k\neq j \end{cases} \quad j,k=0,1,\cdots,n, \tag{4-4}$$

称这 $n+1$ 个 n 次多项式 $l_0(x), l_1(x), \cdots, l_n(x)$ 为关于 $x_0, x_1, \cdots, x_n$ 的 n 次插值基函数.

记 n 次插值基函数为

$$l_i(x) = \frac{(x-x_0)\cdots(x-x_{i-1})(x-x_{i+1})\cdots(x-x_n)}{(x_i-x_0)\cdots(x_i-x_{i-1})(x_i-x_{i+1})\cdots(x_i-x_n)}, i=0,1,\cdots,n,$$

若已知函数$f(x)$在 $n+1$ 个互异点 $x_0, x_1, \cdots, x_n$ 上的值$f(x_1), \cdots, f(x_n)$,则满足

$$L_n(x_i) = f(x_i), i=0,1,\cdots,n.$$

的 n 次插值多项式为

$$L_n(x) = \sum_{i=0}^{n} l_i(x)f(x_i). \tag{4-5}$$

称 $L_n(x)$为拉格朗日插值多项式.

若记

$$\omega_{n+1}(x) = (x-x_0)(x-x_1)\cdots(x-x_n), \tag{4-6}$$

则 $l_i(x) = \dfrac{\omega_{n+1}(x)}{(x-x_i)\omega'_{n+1}(x_i)}$, $L_n(x) = \displaystyle\sum_{i=0}^{n} \frac{\omega_{n+1}(x)}{(x-x_i)\omega'_{n+1}(x_i)} f(x_i)$.

3. 插值余项与误差估计

定理 4.2 设$f(x)\in C^n[a,b]$,并且$f^{(n+1)}(x)$在(a,b)内存在,$x_0, x_1, \cdots, x_n$ 为$[a,b]$上的互异节点,则 n 次插值多项式 $L_n(x)$(4-5),对$\forall x\in[a,b]$,存在$\xi\in(a,b)$使得

$$R_n(x) = f(x) - L_n(x) = \frac{f^{(n+1)}(\xi)}{(n+1)!}\omega_{n+1}(x), \tag{4-7}$$

这里 $\omega_{n+1}(x)$如式(4-6)所定义.

推论 4.1 设 $a=x_0<x_1<\cdots<x_n=b, h=\max\limits_{1\leqslant j\leqslant n}(x_j-x_{j-1}), f\in C^n[a,b], f^{(n+1)}$ 在$[a,b]$上存在,则有误差估计

$$\max_{a\leqslant x\leqslant b}|R_n(x)| \leqslant \frac{h^{n+1}}{4(n+1)} \max_{a\leqslant x\leqslant b}|f^{(n+1)}(x)|, \forall x\in[a,b].$$

三、牛顿插值公式

1. 均差及其性质

定义 4.2 设函数 $y=f(x)$ 在$[a,b]$上有 $n+1$ 个互异节点 $a\leqslant x_0<x_1<\cdots<x_n\leqslant b$,其相应函数值为 $y_i=f(x_i)(i=0,1,\cdots,n.)$,称

$$f[x_i,x_j] = \frac{f[x_i]-f[x_j]}{x_i - x_j}$$

为函数f关于点 x_i,x_j 的一阶均差. 称

$$f[x_i,x_j,x_k] = \frac{f[x_i,x_j]-f[x_j,x_k]}{x_i - x_k}$$

为f关于点 x_i,x_j,x_k 的二阶均差. 一般地,称

$$f[x_0,x_1\cdots,x_k] = \frac{f[x_0,x_1,\cdots,x_{k-1}]-f[x_1,x_2\cdots,x_k]}{x_0 - x_k} \tag{4-8}$$

称为f关于点 $x_0,x_1\cdots,x_{k-1},x_k$ 的 k 阶均差(也称差商).

性质 4.1 k 阶均差可表示为函数值$f(x_0),f(x_1),\cdots,f(x_k)$的线性组合,即

$$f[x_0,x_1,\cdots,x_k] = \sum_{i=0}^{k} \frac{f(x_i)}{(x_i-x_0)(x_i-x_1)\cdots(x_i-x_{i-1})(x_i-x_{i+1})\cdots(x_i-x_k)}.$$

性质 4.2 如果$f[x,x_0,\cdots,x_k]$是 x 的 m 次多项式,则$f[x,x_0,\cdots,x_k,x_{k+1}]$是 x 的 $m-1$次多项式.

性质 4.3 若$f\in C^n[a,b]$,并且 $x_i\in[a,b]$,$(i=0,1,\cdots,n)$互异节点,则有

$$f[x_0,x_1,\cdots,x_n] = \frac{f^{(n)}(\xi)}{n!},\quad \xi\in(a,b). \tag{4-9}$$

2. 差分及其性质

定义 4.3 设函数 $y=f(x)$在节点 $x_k=x_0+kh(k=0,1,\cdots,n)$上的函数值$f_k=f(x_k)$已知,其中 h 为常数,称为步长. 则分别称

$$\Delta f_k = f_{k+1}-f_k,\nabla f_k = f_k - f_{k-1},\delta f_k = f(x_k+\frac{1}{2}h)-f(x_k-\frac{1}{2}h) = f_{k+\frac{1}{2}}-f_{k-\frac{1}{2}}$$

为$f(x)$在 x_k 处以 h 为步长的一阶向前差分、一阶向后差分和中心差分. 符号 Δ、∇和 δ 分别称为向前差分算子、向后差分算子和中心差分算子.

利用一阶差分可定义二阶差分为

$$\Delta^2 f_k = \Delta f_{k+1}-\Delta f_k = f_{k+2}-2f_{k+1}+f_k\text{(二阶向前差分)},$$
$$\nabla^2 f_k = \nabla f_k-\nabla f_{k-1} = f_k-2f_{k-1}+f_{k-2}\text{(二阶向后差分)},$$
$$\delta^2 f_k = \delta f_{k+\frac{1}{2}}-\delta f_{k-\frac{1}{2}} = f_{k+1}-2f_k+f_{k-1}\text{(二阶中心差分)}.$$

一般地,可定义 m 阶向前差分、向后差分及中心差分为

$$\Delta^m f_k = \Delta^{m-1}f_{k+1}-\Delta^{m-1}f_k,\nabla^m f_k = \nabla^{m-1}f_k-\nabla^{m-1}f_{k-1},$$
$$\delta^m f_k = \delta^{m-1}f_{k+\frac{1}{2}}-\delta^{m-1}f_{k-\frac{1}{2}}.$$

此外,还可以定义不变算子 I 及位移算子 E 为 $If_k=f_k,Ef_k=f_{k+1}$,于是由

$$\Delta f_k = f_{k+1}-f_k = Ef_k - If_k = (E-I)f_k,$$

可得 $\Delta=E-I$,同理可得$\nabla=I-E^{-1}$.

由差分定义并应用算子符号可得下列基本性质.

性质 4.4 各阶差分均可用函数值表示. 例如:

$$\Delta^n f_k = (E-I)^n f_k = \sum_{j=0}^{n}(-1)^j\binom{n}{j}E^{n-j}f_k = \sum_{j=0}^{n}(-1)^j\binom{n}{j}f_{n+k-j},$$

$$\nabla^n f_k = (I-E^{-1})^n f_k = \sum_{j=0}^{n}(-1)^{n-j}\binom{n}{j}E^{j-n}f_k = \sum_{j=0}^{n}(-1)^{n-j}\binom{n}{j}f_{k+j-n},$$

其中$\binom{n}{j}=\dfrac{n(n-1)\cdots(n-j+1)}{j!}$为二项式展开系数.

性质4.5 函数值可用各阶差分表示. 例如:

$$f_{n+k} = E^n f_k = (I+\Delta)^n f_k = \left[\sum_{j=0}^{n}\binom{n}{j}\Delta^j\right]f_k.$$

性质4.6 均差与差分的关系.

$$f[x_k,\cdots,x_{k+m}] = \frac{1}{m!}\frac{1}{h^m}\Delta^m f_k, m = 0,1,\cdots,n.$$

$$f[x_k,x_{k-1},\cdots,x_{k-m}] = \frac{1}{m!}\frac{1}{h^m}\nabla^m f_k.$$

性质4.7 差分与导数的关系:

$$\Delta^n f_k = h^n f^{(n)}(\xi), \xi \in (x_k, x_{k+n}).$$

3. 牛顿插值

给定函数$y=f(x)$在$[a,b]$上$n+1$个互异节点上的函数值$f(x_i)(i=0,1,\cdots,n)$,称

$$\begin{aligned}N_n(x) =& f(x_0)+f[x_0,x_1](x-x_0)+f[x_0,x_1,x_2](x-x_0)(x-x_1)+\cdots+\\&f[x_0,\cdots,x_n](x-x_0)\cdots(x-x_{n-1})\end{aligned} \qquad (4-10)$$

为牛顿插值多项式. 其余项为

$$R_n(x) = f(x) - N_n(x) = [x,x_0,\cdots,x_n]\omega_{n+1}(x),$$

$\omega_{n+1}(x)$是由式(4-6)定义.

由插值多项式的唯一性可知,$L_n(x)=N_n(x)$,从而余项唯一,因此得

$$f[x,x_0,\cdots,x_n] = \frac{f^{(n+1)}(\xi)}{(n+1)!}.$$

4. 等距节点插值公式

给定等距节点为$x_k=x_0+kh(k=0,1,\cdots,n)$,将牛顿插值多项式中各阶均差用相应差分代替,就可得到各种形式的等距节点插值公式. 令$x=x_0+th, 0\leqslant t\leqslant 1$,则

$$N_n(x_0+th) = f_0 + t\Delta f_0 + \frac{t(t-1)}{2!}\Delta^2 f_0 + \cdots + \frac{t(t-1)\cdots(t-n+1)}{n!}\Delta^n f_0$$

称为牛顿向前插值多项式,其余项为

$$R_n(x) = \frac{t(t-1)\cdots(t-n)}{(n+1)!}h^{n+1}f^{(n+1)}(\xi), \xi \in (x_0, x_n).$$

令$x=x_n+th(-1\leqslant t\leqslant 0)$,则得牛顿向后插值多项式

$$N_n(x+th) = f_n + t\nabla f_n + \frac{t(t+1)}{2!}\nabla^2 f_n + \cdots + \frac{t(t+1)\cdots(t+n-1)}{n!}\nabla^n f_n,$$

其余项

$$R_n(x)=f(x)-N_n(x_n+th)=\frac{t(t+1)\cdots(t+n)h^{n+1}f^{(n+1)}(\xi)}{(n+1)!},\xi\in(x_0,x_n).$$

四、埃尔米特插值多项式

1. 基本概念

已知函数$f(x)$在 $n+1$ 个不同节点 $x_0,x_1,\cdots,x_n$ 上的函数值$f(x_i)=f_i$,以及导数值$f'(x_i)=m_i(i=0,1,\cdots,n)$，则可构造一个次数不超过$2n+1$次的插值多项式$H_{2n+1}(x)$满足

$$H_{2n+1}(x_i)=f_i,H'_{2n+1}(x_i)=m_i,i=0,1,\cdots,n, \tag{4-11}$$

具体形式为

$$H_{2n+1}(x)=\sum_{i=0}^{n}[f_i\alpha_i(x)+m_i\beta_i(x)], \tag{4-12}$$

其中

$$\begin{cases}\alpha_i(x)=[1-2(x-x_i)\sum\limits_{\substack{k=0\\k\neq i}}^{n}\dfrac{1}{x_i-x_k}]l_i^2(x),\\ \beta_i(x)=(x-x_i)l_i^2(x).\end{cases}$$

这里 $l_i(x)=\prod\limits_{\substack{k=0\\k\neq i}}^{n}\dfrac{x-x_k}{x_i-x_k}$ 为插值基函数. 称式(4－12) 为埃尔米特插值多项式.

定理 4.3　满足插值条件(4－14)的插值多项式存在且是唯一的.

定理 4.4　若$f(x)$在(a,b)上存在$2n+2$阶导数$f^{(2n+2)}(x)$,又 $x_0,x_1,\cdots,x_n$ 是 $n+1$ 个互异节点,则满足条件(4－11)的埃尔米特插值多项式的余项为

$$R_{2n+1}(x)=f(x)-H_{2n+1}(x)=\frac{f^{(2n+2)}(\xi)}{(2n+2)!}\omega_{n+1}^2(x), \tag{4-13}$$

其中$\xi\in(a,b)$与x有关,$\omega_{n+1}(x)$如式(4－6)所示.

2. 牛顿形式的埃尔米特插值多项式

定理 4.5　设$f\in C^n[\min(x_0,x_1,\cdots,x_n),\max(x_0,x_1,\cdots,x_n)]$,如果 $x_0,x_1,\cdots,x_n$ 相异,则有

$$f[x_0,x_1,\cdots,x_n]=\int_0^{t_0}\int_0^{t_1}\cdots\int_0^{t_{n-1}}f^{(n)}(t_n[x_n-x_{n-1}]+\cdots+t_1[x_1-x_0]+t_0x_0)\mathrm{d}t_n\cdots\mathrm{d}t_2\mathrm{d}t_1,$$

其中$n\geqslant1,t_0=1$.

推论 4.2　设$f\in C^n[a,b],x_0,x_1,\cdots,x_n\in[a,b]$,则

$$f[x_0,x_1,\cdots,x_n]=\frac{f^{(n)}(\xi)}{n!},$$

其中$\min(x_0,x_1,\cdots,x_n)\leqslant\xi\leqslant\max(x_0,x_1,\cdots,x_n)$.

推论 4.3　设$f^{(n)}(x)$在x的邻域内连续,则

$$f[\underbrace{x,x,\cdots,x}_{n+1}] = \frac{f^{(n)}(x)}{n!}.$$

推论 4.4 设 $f\in C^{n+2}[a,b]$, $x_0,x_1,\cdots,x_n,x\in[a,b]$,则

$$\frac{\mathrm{d}}{\mathrm{d}x}f[x_0,x_1,\cdots,x_n,x] = f[x_0,x_1,\cdots,x_n,x,x].$$

可采用重节点均差计算牛顿形式的埃尔米特插值多项式,这种方法在实际计算中比较简单.

五、分段低次插值

1. 分段线性插值

设 $f(x)$ 在节点 $a=x_0<x_1<\cdots<x_n=b$ 上的函数值为 $f_0,f_1,\cdots f_n$, $h_i=x_{i+1}-x_i$, $h=\max\limits_{0\leqslant i\leqslant n-1} h_i$,若一折线函数 $I_h(x)$ 满足以下条件:

(1) $I_h(x)\in C[a,b]$.

(2) $I_h(x_i)=f_i, i=0,1,\cdots,n$.

(3) $I_h(x)$ 在每个小区间 $[x_i,x_{i+1}]$ $(i=0,1,\cdots,n-1)$ 上为线性函数.

则称 $I_h(x)$ 为分段线性插值函数, I_h 在每个小区间 $[x_i,x_{i+1}]$ 上表示为

$$I_h(x) = \frac{x-x_{i+1}}{x_i-x_{i+1}}f_i + \frac{x-x_i}{x_{i+1}-x_i}f_{i+1}, x_i \leqslant x \leqslant x_{i+1}.$$

定理 4.6 若 $f(x)\in C[a,b]$,则当 $h\to 0$ 时 $I_h(x)$ 一致收敛于 $f(x)$. 若 $f(x)\in C^2[a,b]$,则余项 $R(x)=f(x)-I_h(x)$ 有估计式

$$|R(x)| \leqslant \frac{Mh^2}{8}, M = \max_{a\leqslant x\leqslant b}|f''(x)|.$$

2. 分段三次埃尔米特插值

当给定节点数多于二个,为了提高精度和光滑性,考虑分段三次埃尔米特插值.

设函数 $f(x)$ 在节点 $a=x_0<x_1<\cdots<x_n=b$ 上的函数值为 $f_0,f_1,\cdots,f_n$, 一阶导数值为 $f'_0,f'_1,\cdots,f'_n$,若 I_h 满足以下条件:

(1) $I_h(x)\in C^1[a,b]$.

(2) $I_h(x_i)=f_i, I'_h(x_i)=f'_i$, $(i=0,1,\cdots,n)$.

(3) 在每个子区间 $[x_i,x_{i+1}]$ $(0\leqslant i\leqslant n-1)$ 上 I_h 是三次多项式.

则称 I_h 是 $f(x)$ 的分段三次埃尔米特插值函数. 在每个子区间 $[x_i,x_{i+1}]$ 上的表达式为

$$I_h(x) = \left(1+2\frac{x-x_i}{x_{i+1}-x_i}\right)\left(\frac{x-x_{i+1}}{x_i-x_{i+1}}\right)^2 f_i + \left(1+2\frac{x-x_{i+1}}{x_i-x_{i+1}}\right)\left(\frac{x-x_i}{x_{i+1}-x_i}\right)^2 f_{i+1} +$$

$$(x-x_i)\left(\frac{x-x_{i+1}}{x_i-x_{i+1}}\right)^2 f'_i + (x-x_{i+1})\left(\frac{x-x_i}{x_{i+1}-x_i}\right)^2 f'_{i+1}.$$

定理 4.7 设 $I_h(x)$ 是 $a=x_0<x_1<\cdots<x_n=b$ 上的分段三次埃尔米特插值函数, $f(x)\in C^3[a,b]$, $f^{(4)}(x)$ 在 (a,b) 上存在,则对任意 $x\in[a,b]$,有

$$|R(x)| = |f(x)-I_h(x)| \leqslant \frac{M_4}{384}h^4,$$

其中 $h = \max\limits_{0 \leqslant i \leqslant n-1}(x_{i+1} - x_i)$，$M_4 = \max\limits_{a \leqslant x \leqslant b}|f^{(4)}(x)|$.

六、三次样条插值

1. 三次样条函数

定义 4.4 设$[a,b]$上给出一组节点 $a \leqslant x_0 < x_1 < \cdots < x_n \leqslant b$，若函数 $s(x)$ 满足以下条件：

(1) $s(x) \in C^2[a,b]$.

(2) $s(x)$ 在每个小区间$[x_i, x_{i+1}]$$(i=0,1,\cdots,n-1)$上是三次多项式.

则称 $s(x)$ 是节点 $x_0, x_1, \cdots, x_n$ 上的三次样条函数. 若 $s(x)$ 在节点上还满足插值条件

$$s(x_i) = f_i, i = 0,1,\cdots,n,$$

则称 $s(x)$ 为$[a,b]$上节点 $x_0, x_1, \cdots, x_n$ 的三次样条插值函数.

2. 常见的边界条件

(1) 已知两端的一阶导数值，即 $s'(x_0) = f'_0, s'(x_n) = f'_n$.

(2) 已知两端的二阶导数值，即 $s''(x_0) = f''_0, s''(x_n) = f''_n$.

特别地，当 $s''(x_0) = s''(x_n) = 0$ 时，称为自然边界条件.

(3) 周期边界条件，即

$$s(x_0+0) = s(x_n-0) = f(x_0), s'(x_0+0) = s'(x_n-0), s''(x_0+0) = s''(x_n-0).$$

3. 三弯矩方程

设三次样条插值函数 $s(x)$ 在$[x_i, x_{i+1}]$上是不超过三次的多项式，故 $s''(x)$ 在$[x_i, x_{i+1}]$上是一次函数，记 $s''(x_i) = M_i(i=0,1,\cdots,n)$，$h_i = x_{i+1} - x_i$，则 $s(x)$ 可表示为

$$s''(x) = \frac{x_{i+1} - x}{h_i}M_i + \frac{x - x_i}{h_i}M_{i+1}.$$

对此式积分两次，并利用 $s(x_i) = f_i, s(x_{i+1}) = f_{i+1}$ 确定积分常数，得

$$s(x) = \frac{(x_{i+1}-x)^3}{6h_i}M_i + \frac{(x-x_i)^3}{6h_i}M_{i+1} + \frac{x_{i+1}-x}{h_i}\left(f_i - \frac{h_i^2}{6}M_i\right) + \frac{x-x_i}{h_i}\left(f_{i+1} - \frac{h_i^2}{6}M_{i+1}\right), x \in [x_i, x_{i+1}]. \quad (4-14)$$

利用 $s'(x_i - 0) = s'(x_i + 0)(i=0,1,2,\cdots,n-1)$，得

$$\mu_i M_{i-1} + 2M_i + \lambda_i M_{i+1} = d_i, i = 1,2,\cdots,n-1,$$

其中

$$\begin{cases} \mu_i = \dfrac{h_{i-1}}{h_{i-1}+h_i}, \lambda_i = 1 - \mu_i = \dfrac{h_i}{h_{i-1}+h_i}, \\ d_i = 6f[x_{i-1}, x_i, x_{i+1}], i = 1,2,\cdots,n-1. \end{cases} \quad (4-15)$$

根据边界条件再补充两个附加条件.

对边界条件(1)，得

$$\begin{cases} 2M_0 + M_1 = \dfrac{6}{h_0}(f[x_0,x_1] - f'_0) = d_0, \\ M_{n-1} + 2M_n = \dfrac{6}{h_{n-1}}(f'_n - f[x_{n-1},x_n]) = d_n. \end{cases}$$

关于 $M_0,M_1,\cdots,M_n$ 的相应的线性方程组为

$$\begin{pmatrix} 2 & 1 & & & \\ \mu_1 & 2 & \lambda_1 & & \\ & \ddots & \ddots & \ddots & \\ & & \mu_{n-1} & 2 & \lambda_{n-1} \\ & & & 1 & 2 \end{pmatrix}\begin{pmatrix} M_0 \\ M_1 \\ \vdots \\ M_{n-1} \\ M_n \end{pmatrix} = \begin{pmatrix} d_0 \\ d_1 \\ \vdots \\ d_{n-1} \\ d_n \end{pmatrix},$$

这里 λ_i,μ_i,d_i 同式(4-15),而 $d_0=6f[x_0,x_0,x_1]$,$d_n=6f[x_{n-1},x_n,x_n]$.

对于边界条件(2),得 $M_0=f''_0$,$M_n=f''_n$,相应的线性方程组为

$$\begin{pmatrix} 2 & \lambda_1 & & & \\ \mu_2 & 2 & \lambda_2 & & \\ & \ddots & \ddots & \ddots & \\ & & \mu_{n-2} & 2 & \lambda_{n-2} \\ & & & \mu_{n-1} & 2 \end{pmatrix}\begin{pmatrix} M_1 \\ M_2 \\ \vdots \\ M_{n-2} \\ M_{n-1} \end{pmatrix} = \begin{pmatrix} d_1-\mu_1 f''_0 \\ d_2 \\ \vdots \\ d_{n-2} \\ d_{n-1}-\lambda_{n-1}f''_n \end{pmatrix},$$

这里 λ_i,μ_i,d_i 同式(4-18).

对于边界条件(3),得 $M_0=M_n$,$\lambda_n M_1+u_n M_{n-1}+2M_n=d_n$,相应的方程组为

$$\begin{pmatrix} 2 & \lambda_1 & & & \mu_1 \\ \mu_2 & 2 & \lambda_2 & & \\ & \ddots & \ddots & \ddots & \\ & & \mu_{n-2} & 2 & \lambda_{n-2} \\ \lambda_n & & & \mu_{n-1} & 2 \end{pmatrix}\begin{pmatrix} M_1 \\ M_2 \\ \vdots \\ M_{n-1} \\ M_n \end{pmatrix} = \begin{pmatrix} d_1 \\ d_2 \\ \vdots \\ d_{n-1} \\ d_n \end{pmatrix},$$

其中

$$\begin{cases} \lambda_n = \dfrac{h_0}{h_{n-1}+h_0}, \mu_n = 1-\lambda_n = \dfrac{h_{n-1}}{h_{n-1}+h_0}, \\ d_n = 6\dfrac{f[x_0,x_1]-f[x_{n-1},x_n]}{h_{n-1}+h_0}. \end{cases}$$

上述方程组只与三个相邻的 M_i 相联系,M_i 在力学上表示细梁在 x_i 上面的截面弯矩,故称上述方程组为三弯矩方程.求得 $M_0,M_1,\cdots,M_n$ 后,代入式(4-17),则得到 $[a,b]$ 上的三次样条插值函数 $s(x)$.

4.2 典型例题选讲

例 4.1 已知由数组(0,0),(0.5,y),(1,3),(2,2)构造出的三次插值多项式 $P_3(x)$ 的 x^3 的系数为 6,试确定 y 的值.

解 利用拉格朗日插值多项式

$$P_3(x)=L_3(x)=l_0(x)f(x_0)+l_1(x)f(x_1)+l_2(x)f(x_2)+l_3(x)f(x_3),$$

由插值基函数的表达式可知 x^3 的系数为

$$A^{-1}=\begin{pmatrix}500.5 & 500\\ 1000 & 1000\end{pmatrix},\ \|A\|_\infty=3.001,\ \|A^{-1}\|_\infty=2000,$$

于是 $\text{cond}(A)_\infty=\|A^{-1}\|_\infty\cdot\|A\|_\infty=6002$.

$$\frac{\|\delta x\|_\infty}{\|x\|_\infty}\leqslant \text{cond}(A)_\infty\frac{\|\delta b\|_\infty}{\|b\|_\infty}=6002\times\frac{0.0001}{1.0001}=0.6001.$$

$\det A=2\times10^{-3}$.

由 $Ax=b$ 解得 $x=A^{-1}b=(-0.45,0.1)^{\mathrm T}$，而由 $A(x+\delta x)=(b+\delta b)$，解得 $(x+\delta x)=(-0.4.0.2)^{\mathrm T}$，$\delta x=(0.05.0.1)^{\mathrm T}$，

得 $\dfrac{\|\delta x\|_\infty}{\|x\|_\infty}=0.2222$. 对比可见，误差是合理的，这表明若 cond($A$)不大，即 A 是良态的，b 的微小扰动，引起解 x 的扰动也较小，若 cond(A)很大，即 A 是病态的，则 b 的微小扰动，可能引起解 x 的扰动会很大.

13. 设 $A=A^{\mathrm T}$ 非奇异，试证明 $\text{cond}(A)_2=\dfrac{|\lambda_1|}{|\lambda_n|}$，其中 λ_1 和 λ_n 分别为矩阵 A 的按模最大和最小的特征值.

证明 $\text{cond}(A)_2=\|A\|_2\ \|A^{-1}\|_2=\sqrt{\lambda_{\max}(A^{\mathrm T}A)}\cdot\sqrt{\lambda_{\max}[(A^{-1})^{\mathrm T}A^{-1}]}$

$$=\sqrt{\lambda_{\max}(A^{\mathrm T}A)}\cdot\sqrt{\lambda_{\max}(AA^{\mathrm T})^{-1}}=\sqrt{\frac{\lambda_{\max}(A^{\mathrm T}A)}{\lambda_{\min}(AA^{\mathrm T})}},$$

又因 A 为对称阵，故

$$\text{cond}(A)_2=\sqrt{\frac{\lambda_{\max}(A^2)}{\lambda_{\min}(A^2)}}=\frac{\sqrt{\lambda_1^2}}{\sqrt{\lambda_n^2}}=\frac{|\lambda_1|}{|\lambda_n|}.$$

14. 给定方程组 $Ax=b$，其中 $A=\begin{pmatrix}1 & -1\\ -1 & 1.0001\end{pmatrix}$，$b=\begin{pmatrix}1\\2\end{pmatrix}$.

(1) 试用 13 题的结论证明 $\text{cond}(A)_2\approx4\times10^4$；

(2) A 扰动后得到矩阵 $B=\begin{pmatrix}1 & -1\\ -1 & 1.0002\end{pmatrix}$，求解方程组 $Ax=b$ 和 $By=b$，分析计算结果.

解 (1) 由于 A 为对称阵，故 $\text{cond}(A)_2=\dfrac{|\lambda_1|}{|\lambda_2|}$，其中 λ_1,λ_2 为 A 的绝对值最大和最小的特征值. 由特征方程 $|\lambda I-A|=0$，得

$$\begin{vmatrix}\lambda-1 & 1\\ 1 & \lambda-1.0002\end{vmatrix}=0.$$

A 的特征值为 $\lambda_1=2$，$\lambda_2=0.00005$，则 $\text{cond}(A)_2=\dfrac{|\lambda_1|}{|\lambda_2|}=4\times10^4$.

(2) 由 $Ax=b$，得

$$x=A^{-1}b=\begin{pmatrix}10001 & 10000\\ 10000 & 10000\end{pmatrix}\begin{pmatrix}1\\2\end{pmatrix}=\begin{pmatrix}30001\\30000\end{pmatrix}.$$

(2) 分析该迭代格式是否收敛?

解 (1) 由方程组先写出雅可比迭代格式,即

$$\begin{cases} x_1^{(k+1)} = \frac{1}{3}x_2^{(k)} + 1, \\ x_2^{(k+1)} = -\frac{3}{2}x_3^{(k)} + 2, \\ x_3^{(k+1)} = -\frac{1}{2}x_1^{(k)} - \frac{1}{4}x_2^{(k)} + \frac{5}{4}. \end{cases}$$

高斯-赛德尔迭代格式为

$$\begin{cases} x_1^{(k+1)} = \frac{1}{3}x_2^{(k)} + 1, \\ x_2^{(k+1)} = -\frac{3}{2}x_3^{(k)} + 2, \\ x_3^{(k+1)} = -\frac{1}{2}x_1^{(k+1)} - \frac{1}{4}x_2^{(k+1)} + \frac{5}{4}. \end{cases}$$

即

$$\begin{cases} x_1^{(k+1)} = \frac{1}{3}x_2^{(k)} + 1, \\ x_2^{(k+1)} = -\frac{3}{2}x_3^{(k)} + 2, \\ x_3^{(k+1)} = -\frac{1}{6}x_2^{(k)} + \frac{3}{8}x_3^{(k)} + \frac{1}{4}. \end{cases}$$

(2) 迭代矩阵为

$$\boldsymbol{B}_G = \begin{pmatrix} 0 & \frac{1}{3} & 0 \\ 0 & 0 & -\frac{3}{2} \\ 0 & -\frac{1}{6} & \frac{3}{8} \end{pmatrix},$$

$\boldsymbol{B}_G$ 的特征值为 $\lambda_1 = 0, \lambda_2 = -0.3465, \lambda_3 = 0.7215, \rho(\boldsymbol{B}_G) = 0.7215 < 1$,故迭代收敛.

17. 方程组

$$(1)\begin{cases} 5x_1 + 2x_2 + x_3 = -12 \\ -x_1 + 4x_2 + 2x_3 = 20; \\ 2x_1 - 3x_2 + 10x_3 = 3 \end{cases} \quad (2)\begin{cases} 8x_1 - 3x_2 + 2x_3 = 20 \\ 4x_1 + 11x_2 - x_3 = 20. \\ 2x_1 + x_2 + 4x_3 = 12 \end{cases}$$

考察用雅可比法和高斯-赛德尔法解方程组的收敛性;写出用雅可比法及高斯-赛德尔法解此方程组的迭代公式并以$\boldsymbol{x}^{(0)} = (0,0,0)^{\mathrm{T}}$ 计算到 $\| x^{(k+1)} - x^{(k)} \|_\infty < 10^{-4}$为止.

解 (1) 因系数矩阵为严格对角占优矩阵,故雅可比法和高斯-赛德尔法均收敛.

雅可比法迭代公式为

$$\boldsymbol{B}_G = (\boldsymbol{D}-\boldsymbol{L})^{-1}\boldsymbol{U} = \begin{pmatrix} 0 & 0 & \frac{2}{3} \\ 0 & 0 & -\frac{1}{2} \\ 0 & 0 & \frac{11}{12} \end{pmatrix},$$

$\boldsymbol{B}_G$ 的特征值为 $0,0,\frac{11}{12}$，$\rho(\boldsymbol{B}_G)=\frac{11}{12}<1$，故高斯－赛德尔法收敛.

因 $\rho(\boldsymbol{B}_G)<\rho(\boldsymbol{B}_J)$，故高斯－赛德尔法收敛快.

23. 给定方程组

$$\begin{pmatrix} 4 & 3 & 0 \\ 3 & 4 & -1 \\ 0 & -1 & 4 \end{pmatrix}\begin{pmatrix} x_1 \\ x_2 \\ x_3 \end{pmatrix} = \begin{pmatrix} 24 \\ 30 \\ -24 \end{pmatrix},$$

(1) 研究用 SOR 方法求解的收敛性；

(2) 分别用 $\omega=1$ 及 $\omega=1.25$ 的 SOR 法求解，$x^{(0)}=(1,1,1)^{\mathrm{T}}$，$\| x^{(k+1)}-x^{(k)} \| \leqslant 10^{-7}$；

(3) 求最佳松弛因子.

解 (1) 系数矩阵 $\boldsymbol{A}$ 的顺序主子式 $\Delta_1=4,\Delta_2=7,\Delta_3=\det\boldsymbol{A}=24$，均大于零，$\boldsymbol{A}$ 对称正定，故 SOR 迭代法收敛.

(2) SOR 方法分量迭代格式

$$\begin{cases} x_1^{(k+1)} = (1-\omega)x_1^{(k)} + \frac{\omega}{4}(24-3x_2^{(k)}), \\ x_2^{(k+1)} = (1-\omega)x_2^{(k)} + \frac{\omega}{4}(30-3x_1^{(k+1)}+x_3^{(k)}), \\ x_3^{(k+1)} = (1-\omega)x_3^{(k)} + \frac{\omega}{4}(-24+x_2^{(k+1)}). \end{cases}$$

对于 $\omega=1$，即高斯－赛德尔迭代法，有

$$\begin{aligned} \boldsymbol{x}^{(1)} &= (5.250000, 3.812500, -5.046875)^{\mathrm{T}}, \\ \boldsymbol{x}^{(2)} &= (3.140625, 3.882813, -5.029297)^{\mathrm{T}}, \\ &\vdots \\ \boldsymbol{x}^{(32)} &= (3.000000, 3.999999, -5.000000)^{\mathrm{T}}. \end{aligned}$$

对于 $\omega=1.25$，计算得

$$\begin{aligned} \boldsymbol{x}^{(1)} &= (6.312500, 3.519531, -6.650147)^{\mathrm{T}}, \\ \boldsymbol{x}^{(2)} &= (2.622315, 3.958527, -4.600424)^{\mathrm{T}}, \\ &\vdots \\ \boldsymbol{x}^{(15)} &= (3.000000, 4.000000, -5.000000)^{\mathrm{T}}. \end{aligned}$$

(3) $\boldsymbol{A}$ 是三对角的对称正定矩阵，可按公式计算最优松弛因子 ω_b.

$$\boldsymbol{B}_J = \boldsymbol{D}^{-1}(\boldsymbol{L}+\boldsymbol{U}) = \begin{pmatrix} 0 & -0.75 & 0 \\ -0.75 & 0 & 0.25 \\ 0 & 0.25 & 0 \end{pmatrix},$$

$$\frac{f(x_0)}{(x_0-x_1)(x_0-x_2)(x_0-x_3)}+\frac{f(x_1)}{(x_1-x_0)(x_1-x_2)(x_1-x_3)}+$$

$$\frac{f(x_2)}{(x_2-x_0)(x_2-x_1)(x_2-x_3)}+\frac{f(x_3)}{(x_3-x_0)(x_3-x_1)(x_3-x_2)},$$

代入有关数据,得

$$6=0+\frac{y}{0.5\times(-0.5)\times(-1.5)}+\frac{3}{1\times0.5\times(-1)}+\frac{2}{2\times1.5\times1},$$

解得 $y=4.25$.

例 4.2 试用 $f(x)$ 关于互异节点集 $\{x_i\}_{i=1}^{n-1}$ 和 $\{x_i\}_{i=2}^{n}$ 的 $n-2$ 次插值多项式 $g(x)$ 和 $h(x)$ 构造关于互异节点集 $\{x_i\}_{i=1}^{n}$ 的 $n-1$ 次插值多项式 $p(x)$.

解 $n-1$ 次插值多项式 $p(x)$ 和 $n-2$ 次插值多项式 $g(x)$ 有共同的插值点 $\{x_i\}_{i=1}^{n-1}$,于是可设

$$p(x)=g(x)+A\omega_{n-1}(x),$$

其中 $\omega_{n-1}(x)=(x-x_0)(x-x_1)\cdots(x-x_{n-1})$,$A$ 为待定常数. 又由于 $p(x_n)=f(x_n)$,故有

$$f(x_n)=g(x_n)+A\omega_{n-1}(x_n),$$

解得

$$A=\frac{f(x_n)-g(x_n)}{\omega_{n-1}(x_n)},$$

代入 $p(x)$,得

$$p(x)=g(x)+[f(x_n)-g(x_n)]\frac{\omega_{n-1}(x)}{\omega_{n-1}(x_n)}.$$

例 4.3 给出 $\sin x$ 的函数表如下,试用线性插值求 $\sin 11°6'$ 的近似值,并将求出的近似值与理论的误差估计相比较.

x	10°	11°	12°	13°
$\sin x$	0.174	0.191	0.208	0.225

解 注意到 $11°6'=0.1937$,取 $x_0=11°=0.1920$,$x_1=12°=0.2094$,构造线性插值,有

$$\begin{aligned}L_1(x)&=\frac{x-x_1}{x_0-x_1}y_0+\frac{x-x_0}{x_1-x_0}y_1\\&=\frac{x-0.2094}{0.1920-0.2094}\times0.191+\frac{x-0.1920}{0.2094-0.1920}\times0.208,\end{aligned}$$

则

$$\sin 11°6'\approx L_1(0.1937)=0.19267.$$

误差估计:

$$\begin{aligned}&|\sin0.1937-L_1(0.1937)|\\&=\left|\frac{1}{2}\cos\xi\cdot(0.1937-0.1920)(0.1937-0.2094)\right|\leqslant1.33\times10^{-5}.\end{aligned}$$

事实上，$\sin 11°6' = 0.192521966526$. 实际误差不在理论估计范围内，原因是被初始数据本身的误差掩盖了，此时理论上的误差估计失效，本题表明初始数据的误差不容忽视.

例 4.4 为了使 $f(x)=\sin x$ 在 $[0,\frac{\pi}{2}]$ 上等距节点的分段线性插值函数 $\varphi(x)$ 的误差不超过 10^{-4}，应如何确定步长 h?

解 $f(x)=\sin x, f''(x)=-\sin x$，当 $x\in[x_i,x_{i+1}]$ 时，分段线性插值余项

$$|\sin x-\varphi(x)|=\frac{1}{2}|(-\sin\xi)||(x-x_i)(x-x_{i+1})|\leqslant$$

$$\frac{1}{2}\cdot 1\cdot\frac{h^2}{4}<\frac{1}{2}\times 10^{-4},$$

解得 $h<2\times 10^{-2}$，此外，$f(x)=\sin x$ 在 $[0,\frac{\pi}{2}]$ 上等距节点处的函数值应当具有 5 位以上的有效数字.

例 4.5 已知单调连续函数 $f(x)$ 在 $x=-1,0,2,3$ 的值分别为 $-4,-1,0,3$，用牛顿插值求

(1) $f(1.5)$ 的近似值；(2) $f(x)=0.5$ 时，x 的近似值.

解 (1) 构造差商表：

x_i	$f(x_i)$	一阶差商	二阶差商	三阶差商
−1	−4			
0	−1	3		
2	0	0.5	−5/6	
3	3	3	5/6	5/12

则牛顿插值多项式

$$N_3(x)=-4+3(x+1)-\frac{5}{6}(x+1)x+\frac{5}{12}(x+1)x(x-2),$$

于是 $f(1.5)\approx N_3(1.5)=-0.40625$.

(2) 由于 $f(x)$ 单调连续，存在反函数 $x=f^{-1}(y)$，利用反向插值求解，构造差商表：

y_i	x_i	一阶差商	二阶差商	三阶差商
−4	−1			
−1	0	1/3		
0	2	2	5/12	
3	3	1/3	−5/12	−5/42

牛顿插值多项式

$$N_3(y)=-1+\frac{1}{3}(x+4)+\frac{5}{12}(x+4)(x+1)x-\frac{5}{42}(x+4)(x+1)x,$$

于是 $x\approx N_3(0.5)=2.9107$，即 $f(x)=0.5$ 时，x 的近似值为 2.9107.

例 4.6 设 $f(x) \in C^1[a,b]$, $x_0 \in (a,b)$, 定义 $f[x_0,x_0] = \lim\limits_{x\to x_0} f[x,x_0]$, 证明 $f[x_0,x_0] = f'(x_0)$.

证明 由微分中值定理,有

$$f[x,x_0] = \frac{f(x) - f(x_0)}{x - x_0} = f'(x_0 + \theta(x - x_0)), 0 < \theta < 1,$$

所以

$$f[x_0,x_0] = \lim_{x\to x_0} f[x,x_0] = \lim_{x\to x_0} f'(x_0 + \theta(x - x_0)) = f'(x_0).$$

例 4.7 设 α,β 为常数,若 $f(x) = \alpha u(x) + \beta v(x)$,试证明

$$f[x_0,x_1,\cdots,x_n] = \alpha u[x_0,x_1,\cdots,x_n] + \beta v[x_0,x_1,\cdots,x_n].$$

证明 记 $\omega_{n+1}(x) = (x-x_0)(x-x_1)\cdots(x-x_n)$,则

$$\omega'_{n+1}(x_j) = (x_j - x_0)\cdots(x_j - x_{j-1})(x_j - x_{j+1})\cdots(x_j - x_n),$$

由均差可表示成函数值线性组合的性质,得

$$\begin{aligned} f[x_0,x_1,\cdots,x_n] &= \sum_{j=0}^{n} \frac{f(x_j)}{\omega'_{n+1}(x_j)} = \sum_{j=0}^{n} \frac{\alpha u(x_j) + \beta v(x_j)}{\omega'_{n+1}(x_j)} \\ &= \alpha \sum_{j=0}^{n} \frac{u(x_j)}{\omega'_{n+1}(x_j)} + \beta \sum_{j=0}^{n} \frac{v(x_j)}{\omega'_{n+1}(x_j)} \\ &= \alpha u[x_0,x_1,\cdots,x_n] + \beta v[x_0,x_1,\cdots,x_n]. \end{aligned}$$

例 4.8 已知函数 $f(x)$,构造四次多项式 $P_4(x)$ 满足

$$f(1) = P_4(1) = 2, f'(1) = P'_4(1) = 3,$$

$$f(2) = P_4(2) = 6, f'(2) = P'_4(2) = 7, f''(2) = P''_4(2) = 8,$$

并写出插值余项.

解 方法 1:利用重节点的牛顿插值求解.

构造差商表:

x_i	$f(x_i)$	一阶差商	二阶差商	三阶差商	四阶差商
1	2				
1	2	3			
2	6	4	1		
2	6	7	3	2	
2	6	7	4	1	-1

四次插值多项式为

$$\begin{aligned} P_4(x) &= 2 + 3(x - 1) + 1 \cdot (x - 1)^2 + 2(x - 1)^2(x - 2) - 1 \cdot (x - 1)^2(x - 2)^2 \\ &= -x^4 + 8x^3 - 20x^2 + 23x + 8, \end{aligned}$$

插值余项为

$$R(x) = \frac{f^{(5)}(\xi)}{5!}(x - 1)^2(x - 2)^3, \xi \in (1,2).$$

方法 2：利用埃尔米特插值.

取 $x_0=1, x_1=2$，首先构造满足前 4 个条件的埃尔米特插值多项式 $H_3(x)$，基函数

$$\alpha_0(x)=\left(1-2\frac{x-x_0}{x_0-x_1}\right)\left(\frac{x-x_1}{x_0-x_1}\right)^2=(2x-1)(x-2),$$

$$\alpha_1(x)=\left(1-2\frac{x-x_1}{x_1-x_0}\right)\left(\frac{x-x_0}{x_1-x_0}\right)^2=(5-2x)(x-1)^2,$$

$$\beta_0(x)=(x-x_0)\left(\frac{x-x_1}{x_0-x_1}\right)^2=(x-1)(x-2)^2,$$

$$\beta_1(x)=(x-x_1)\left(\frac{x-x_0}{x_1-x_0}\right)^2=(x-2)(x-1)^2,$$

故

$$H_3(x)=2\alpha_0(x)+6\alpha_1(x)+3\beta_0(x)+7\beta_1(x).$$

于是设

$$P_4(x)=H_3(x)+A(x-1)^2(x-2)^2,$$

由条件 $P''_4(2)=8$，得 $A=1$.

从而

$$P_4(x)=H_3(x)+(x-1)^2(x-2)^2=-x^4+8x^3-20x^2+23x+8.$$

例 4.9 用插值法求一个二次多项式 $p_2(x)$，使得曲线 $y=p_2(x)$ 在 $x=0$ 处与曲线 $y=\cos x$ 相切，在 $x=\frac{\pi}{2}$ 处与 $y=\cos x$ 相交，并证明

$$\max_{0\leqslant x\leqslant \pi/2}|p_2(x)-\cos x|\leqslant\frac{\pi^3}{324}.$$

解 实际上即求二次多项式 $p_2(x)$，满足条件

$$p_2(0)=\cos 0=1, p_2\left(\frac{\pi}{2}\right)=\cos\frac{\pi}{2}=0, p'_2(0)=(\cos x)'|_{x=0}=0.$$

构造重节点差商表：

x_i	$f(x_i)$	一阶差商	二阶差商
0	1		
0	1	0	
$\pi/2$	0	$-2/\pi$	$-4/\pi^2$

于是 $p_2(x)=f(0)+f[0,0]x+f\left[0,0,\frac{\pi}{2}\right]x^2=1-\frac{4}{\pi^2}x^2$，由误差公式，得

$$|p_2(x)-\cos x|=\left|\frac{\sin\xi}{3!}x^2\left(x-\frac{\pi}{2}\right)\right|\leqslant\frac{1}{6}\left|x^2\left(x-\frac{\pi}{2}\right)\right|, x\in\left[0,\frac{\pi}{2}\right].$$

记 $g(x)=x^2\left(x-\frac{\pi}{2}\right)$，令 $g'(x)=x(3x-\pi)=0$，得 $x_1=0, x_2=\frac{\pi}{3}$. 于是

$$\max_{x\in[0,\pi/2]}|g(x)| = \left|\left(\frac{\pi}{3}\right)^2\left(\frac{\pi}{3}-\frac{\pi}{2}\right)\right| = \frac{\pi^3}{54},$$

从而 $\max\limits_{0\leqslant x\leqslant\pi/2}|p_2(x)-\cos x| \leqslant \frac{1}{6}\cdot\frac{\pi^3}{54} = \frac{\pi^3}{324}$.

例 4.10 试判断下面函数是否为 3 次样条函数：

(1) $s(x)=\begin{cases}0, -1\leqslant x<0,\\ x^3, 0\leqslant x<1,\\ x^3+({}^x-1)2, 1\leqslant x\leqslant 2.\end{cases}$ (2) $s(x)=\begin{cases}x^3+2x+1, -1\leqslant x<0,\\ 2x^3+2x+1, 1\leqslant x\leqslant 2.\end{cases}$

解 (1) 求导数

$$s'(x)=\begin{cases}0, -1\leqslant x<0,\\ 3x^2, 0\leqslant x<1,\\ 3x^2+2(x-1), 1\leqslant x\leqslant 2.\end{cases}\qquad s''(x)=\begin{cases}0, -1\leqslant x<0,\\ 6x, 0\leqslant x<1,\\ 6x+2, 1\leqslant x\leqslant 2.\end{cases}$$

$s''(x)$ 在 $x=1$ 处不连续，故 $s(x)$ 不是三次样条函数.

(2) $s(x)$ 在 $[-1,1]$ 上连续，求导数

$$s'(x)=\begin{cases}3x^2+2, -1\leqslant x<0,\\ 6x^2+2, 1\leqslant x\leqslant 2.\end{cases}\qquad s''(x)=\begin{cases}6x, -1\leqslant x<0,\\ 12x, 1\leqslant x\leqslant 2.\end{cases}$$

易判断 $s'(x)$ 在 $[-1,1]$ 上连续，$s''(x)$ 在 $[-1,1]$ 上连续，且 $s(x)$ 在每一段上都是三次多项式，故 $s(x)$ 是三次样条函数.

4.3 课后习题解答

1. 已知 $f(0)=0, f(-1)=-3, f(2)=4$，求函数 $f(x)$ 过这三个点的二次拉格朗日插值多项式.

解

$$l_0(x)=\frac{(x-x_1)(x-x_2)}{(x_0-x_1)(x_0-x_2)}=\frac{(x+1)(x-2)}{(0+1)(0-2)}=-\frac{1}{2}(x+1)(x-2),$$

$$l_1(x)=\frac{(x-x_0)(x-x_2)}{(x_1-x_0)(x_1-x_2)}=\frac{(x-0)(x-2)}{(-1-0)(-1-2)}=\frac{1}{3}x(x-2),$$

$$l_2(x)=\frac{(x-x_0)(x-x_1)}{(x_2-x_0)(x_2-x_1)}=\frac{(x-0)(x+1)}{(2-0)(2+1)}=\frac{1}{6}x(x+1),$$

则所求二次拉格朗日插值多项式

$$\begin{aligned}L_2(x) &= l_0(x)f(x_0)+l_1(x)f(x_1)+l_2(x)f(x_2)\\ &= 0+(-3)\times\frac{1}{3}x(x-2)+2\times\frac{1}{6}x(x+1) = -\frac{2}{3}x^2+\frac{7}{3}x.\end{aligned}$$

2. 给定 $f(x)=\ln x$ 的数值表：

x	0.5	0.6	0.7
$\ln x$	-0.693 147	-0.510826	-0.356675

用线性插值与二次插值计算 ln0.54 得近似值并估计误差限.

解 $x=0.54$，介于 0.5 和 0.6 之间，故取 $x_0=0.5$，$x_1=0.6$，相应地 $y_0=-0.693147$，$y_1=-0.510826$，代入拉格朗日线性插值多项式，得

$$L_1(x)=\frac{x-x_1}{x_0-x_1}y_0+\frac{x-x_0}{x_1-x_0}y_1=\frac{x-0.6}{0.5-0.6}\times(-0.693147)+\frac{x-0.5}{0.6-0.5}\times(-0.510826),$$

于是 $\ln 0.54\approx L_1(0.54)\approx-0.620219$.

由于 $x\in(0.5,0.6)$ 时，$|f''(x)|=\left|-\frac{1}{x^2}\right|\leqslant\frac{1}{0.5^2}=4$，则线性插值误差为

$$|R_1(0.54)|=\left|\frac{f''(\xi)}{2}(0.54-0.5)(0.54-0.6)\right|\leqslant 2\times 0.04\times 0.06=0.0048.$$

将三点坐标代入二次拉格朗日线性插值多项式，得

$$\begin{aligned}L_2(x)&=\frac{(x-x_1)(x-x_2)}{(x_0-x_1)(x_0-x_2)}y_0+\frac{(x-x_0)(x-x_2)}{(x_1-x_0)(x_1-x_2)}y_1+\frac{(x-x_0)(x-x_1)}{(x_2-x_0)(x_2-x_1)}y_2\\&=\frac{(x-0.6)(x-0.7)}{(0.5-0.6)(0.5-0.7)}\times(-0.693147)+\\&\quad\frac{(x-0.5)(x-0.7)}{(0.6-0.5)(0.6-0.7)}\times(-0.510826)+\\&\quad\frac{(x-0.5)(x-0.6)}{(0.7-0.5)(0.7-0.6)}\times(-0.35667),\end{aligned}$$

于是 $\ln 0.54\approx L_2(0.54)\approx-0.618838$.

由于 $x\in(0.5,0.7)$ 时，$|f'''(x)|=\frac{2}{x^3}\leqslant\frac{2}{0.5^3}=16$，则二次拉格朗日插值误差为

$$\begin{aligned}|R_2(0.54)|&=\left|\frac{f'''(\xi)}{3!}(0.54-0.5)(0.54-0.6)(0.54-0.7)\right|\\&\leqslant\frac{16}{6}\times 0.04\times 0.06\times 0.16-0.001024.\end{aligned}$$

3. 在 $-4\leqslant x\leqslant 4$ 上给出 $f(x)=e^x$ 的等距节点函数表，若用二次插值法求 e^x 的近似值，要使误差不超过10^{-6}，函数表的步长 h 应取多少？

解 以 x_{i-1},x_i,x_{i+1} 为插值节点的二次拉格朗日插值多项式的截断误差为

$$R_2(x)=\frac{1}{3!}f'''(\xi)(x-x_{i-1})(x-x_i)(x-x_{i+1}),\xi\in(x_{i-1},x_{i+1}).$$

因节点等距，故式中 $x_{i-1}=x_i-h$，$x_{i+1}=x_i+h$，则

$$|R_2(x)|\leqslant\frac{1}{6}e^4\max_{x_{i-1}\leqslant x\leqslant x_{i+1}}|(x-x_{i-1})(x-x_i)(x-x_{i+1})|\leqslant\frac{1}{6}e^4\,\frac{2}{3}\,\frac{1}{\sqrt{3}}h^3=\frac{e^4}{9\sqrt{3}}h^3.$$

令 $\frac{e^4}{9\sqrt{3}}h^3\leqslant 10^{-6}$，得 $h\leqslant 0.00658$.

4. 设 $x_i(i=0,1,2,3,4)$ 为互异节点，$l_i(x)$ 为对应的四次插值基函数，求 $\sum\limits_{i=0}^{4}x_i^4 l_i(0)$ 及 $\sum\limits_{i=0}^{4}(x_i^4+2)l_i(x)$.

解 对于次数不大于 n 的多项式，其 n 次插值多项式就是其本身，当 $f(x)$ 是一个次数不超过 4 次的多项式时，其 4 次插值多项式 $L(x)=f(x)$. 于是

$$\sum_{i=0}^{4} x_i^4 l_i(x) = x^4,\ \sum_{i=0}^{4} x_i^4 l_i(0) = 0^4 = 0,$$

$$\sum_{i=0}^{4} (x_i^4 + 2) l_i(x) = x^4 + 2.$$

5. 设 x_i 为互异节点 $(i=0,1,\cdots,n)$，其中 $l_i(x)$ 是关于点 $x_0,x_1,\cdots,x_5$ 的插值基函数. 证明

(1) $\sum\limits_{i=0}^{n} x_i^k l_i(x) \equiv x^k,\ k=0,1,\cdots,n;$

(2) $\sum\limits_{i=0}^{n} (x_i - x)^k l_i(x) = 0,\ i=0,1,\cdots,n.$

证明 (1) 对 $k=0,1,\cdots,n$，令 $f(x)=x^k$，则函数 $f(x)$ 的 n 次插值多项式为

$$L_n(x) = \sum_{j=0}^{n} x_j^k l_j(x),$$

注意到 $k\leqslant n$，$f^{(n+1)}(x)=0$，于是插值余项为

$$R_n(x) = f(x) - L_n(x) = \frac{1}{(n+1)!} f^{(n+1)}(\xi)\omega_{n+1}(x) = 0,$$

即得 $f(x) - L_n(x) = 0$，从而 $\sum\limits_{i=0}^{n} x_i^k l_i(x) = x^k$.

(2) 由二项式定理知

$$(x_i - x)^k = \sum_{j=0}^{k} \binom{k}{j} x_i^j (-x)^{k-j},$$

于是得

$$\begin{aligned}
\sum_{i=0}^{n} (x_i - x)^k l_i(x) &= \sum_{i=0}^{n} \left[l_i(x) \sum_{j=0}^{k} \binom{k}{j} x_i^j (-x)^{k-j} \right] \\
&= \sum_{i=0}^{n} \sum_{j=0}^{k} \left[\binom{k}{j} x_i^j (-x)^{k-j} l_i(x) \right] \\
&= \sum_{j=0}^{n} \sum_{i=0}^{k} \left[\binom{k}{j} x_i^j (-x)^{k-j} l_i(x) \right] \\
&= \sum_{j=0}^{n} \left[\binom{k}{j} (-x)^{k-j} \sum_{i=0}^{n} x_i^j l_i(x) \right] \\
&= \sum_{j=0}^{n} \left[\binom{k}{j} (-x)^{k-j} x^j \right] = (x - x)^k = 0.
\end{aligned}$$

6. 已知条件 $f(0)=1, f(1)=f'(1)=0, f(2)=2$，求 $f(x)$ 的满足条件的插值多项式.

解 方法 1：由给定的 4 个条件可确定次数不超过三次的插值多项式 $H_3(x)$，设二次插值多项式 $N_2(x)$ 满足 $N_2(0)=1, N_2(1)=0, N_2(2)=2$，由差商表计算，得

$$N_2(x) = \frac{3}{2}x^2 - \frac{5}{2}x + 1.$$

于是设

$$H_3(x) = N_2(x) + k(x-0)(x-1)(x-2)$$

$$H_3{}'(x) = 3x - \frac{5}{2} + k[(x-1)(x-2) + x(x-2) + x(x-1)],$$

根据条件 $H_3{}'(1)=0$,得 $k=\frac{1}{2}$. 所求插值多项式为

$$H_3(x) = N_2(x) + \frac{1}{2}(x-0)(x-1)(x-2) = \frac{1}{2}x^3 - \frac{3}{2}x + 1.$$

方法 2:用带重节点的牛顿插值求解,作差商表(重节点用导数值代替差商)如下.

x_i	$f(x_i)$	一阶差商	二阶差商	三阶差商
0	1			
1	0	-1		
1	0	0	1	
2	2	2	2	1/2

则所求插值多项式为

$$H_3(x) = 1 + (-1)x + 1\cdot x(x-1) + \frac{1}{2}x(x-1)(x-1) = \frac{1}{2}x^3 - \frac{3}{2}x + 1.$$

7. 已知 $f(x)=2x^3+5$,求 $f[1,2,3,4]$ 和 $f[1,2,3,4,5]$.

解 利用差商性质 $f[x_0,x_1,\cdots,x_n]=\frac{f^{(n)}(\xi)}{n!}$ 及 $f'''(x)=12$,$f^{(4)}(x)=0$,得

$$f[1,2,3,4] = \frac{1}{3!}f'''(\xi) = 2, f[1,2,3,4,5] = \frac{1}{4!}f^{(4)}(\xi) = 0.$$

8. 若 $f(x) = x^7 + x^4 + 3x + 1$,求 $f[2^0,2^1,\cdots,2^7]$ 和 $f[2^0,2^1,\cdots,2^8]$.

解 利用差商性质,并注意到 $f^{(7)}(x)=7!$,$f^{(8)}(x)=0$,则

$$f[2^0,2^1,\cdots,2^7] = \frac{1}{7!}f^{(7)}(\xi) = 1, f[2^0,2^1,\cdots,2^8] = \frac{1}{7!}f^{(8)}(\xi) = 0.$$

9. 若 $f(x)=\omega_{n+1}(x)=(x-x_0)(x-x_1)\cdots(x-x_n)$,$x_i(i=0,1,\cdots,n)$ 互异,求 $f[x_0,x_1,\cdots,x_p]$ 的值,这里 $p\leqslant n+1$.

解 利用差商性质求解.

$f(x)$ 为 $n+1$ 阶多项式,故 $f^{(n+1)}(x)=(n+1)!$,于是

当 $p=n+1$ 时,有

$$f[x_0,x_1,\cdots,x_p] = \frac{f^{(n+1)}(\xi)}{(n+1)!} = 1.$$

当 $p\leqslant n$ 时,由于 $f(x_i)=\omega(x_i)=0$,$i=0,1,\cdots,n$,则

$$f[x_0,x_1,\cdots,x_p] = \sum_{i=0}^{p}\frac{f(x_i)}{\prod\limits_{\substack{k=0\\k\neq i}}^{p}(x_i-x_k)} = 0.$$

10. 求证 $\sum_{j=0}^{n-1} \Delta^2 y_j = \Delta y_n - \Delta y_0$.

证明 $\sum_{j=0}^{n-1} \Delta^2 y_j = \sum_{j=0}^{n-1} (\Delta y_{j+1} - \Delta y_j)$

$= (\Delta y_1 - \Delta y_0) + (\Delta y_2 - \Delta y_1) + \cdots + (\Delta y_n - \Delta y_{n-1}) = \Delta y_n - \Delta y_0$.

11. 已知 $f(x) = \text{sh}x$ 的函数表

x_i	0	0.20	0.30	0.50
$f(x_i)$	0	0.20134	0.30452	0.52110

求出三次牛顿插值多项式,计算 $f(0.23)$ 的近似值并用均差的余项表达估计误差.

解 列差商表:

x_i	$f(x_i)$	一阶差商	二阶差商	三阶差商
0	0			
0.20	0.20134	1.0067		
0.30	0.30452	1.0318	0.08367	
0.50	0.52110	1.0829	0.17033	0.17400

三次牛顿插值多项式为

$$N_3(x) = 1.0067x + 0.08367x(x-0.2) + 0.17400x(x-0.2)(x-0.3).$$

$$f(0.23) \approx N_3(0.23) \approx 0.23203.$$

由余项表达式,有

$$|R_3(0.23)| = |f[0,0.2,0.3,0.5,0.23]0.23(0.23-0.2)(0.23-0.3)(0.23-0.5)|,$$

而 $f[0,0.2,0.3,0.5,0.23] \approx 0.033133$,所以

$$|R_3(0.23)| = |0.033133 \times 0.23 \times 0.03 \times 0.07 \times 0.27| = 4.32 \times 10^{-6}.$$

12. 用表中的数据求方程 $x - e^{-x} = 0$ 的解的近似值

x_i	0.3	0.4	0.5	0.6
$f(x_i)$	0.740 818	0.670 320	0.606 531	0.548 812

解 表中函数值为 $f(x) = e^{-x}$ 的函数值,记 $g(x) = e^{-x} - x$,则

$$g(0.3) = 0.440818, g(0.4) = 0.260320,$$

$$g(0.5) = 0.106531, g(0.6) = -0.051188.$$

可采用反向插值的方法求得方程 $g(x) = e^{-x} - x = 0$ 的根. 建立差商表:

y_i	x_i	一阶差商		三阶差商
0.440818	0.3			
0.270 320	0.4	-0.586517		
0.106 531	0.5	-0.610542	0.071869	
-0.051188	0.6	-0.634039	0.073084	-0.002469

牛顿插值多项式

$$N_3(y)=0.3-0.586517(y-0.440818)+0.071869(y-0.440818)(y-0.270320)-0.002469(y-0.440818)(y-0.270320)(y-0.106531),$$

方程 $e^{-x}-x=0$ 的近似根为

$$N_3(0)=0.3+0.586517\times0.440818+0.071869\times0.440818\times0.270320+0.002469\times0.440818\times0.270320\times0.106531=0.567143.$$

13. 给定 $f(x)=\cos x$ 的函数表：

x_i	0	0.1	0.2	0.3	0.4	0.5	0.6
$f(x_i)$	1.00000	0.99500	0.98007	0.95534	0.92106	0.87758	0.82534

用牛顿等距插值公式计算 cos0.048 及 cos0.566 的近似值并估计误差.

解　先构造差分表：

x_i	$f(x_i)$	Δf_i	$\Delta^2 f_i$	$\Delta^3 f_i$	$\Delta^4 f_i$
0.0	1.00000				
		-0.00500			
0.1	0.99500		-0.00993		
		-0.01493		0.00013	
0.2	0.98007		-0.00980		0.00012
		-0.02473		0.00025	
0.3	0.95534		-0.00955		0.00010
		-0.03428		0.00035	
0.4	0.92106		-0.00920		0.00009
		-0.04348		0.00044	
0.5	0.87758		-0.00876		
		-0.05224			
0.6	0.82534				

0.048 靠近表头，适合用牛顿前插公式，四次牛顿向前插值多项式为

$$N_4(x_0+th)=f_0+t\Delta f_0+\frac{t(t-1)}{2!}\Delta^2 f_0+\frac{t(t-1)(t-2)}{3!}\Delta^3 f_0+\frac{t(t-1)(t-2)(t-3)}{4!}\Delta^4 f_0.$$

这里 $h=0.1$，用到的各阶差分 $f_0,\Delta f_0,\Delta^2 f_0,\Delta^3 f_0,\Delta^4 f_0$ 是上面斜线上的数，分别是 1.00000，-0.00500，-0.00993，0.00013，0.00012.

计算 cos0.048 时，$t=\dfrac{x-x_0}{h}=\dfrac{0.048-0.0}{0.1}=0.48$，代入上式，得

$$\cos 0.048\approx N_4(0.48)\approx 0.99884.$$

误差为

$$|R_4(x)| = \left|\frac{t(t-1)(t-2)(t-3)(t-4)}{5!}h^5 f^{(5)}(\xi)\right|$$
$$\leqslant \left|\frac{0.48(0.48-1)(0.48-2)(0.48-3)(0.48-4)}{5!}\times 0.1^5\right| = 0.28\times 10^{-6}.$$

计算 cos0.566 时,因 0.566 靠近最右端数,应用牛顿向后插值多项式

$$N_4(x_6+th) = f_6 + t\nabla f_6 + \frac{t(t+1)}{2!}\nabla^2 f_n + \frac{t(t+1)(t+2)}{3!}\nabla^3 f_n +$$
$$\frac{t(t+1)(t+2)(t+3)}{4!}\nabla^4 f_n.$$

这里 $t=\frac{x-x_n}{h}=\frac{0.566-0.6}{0.1}=-0.34$,用到的各阶差分 $f_6,\nabla f_6,\nabla^2 f_6,\nabla^3 f_6,\nabla^4 f_6$ 下面斜线上的数,分别是 0.82534,-0.05224,-0.00876,0.00044,0.00009,代入上式,得

$$\cos 0.566 \approx N_4(0.566) \approx 0.84405.$$

误差为

$$|R_4(x)| = \left|\frac{t(t+1)(t+2)(t+3)(t+4)}{5!}h^5 f^{(5)}(\xi)\right|$$
$$\leqslant \left|\frac{0.566(0.566+1)(0.566+2)(0.566+3)(0.566+4)}{5!}\times 0.1^5\right|$$
$$= 0.31\times 10^{-5}.$$

14. 求一个次数不高于四次的多项式 $p(x)$,使它满足 $p(0)=p'(0)=0, p(1)=p'(1)=1, p(2)=1$.

解 满足 $H_3(0)=H_3'(0)=0, H_3(1)=H_3'(1)=1$ 的埃尔米特插值多项式为(其中 $x_0=0, x_1=1$)

$$H_3(x) = \sum_{j=0}^{1}[H_3(x_j)\alpha_j(x) + H_3'(x_j)\beta_j(x)]$$
$$= \left[1-2\frac{x-1}{1-0}\right]\left[\frac{x-0}{1-0}\right]^2 + (x-1)\left[\frac{x-0}{1-0}\right]^2 = 2x^2 - x^3.$$

设 $P(x)=H_3(x)+Ax^2(x-1)^2$,令 $P(2)=1$ 得 $A=\frac{1}{4}$,于是

$$P(x) = 2x^2 - x^3 + \frac{1}{4}x^2(x-1)^2 = \frac{1}{4}x^2(x-3)^2.$$

15. 求多项式 $p(x)$,使其满足条件 $p(x_i)=f(x_i)$,其中 $i=0,1, p'(x_0)=f'(x_0), p''(x_0)=f''(x_0)$,并求余项表达式.

解 由插值条件可确定次数不超过三次的多项式 $p(x)$. 满足 $p(x_0)=f(x_0)$ 及 2 个导数条件的泰勒公式为

$$f(x_0) + f'(x_0)(x-x_0) + \frac{1}{2!}f''(x_0)(x-x_0)^2.$$

于是设

$$p(x)=f(x_0)+f'(x_0)(x-x_0)+\frac{1}{2!}f''(x_0)(x-x_0)^2+A(x-x_0)^3,$$

其中 A 为常数,将条件 $p(x_1)=f(x_1)$ 代入,得

$$A=\frac{f(x_1)-f(x_0)-f'(x_0)(x_1-x_0)-\frac{1}{2}f''(x_0)(x_1-x_0)^2}{(x_1-x_0)^3}$$

$$=\left[\frac{f[x_0,x_1]-f'(x_0)}{x_1-x_0}-\frac{1}{2}f''(x_0)\right]\frac{1}{x_1-x_0},$$

故有

$$p(x)=f(x_0)+f'(x_0)(x-x_0)+\frac{1}{2!}f''(x_0)(x-x_0)^2+$$

$$\left[\frac{f[x_0,x_1]-f'(x_0)}{x_1-x_0}-\frac{1}{2}f''(x_0)\right]\frac{(x-x_0)^3}{x_1-x_0}.$$

由给定的条件,设余项 $R(x)=f(x)-p(x)=k(x)(x-x_0)^3(x-x_1)$,作辅助函数

$$\varphi(t)=f(t)-p(t)-k(x)(t-x_0)^3(t-x_1),$$

则 $\varphi(t)$ 有 3 个零点 x_0,x_1,x(看做 x 为任意固定点),反复应用罗尔定理,则 $\varphi'(t)$ 至少有 3 个零点,$\varphi''(t)$ 至少也有 3 个零点,$\varphi'''(t)$ 至少有 2 个零点,$\varphi^{(4)}(t)$ 至少有 1 个零点,即至少存在一点 ξ,使得

$$\varphi^{(4)}(\xi)=f^{(4)}(\xi)-4!k(x)=0,k(x)=\frac{1}{4!}f^{(4)}(\xi),$$

所以余项为

$$R(x)=f(x)-p(x)=\frac{f^{(4)}(\xi)}{4!}(x-x_0)^3(x-x_1),$$

ξ 位于 x_0,x_1,x 所界定的范围内.

提示:本题还可以用带重节点的牛顿插值多项式求解.

16. 求不超过三次的多项式 $H(x)$,使它满足插值条件 $H(-1)=-9,H'(-1)=15,H(1)=1,H'(1)=-1$.

解 建立带重节点的差商表:

x_i	y_i	一阶差商	二阶差商	三阶差商
−1	−9			
−1	−9	15		
1	1	5	−5	
1	1	−1	−3	1

$H(x)=-9+15(x+1)-5(x+1)^2+(x+1)^2(x-1)=x^3-4x^2+4x.$

17. 设 $f(x)\in C^5[0,1]$.

(1) 求四次插值多项式 $H(x)$,使得

$H(0)=f(0),H'(0)=f'(0),H''(0)=f''(0),H(1)=f(1),H'(1)=f'(1).$

(2) 写出插值余项$f(x)-H(x)$的表达式.

解 (1)计算各阶差分:

$f[0,1]=f(1)-f(0)$,

$f[0,0,1]=f[0,1]-f[0,0]=f(1)-f(0)-f'(0)$,

$f[0,1,1]=f[1,1]-f[0,1]=f'(1)-f(1)+f(0)$,

$f[0,0,0,1]=f[0,0,1]-f[0,0,0]=f(1)-f(0)-f'(0)-\frac{1}{2}f''(0)$,

$f[0,0,1,1]=f[0,1,1]-f[0,0,1]=f'(1)-2f(1)+2f(0)+f'(0)$,

$f[0,0,0,1,1]=f[0,0,1,1]-f[0,0,0,1]=f'(1)-3f(1)+3f(0)+2f'(0)+\frac{1}{2}f''(0)$.

则四次插值多项式

$$
\begin{aligned}
H(x) &= f(0)+f[0,0]x+f[0,0,0]x^2+f[0,0,0,1]x^3+f[0,0,0,,1,1]x^3(x-1)\\
&= f(0)+f'(0)x+\frac{1}{2}f''(0)x^2+[f(1)-f(0)-f'(0)-\frac{1}{2}f''(0)]x^3+\\
&\quad [f'(1)-3f(1)+3f(0)+2f'(0)+\frac{1}{2}f''(0)]x^3(x-1).
\end{aligned}
$$

(2) 插值余项为$f(x)-H(x)=\frac{f^{(5)}(\xi)}{5!}x^3(x-1)^2,\xi\in(0,1)$.

18. 设$f(x)$在区间$[a,b]$上具有二阶连续的导数,试证

$$
\max_{a\leqslant x\leqslant b}\left|f(x)-f(a)-\frac{f(b)-f(a)}{b-a}(x-a)\right|\leqslant\frac{1}{8}(b-a)^2\max_{a\leqslant x\leqslant b}|f''(x)|.
$$

证明 以$x_0=a,x_1=b$为节点对$f(x)$作线性插值,线性插值多项式为

$$
L_1(x)=\frac{x-b}{a-b}f(a)+\frac{x-a}{b-a}f(b)=f(a)+\frac{f(b)-f(a)}{b-a}(x-a),
$$

插值余项为

$$
f(x)-L_1(x)=\frac{1}{2!}f''(\xi)(x-a)(x-b),\xi\in[a,b],
$$

于是

$$
\max_{a\leqslant x\leqslant b}\left|f(x)-f(a)-\frac{f(b)-f(a)}{b-a}(x-a)\right|=\frac{1}{2}\max_{a\leqslant x\leqslant b}|f''(\xi)|\max_{a\leqslant x\leqslant b}|(x-a)(x-b)|,
$$

而

$$
\begin{aligned}
\max_{a\leqslant x\leqslant b}|(x-a)(x-b)| &= \max_{a\leqslant x\leqslant b}|(x-a)(b-x)|\\
&\leqslant\left[\frac{(x-a)+(b-x)}{2}\right]^2=\frac{(b-a)^2}{4},
\end{aligned}
$$

于是

$$
\max_{a\leqslant x\leqslant b}\left|f(x)-f(a)-\frac{f(b)-f(a)}{b-a}(x-a)\right|\leqslant\frac{1}{8}(b-a)^2\max_{a\leqslant x\leqslant b}|f''(x)|.
$$

19. 函数$f(x)=\dfrac{1}{1+x^2}$,在$-5\leqslant x\leqslant 5$上取$n=10$,按等距节点求分段线性插值函数$I_h(x)$,计算各节点间中点处$I_h(x)$与的$f(x)$值,并估计误差.

解 步长$h=\dfrac{5-(-5)}{10}=1$,$x_i=-5+ih=-5+i(0\leqslant i\leqslant 10)$,在区间$[x_i,x_{i+1}]$上的线性插值函数为

$$I_h^{(i)}(x)=\frac{x-x_{i+1}}{x_i-x_{i+1}}f(x_i)+\frac{x-x_i}{x_{i+1}-x_i}f(x_{i+1})=\frac{x_{i+1}-x}{1+x_i^2}+\frac{x-x_i}{1+x_{i+1}^2},i=0,1,\cdots,9.$$

分段线性插值函数定义为

$$I_h(x)=I_h^{(i)}(x)=\frac{x_{i+1}-x}{1+x_i^2}+\frac{x-x_i}{1+x_{i+1}^2},x\in[x_i,x_{i+1}].$$

各区间中点的函数值及插值函数值列表如下:

x	± 0.5	± 1.5	± 2.5	± 3.5	± 4.5
$f(x)$	0.800 00	0.307 69	0.137 93	0.075 47	0.047 06
$I_h(x)$	0.750 00	0.350 00	0.150 00	0.079 41	0.048 64

在区间$[x_i,x_{i+1}]$上误差为

$$\begin{aligned}|f(x)-I_h^{(i)}(x)|&\leqslant\frac{1}{2!}\max_{-5\leqslant x\leqslant 5}|f''(\xi)(x-x_i)(x-x_{i+1})|\\&=\frac{1}{2}\frac{h^2}{4}\max_{-5\leqslant x\leqslant 5}|f''(\xi)|=\frac{1}{8}\max_{-5\leqslant x\leqslant 5}|f''(\xi)|,\end{aligned}$$

注意到

$$f''(x)=\frac{6x^2-2}{(1+x^2)^3}f'''(x)=\frac{24x(1-x^2)}{(1+x^2)^4},$$

令$f'''(x)=0$,得$f''(x)$驻点0,±1,于是得

$$\max_{-5\leqslant x\leqslant 5}|f''(\xi)|=\max_{-5\leqslant x\leqslant 5}\{|f''(0)|,|f''(\pm 1)|,|f''(\pm 5)|\}=2,$$

从而有

$$|f(x)-I_h^{(i)}(x)|\leqslant\frac{1}{8}\times 2=0.25,x\in[x_i,x_{i+1}],$$

$$|R_1(x)|=|f(x)-I_h(x)|\leqslant 0.25,x\in[-5,5].$$

20. 求$f(x)=x^2$在$[a,b]$上的分段线性插值函数$I_h(x)$,并估计误差.

解 取节点$a=x_0<x_1<\cdots<x_n=b$,$h_i=x_{i+1}-x_i(0\leqslant i\leqslant n-1)$,$h=\max\limits_{0\leqslant i\leqslant n-1}h_i$,在区间$[x_i,x_{i+1}]$上的线性插值函数为

$$I_h^{(i)}(x)=\frac{x-x_{i+1}}{x_i-x_{i+1}}f(x_i)+\frac{x-x_i}{x_{i+1}-x_i}f(x_{i+1})=\frac{x_i^2}{h_i}(x_{i+1}-x)+\frac{x_{i+1}^2}{h_i}(x-x_i).$$

分段线性插值函数为

$$I_h(x)=I_h^{(k)}(x)=\frac{x_i^2}{h_i}(x_{i+1}-x)+\frac{x_{i+1}^2}{h_i}(x-x_i),x\in[x_i,x_{i+1}].$$

误差估计

$$
\begin{aligned}
|f(x)-I_h^{(i)}(x)| &\leqslant \frac{1}{2!}\max_{a\leqslant x\leqslant b}|f''(\xi)(x-x_i)(x-x_{i+1})| \\
&= \frac{1}{2}\times 2\times\left(\frac{h_i}{2}\right)^2=\frac{h_i^2}{4}, x\in[x_i,x_{i+1}].
\end{aligned}
$$

从而

$$
|R_1(x)| = |f(x)-I_h(x)| \leqslant \max_{0\leqslant i\leqslant n-1}|f(x)-I_h^i(x)| \leqslant \frac{h^2}{4}, x\in[a,b].
$$

21. 试在区间[0,3]上用牛顿形式的插值法构造一个具有二阶连续导数的分段三次多项式 $H(x)$，使满足

$$
H(0)=3, H(3)=-2, H'(0)=1, H'(1)=2, H'(3)=3.
$$

解 设 $H(1)=c$，在区间[0,1]和[1,3]上分别构造埃尔米特插值多项式 $H(x)$，并要求 $H(x)$ 在 $x=1$ 处二阶导数连续，即 $H''(1-0)=H''(1+0)$

(1) 在区间[0,1]上构造三次埃尔米特插值多项式. 由

$$
H(0)=3, H(1)=c, H'(0)=1, H'(1)=2,
$$

构造重节点差商表：

$$
\begin{array}{cccccc}
0 & 3 & & & \\
 & & 1 & & \\
0 & 3 & & c-4 & \\
 & & c-3 & & 9-2c \\
1 & c & & 5-c & \\
 & & 2 & & \\
1 & c & & &
\end{array}
$$

于是得

$$
\begin{aligned}
&H(x)=3+x+(c-4)x^2+(9-2c)x^2(x-1), x\in[0,1], \\
&H''(1-0)=28-6c.
\end{aligned}
$$

(2) 在区间[1,3]上构造三次埃尔米特插值多项式. 由

$$
H(1)=c, H(3)=-2, H'(1)=2, H'(3)=3,
$$

构造差商表：

$$
\begin{array}{cccccc}
1 & c & 2 & & \\
 & & & -\frac{3}{2}-\frac{c}{4} & \\
1 & c & -1-\frac{c}{2} & & \frac{7}{4}+\frac{c}{4} \\
3 & -2 & & 2+\frac{c}{4} & \\
3 & -2 & 3 & &
\end{array}
$$

于是

$$
H(x)=c+2(x-1)+\left(-\frac{3}{2}-\frac{c}{4}\right)(x-1)^2+\left(\frac{7}{4}+\frac{c}{4}\right)(x-1)^2(x-3), x\in[1,3],
$$

$$
H''(1+0)=-10-\frac{3}{2}c.
$$

(3) 确定 c，由 $H''(1-0)=H''(1+0)$ 得 $28-6c=-10-\frac{3}{2}c$，解得 $c=\frac{76}{9}$.

所求分段三次多项式为

$$H(x)=\begin{cases}3+x+\dfrac{40}{9}x^2-\dfrac{71}{9}x^2(x-1), & x\in[0,1],\\ \dfrac{76}{9}+2(x-1)-\dfrac{65}{18}(x-1)^2+\dfrac{139}{36}(x-1)^2(x-3), & x\in(1,3].\end{cases}$$

22. 设 $s(x)=\begin{cases}x^3+x^2, & 0\leqslant x\leqslant 1,\\ 2x^3+ax^2+bx+c, & 1\leqslant x\leqslant 2.\end{cases}$

是以 0,1,2 为节点的三次样条函数,则 a,b,c 应取何值?

解 因 $s(x)\in C^2[0,2]$,故在 $x_1=1$ 处由 $s(1),s'(1)$ 及 $s''(1)$ 连续,得

$$\begin{cases}a+b+c+2=2,\\ 2a+b+6=5,\\ 2a+12=8.\end{cases}$$

解得 $a=-2,b=3,c=-1$. 此时 $s(x)$ 是 $[0,2]$ 上的三次样条函数.

23. 给定数据表

x_i	0.25	0.30	0.39	0.45	0.53
$f(x_i)$	0.5000	0.5477	0.6245	0.6708	0.7280

试求三次样条插值函数 $s(x)$,使满足边界条件

(1) $s'(0.25)=1.0000,s'(0.53)=0.6868$;

(2) $s''(0.25)=s''(0.53)=0$.

解 由给定数据知

$$h_0=x_1-x_0=0.05,h_1=x_2-x_1=0.09,$$

$$h_2=x_3-x_2=0.06,h_3=x_4-x_3=0.08,$$

由 $\mu_i=\dfrac{h_{i-1}}{h_{i-1}+h_i},\lambda_i=\dfrac{h_i}{h_{i-1}+h_i}$,得

$$\mu_1=\frac{5}{14},\lambda_1=\frac{9}{14},\mu_2=\frac{3}{5},\lambda_2=\frac{2}{5},$$

$$\mu_3=\frac{3}{7},\lambda_3=\frac{4}{7},\mu_4=1,\lambda_0=1,$$

差商

$$f[x_0,x_1]=\frac{f(x_1)-f(x_0)}{x_1-x_0}=0.9540,f[x_1,x_2]=0.8533,$$

$$f[x_2,x_3]=0.7717,f[x_3,x_4]=0.7150.$$

(1) 若边界条件为 $s'(0.25)=1.0000,s'(0.53)=0.6868$,则

$$d_0=\frac{6}{h_0}(f[x_0,x_1]-f_0{}')=-5.52,$$

$$d_1=6\frac{f[x_1,x_2]-f[x_0,x_1]}{h_0+h_1}=-4.3157,$$

$$d_2 = 6\frac{f[x_2,x_3]-f[x_1,x_2]}{h_1+h_2} = -3.2640,$$

$$d_3 = 6\frac{f[x_3,x_4]-f[x_2,x_3]}{h_2+h_3} = -2.4300,$$

$$d_4 = \frac{6}{h_3}(f_4'-f[x_3,x_4]) = -2.1150.$$

由此得三弯矩方程为

$$\begin{pmatrix} 2 & 1 & & & \\ \frac{5}{14} & 2 & \frac{9}{14} & & \\ & \frac{3}{5} & 2 & \frac{2}{5} & \\ & & \frac{3}{7} & 2 & \frac{4}{7} \\ & & & 1 & 2 \end{pmatrix}\begin{pmatrix} M_0 \\ M_1 \\ M_2 \\ M_3 \\ M_4 \end{pmatrix} = \begin{pmatrix} -5.5200 \\ -4.3157 \\ -3.2640 \\ -2.4300 \\ -2.1150 \end{pmatrix}.$$

由追赶法,得

$$M_0 = -2.0278, M_1 = -1.4643, M_2 = -1.0313, M_3 = -0.8072, M_4 = -0.6539.$$

三次样条插值函数为

$$s(x) = \begin{cases} 1.8783x^3 - 2.4227x^2 + 1.8591x + 0.1573, x \in [0.25, 0.30), \\ 0.8019x^3 - 1.4538x^2 + 1.5685x + 0.1863, x \in [0.30, 0.39), \\ 0.6225x^3 - 1.2440x^2 + 1.4866x + 0.1970, x \in [0.39, 0.45), \\ 0.3194x^3 - 0.8348x^2 + 1.3025x + 0.2246, x \in [0.45, 0.53]. \end{cases}$$

(2) 若边界条件为 $s''(0.25) = s''(0.53) = 0$,则 $M_0 = M_4 = 0$,三弯矩方程为

$$\begin{pmatrix} 2 & \frac{9}{14} & 0 \\ \frac{3}{5} & 2 & \frac{2}{5} \\ 0 & \frac{3}{7} & 2 \end{pmatrix}\begin{pmatrix} M_1 \\ M_2 \\ M_3 \end{pmatrix} = 6 \times \begin{pmatrix} -0.7193 \\ -0.5440 \\ -0.4050 \end{pmatrix},$$

解得 $M_1 = -1.8809, M_2 = -0.8616, M_3 = -1.0314$. 三次样条插值函数为

$$s(x) = \begin{cases} -6.2697x^3 + 4.7023x^2 - 0.2059x + 0.3555, x \in [0.25, 0.30), \\ 1.8876x^3 - 2.6393x^2 + 1.9966x + 0.1353, x \in [0.30, 0.39), \\ -0.4689x^3 + 0.1178x^2 + 0.9213x + 0.2751, x \in [0.39, 0.45), \\ 2.1467x^3 - 3.4132x^2 + 2.5103x + 0.0367, x \in [0.45, 0.53]. \end{cases}$$

第 5 章　函数逼近及与曲线拟合

5.1　基本要求与知识要点

本章要求了解几类正交多项式的概念，掌握勒让德正交多项式定义及其性质，掌握最佳平方逼近的计算，并会利用勒让德正交多项式求解最佳平方逼近，熟悉最佳一致逼近的概念及计算，掌握最小二乘原理，掌握求多项式拟合的最小二乘法，会用正交多项式作最小二乘法，解矛盾方程组最小二乘解.

一、正交多项式及其应用

1. 正交多项式定义与性质

定义 5.1　若 $f(x),g(x)\in C[a,b]$，$\rho(x)$ 为 $[a,b]$ 上的权函数，满足

$$(f,g)=\int_a^b f(x)g(x)\rho(x)\mathrm{d}x=0,$$

则称函数 $f(x)$ 与 $g(x)$ 在 $[a,b]$ 上带权 $\rho(x)$ 正交.

若函数族 $\varphi_0(x),\varphi_1(x),\cdots,\varphi_n(x),\cdots$，关于 $[a,b]$ 上的权函数 $\rho(x)$，满足

$$(\varphi_j,\varphi_k)=\int_a^b \rho(x)\varphi_j(x)\varphi_k(x)\mathrm{d}x=\begin{cases}0, & j\neq k,\\ A_k>0, & j=k.\end{cases}$$

则称函数族 $\{\varphi_k(x)\}$ 是 $[a,b]$ 上带权 $\rho(x)$ 的正交函数族. 特别地，若 $A_k=1$，就称为标准正交函数族.

一般地，给定区间 $[a,b]$ 及权函数 $\rho(x)$ 后，由 $1,x,x^2,\cdots,x^n$ 可以用施密特正交化方法构造出 n 次正交多项式系，其公式为

$$\varphi_0(x)=1,\varphi_k(x)=x^k-\sum_{j=0}^{k-1}\frac{(x^k,\varphi_j(x))}{(\varphi_j(x),\varphi_j(x))}\varphi_j(x),k=1,2,\cdots,n,\quad(5-1)$$

正交多项式有以下性质：

(1) $\varphi_k(x)$ 是最高项系数为 1 的 k 次多项式；

(2) 任何 k 次多项式均可表示为前 $k+1$ 个多项式 $\varphi_0(x),\varphi_1(x),\cdots,\varphi_k(x)$ 的线性组合；

(3) 对于 $k\neq l$，有 $(\varphi_k,\varphi_l)=0$，并且 φ_k 与任一次数小于 k 的多项式正交；

(4) 递推关系

$$\varphi_{n+1}(x)=(x-\alpha_n)\varphi_n(x)-\beta_n\varphi_{n-1}(x),n=0,1,\cdots,\quad(5-2)$$

其中

$$\varphi_0(x)=1,\varphi_{-1}(x)=0,\ \alpha_n=\frac{(x\varphi_n,\varphi_n)}{(\varphi_n,\varphi_n)},\quad \beta_n=\frac{(\varphi_n,\varphi_n)}{(\varphi_{n-1},\varphi_{n-1})},n=0,1,\cdots,$$

这里$(x\varphi_n,\varphi_n)=\int_a^b x\varphi_n^2(x)\rho(x)\mathrm{d}x$.

(5) 设$\{\varphi_i(x)\}_0^\infty$是在$[a,b]$上带权$\rho(x)$的正交多项式系,则$\varphi_n(x)(n\geqslant 1)$在区间$(a,b)$内恰有$n$个单实根.

2. 勒让德正交多项式

在区间$[-1,1]$上,权函数$\rho(x)=1$时,由$\{1,x,x^2,\cdots,x^n,\cdots\}$用施密特正交化方法构造出的正交多项式称为勒让德正交多项式,即

$$p_0(x)=1,\ p_n(x)=\frac{1}{2^n n!}\frac{\mathrm{d}^n}{\mathrm{d}x^n}[(x^2-1)^n],\quad n=1,2,\cdots.$$

$p_n(x)$的最高次项x^n的系数为$\frac{(2n)!}{2^n(n!)^2}$,它的首项系数为1的勒让德正交多项式为

$$\tilde{p}_n(x)=\frac{n!}{(2n)!}\frac{\mathrm{d}^n}{\mathrm{d}x^n}[(x^2-1)^n].$$

性质5.1 正交性

$$(P_n,P_m)=\int_{-1}^1 P_n(x)P_m(x)\mathrm{d}x=\begin{cases}0, & m\neq n,\\ \dfrac{2}{2n+1}, & m=n.\end{cases}$$

性质5.2 奇偶性$p_n(-x)=(-1)^n p_n(x)$.

性质5.3 递推关系

$p_0(x)=1,p_1(x)=x,(n+1)p_{n+1}(x)=(2n+1)xp_n(x)-np_{n-1}(x),n>1.$

例如,利用递推公式可推出:

$p_2(x)=(3x^2-1)/2,\ p_3(x)=(5x^3-3x)/2,\ p_4(x)=(35x^4-30x^2+3)/8,$

$p_5(x)=(63x^5-70x^3+15x)/8,p_6(x)=(231x^6-315x^4+105x^2-5)/16,\cdots$

性质5.4 在所有最高项系数为1的n次多项式中,勒让德正交多项式$\tilde{p}_n(x)=\frac{n!}{(2n)!}\frac{\mathrm{d}^n}{\mathrm{d}x^n}\{(x^2-1)^n\}$在$[-1,1]$区间上的欧几里得范数(2-范数)最小.

性质5.5 $p_n(x)$在$[-1,1]$内有n个不同的零点.

3. 其他几类正交多项式

1) 切比雪夫正交多项式

当区间$[-1,1]$及权函数$\rho(x)=\frac{1}{\sqrt{1-x^2}}$时,由$\{1,x,x^2,\cdots,x^n,\cdots\}$用施密特正交化方法构造出的正交多项式称为切比雪夫正交多项式,其表达式为

$$T_n(x)=\cos(n\arccos x),\qquad |x|\leqslant 1.$$

若令$x=\cos\theta$,则有$T_n(x)=\cos n\theta,\theta\in[0,\pi]$.

性质5.6 $T_n(x)$有以下递推关系

$$T_0(x)=1,T_1(x)=x,T_{n+1}(x)=2xT_n(x)-T_{n-1}(x).$$

性质5.7 $T_n(x)$的最高项系数为2^{n-1}.

性质5.8 正交性

$$\int_{-1}^{1}\frac{T_n(x)T_m(x)}{\sqrt{1-x^2}}\mathrm{d}x=\begin{cases}0, & m\neq n,\\ \pi/2, & m=n\neq 0,\\ \pi, & m=n=0.\end{cases}$$

性质5.9 奇偶性 $T_n(-x)=(-1)^nT_n(x)$.

性质5.10 $T_n(x)$在$[-1,1]$上有 n 个实零点 $x_k=\cos\frac{2k-1}{2n}\pi,(k=1,2,\cdots,n)$,并有 $n+1$ 个点 $x_k^*=\cos\frac{k}{n}\pi(k=0,1,2,\cdots,n)$轮流取最大值1和最小值-1.

2) 拉盖尔多项式

在区间$[0,\infty)$上,权函数$\rho(x)=\mathrm{e}^{-x}$,表达式为

$$L_n(x)=\mathrm{e}^x\frac{\mathrm{d}^n}{\mathrm{d}x^n}(x^n\mathrm{e}^{-x}),\ n=0,1,\cdots$$

的正交多项式称为拉盖尔多项式,它的递推公式为

$$L_{n+1}(x)=(1+2n-x)L_n(x)-n^2L_{n-1}(x),n=1,2,\cdots,$$

其中 $L_0(x)=1,L_1(x)=1-x$.

并具有正交性

$$(L_n,L_m)=\int_0^{\infty}L_n(x)L_m(x)\mathrm{e}^{-x}\mathrm{d}x=\begin{cases}0, & m\neq n,\\ (n!)^2, & m=n.\end{cases}$$

3) 埃尔米特多项式

在区间$(-\infty,\infty)$上,带权函数$\rho(x)=\mathrm{e}^{-x^2}$,表达式为

$$H_n(x)=(-1)^n\mathrm{e}^{x^2}\frac{\mathrm{d}^n}{\mathrm{d}x^n}\mathrm{e}^{-x^2}$$

的正交多项式称为埃尔米特多项式.

它的递推公式为

$$H_{n+1}(x)=2xH_n(x)-2nH_{n-1}(x),n=1,2,\cdots,$$

其中 $H_0(x)=1,H_1(x)=2x$.

并具有正交性

$$\int_{-\infty}^{+\infty}\mathrm{e}^{-x^2}\mathrm{H}_n(x)\mathrm{H}_m(x)\mathrm{d}x=\begin{cases}0, & m\neq n,\\ 2^nn!\sqrt{\pi}, & m=n.\end{cases}$$

二、最佳平方逼近

1. 函数逼近基本概念

函数逼近问题的基本思想:对函数类 A 中给定的函数$f(x)$,要在另一类较简单的便于计算的函数类 B 中,求函数$p(x)$,使$p(x)$与$f(x)$在某种度量意义下达最小. 最常用的两种度量意义是

(1) $\|f(x)-p(x)\|_2=\sqrt{\int_a^b[f(x)-p(x)]^2\mathrm{d}x}$,

在这种度量意义下的逼近称为平方(均方)逼近.

(2) $\|f(x)-p(x)\|_\infty=\max\limits_{a\leqslant x\leqslant b}|f(x)-p(x)|$,

在这种度量意义下的逼近称为一致(均匀)逼近.

2. 最佳平方逼近

定义 5.2 设 $f(x)\in C[a,b]$,$C[a,b]$ 中的一个子集 $\Phi=\mathrm{span}\{\varphi_0(x),\varphi_1(x),\cdots,\varphi_n(x)\}$,若存在 $s^*(x)\in\Phi$ 使得

$$\|f-s^*\|_2=\inf_{s\in\Phi}\|f(x)-s(x)\|_2=\inf_{s\in\Phi}\left(\int_a^b\rho(x)\,[f(x)-s(x)]^2\mathrm{d}x\right)^{1/2},\quad(5-3)$$

则称 $s^*(x)$ 是 $f(x)$ 在子集 $\Phi\subset C[a,b]$ 中的相对于权函数 $\rho(x)$ 的最佳平方逼近函数.

$s^*(x)$ 形式为 $s^*(x)=a_0\varphi_0(x)+a_1\varphi_1(x)+\cdots+a_n\varphi_n(x)$,系数 $\{a_i\}_{i=0}^n$ 满足方程组

$$\begin{pmatrix}(\varphi_0,\varphi_0)&(\varphi_0,\varphi_1)&\cdots&(\varphi_0,\varphi_n)\\(\varphi_1,\varphi_0)&(\varphi_1,\varphi_1)&\cdots&(\varphi_1,\varphi_n)\\\vdots&\vdots&\ddots&\vdots\\(\varphi_n,\varphi_0)&(\varphi_n,\varphi_1)&\cdots&(\varphi_n,\varphi_n)\end{pmatrix}\begin{pmatrix}a_0\\a_1\\\vdots\\a_n\end{pmatrix}=\begin{pmatrix}(f,\varphi_0)\\(f,\varphi_1)\\\vdots\\(f,\varphi_n)\end{pmatrix}\triangleq\begin{pmatrix}d_0\\d_1\\\vdots\\d_n\end{pmatrix},\quad(5-4)$$

式(5-4)称为法方程. 最佳平方逼近的误差为

$$\|\delta(x)\|_2^2=\|f(x)-s^*(x)\|_2^2=\|f(x)\|_2^2-\sum_{k=0}^n a_k(f(x),\varphi_k(x))\quad(5-5)$$

特别地,取 $\varphi_k(x)=x^k,\rho(x)=1,f(x)\in C[0,1]$ 时,则法方程(5-4)的系数矩阵为

$$H=\begin{pmatrix}1&1/2&\cdots&1/(n+1)\\1/2&1/3&\cdots&1/(n+2)\\\vdots&\vdots&\ddots&\vdots\\1/(n+1)&1/(n+1)&\cdots&1/(2n+1)\end{pmatrix}$$

称为希尔伯特矩阵.

定理 5.1 设函数 $f(x)\in C[a,b]$,则其最佳平方逼近函数存在且唯一,并且解 $s^*(x)$ 系数由法方程(5-4)确定,其误差由式(5-5)表示.

3. 基于正交多项式的最佳平方逼近

设 $f(x)\in C[a,b]$,$\varphi_0(x),\varphi_1(x),\cdots,\varphi_n(x)$ 为正交多项式作,则 $f(x)$ 的最佳平方逼近多项式为

$$s_n^*(x)=\sum_{k=0}^n a_k\varphi_k(x)=\sum_{k=0}^n\frac{(f,\varphi_k)}{(\varphi_k,\varphi_k)}\varphi_k(x),\quad(5-6)$$

最佳平方逼近的误差为

$$\|\delta(x)\|_2^2=\|f(x)\|_2^2-\sum_{k=0}^{n-1}\frac{(f(x),\varphi_k(x))^2}{\|\varphi_k(x)\|_2^2}.$$

特别地,$f(x)\in C[-1,1]$ 时利用勒让德正交多项式 $p_0(x),p_1(x),\cdots,p_n(x),\cdots$ 展开可以求得函数 $f(x)$ 的 n 次最佳平方逼近多项式

$$s_n^*(x)=\sum_{k=0}^n a_kp_k(x),\quad(5-7)$$

其中

$$a_k = \frac{(f,p_k)}{(p_k,p_k)} = \frac{2k+1}{2}\int_{-1}^{1} f(x)p_k(x)\,\mathrm{d}x,\ k = 0,1,2,\cdots,n\ .$$

此时的最佳平方逼近误差为

$$\|f(x) - s_n(x)\|_2^2 = \int_{-1}^{1} f^2(x)\,\mathrm{d}x - \sum_{k=0}^{n}\frac{2}{2k+1}a_k^2. \qquad (5-8)$$

注：当$f(x)\in C[a,b]$时，求$[a,b]$上的最佳平方逼近多项式，需作一个变换

$$x = \frac{b-a}{2}t + \frac{b+a}{2}, \qquad -1 \leqslant t \leqslant 1.$$

对$F(t)=f\left(\frac{b-a}{2}t+\frac{b+a}{2}\right)$在$[-1,1]$上可用利用勒让德多项式求最佳平方逼近多项式.从而得到$[a,b]$上的最佳平方逼近多项式.

三、最佳一致逼近多项式

1. 基本概念及其理论

设$f(x)\in C[a,b]$，在$H_n=\mathrm{span}\{1,x,\cdots,x^n\}$中求多项式$p_n^*(x)$使

$$\|f-p_n^*\|_\infty = \max_{a\leqslant x\leqslant b}|f(x)-p_n^*(x)| = \min_{p(x)\in H_n}|f(x)-p_n(x)|.$$

这就是通常所谓最佳一致逼近多项式或切比雪夫逼近问题.

定义 5.3 设$p_n(x)\in H_n$，$f(x)\in C[a,b]$，称

$$\Delta(f,p_n) = \|f(x)-p_n(x)\|_\infty = \max_{a\leqslant x\leqslant b}|f(x)-p_n(x)|,$$

为$f(x)$与$p_n(x)$在$[a,b]$上的偏差.

称$E_n=\inf\limits_{p_n\in H_n}\{\Delta(f,p_n)\}=\inf\limits_{p_n\in H_n}\max\limits_{a\leqslant x\leqslant b}|f(x)-p_n(x)|$为$f(x)$在$[a,b]$上的最小偏差.

定义 5.4 假设$f(x)\in C[a,b]$，若存在$p_n^*(x)\in H_n$，使得

$$\Delta(f,p_n^*) = E_n,$$

则称$p_n^*(x)$是$f(x)$在$[a,b]$上的最佳一致逼近多项式或最小偏差逼近多项式.

定理 5.2 若$f(x)\in C[a,b]$，则总存在$p_n^*(x)\in H_n$，使得

$$\|f(x)-p_n^*(x)\|_\infty = E_n.$$

定义 5.5 设$f(x)\in C[a,b]$，$p(x)\in H_n$，若在$x=x_0$上有

$$|p(x_0)-f(x_0)| = \max_{a\leqslant x\leqslant b}|p(x)-f(x)| = \mu,$$

就称x_0是$p(x)$的偏差点.

若$p(x_0)-f(x_0)=\mu$，称x_0为“正”偏差点.

若$p(x_0)-f(x_0)=-\mu$，称x_0为“负”偏差点.

定理 5.3 $p_n^*(x)\in H_n$是$f(x)\in C[a,b]$的最佳一致逼近多项式的充要条件是$p_n^*(x)$在$[a,b]$上至少有$n+2$个轮流为“正”“负”的偏差点，即有$n+2$个点$a\leqslant x_1<x_2<\cdots<x_{n+2}\leqslant b$使

$$p_n^*(x_k)-f(x_k)=(-1)^k\sigma\|p_n^*(x)-f(x)\|_\infty,\sigma=\pm 1, \tag{5-9}$$

这样的点组称为切比雪夫交错点组.

推论 5.1 若$f(x)\in C[a,b]$,则在 H_n 中存在唯一的最佳一致逼近多项式.

定理 5.4 在$[-1,1]$上所有最高项系数为 1 的 n 次多项式中,$\tilde{T}_n(x)=\frac{1}{2^{n-1}}T_n(x)$与零的偏差最小,且有

$$\left\|\frac{1}{2^{n-1}}T_n(x)\right\|_\infty=\frac{1}{2^{n-1}}.$$

定理 5.5 设插值节点 $x_0,x_1,\cdots,x_n$ 为切比雪夫多项式 $T_{n+1}(x)$的零点,被插函数$f(x)\in C^{n+1}[-1,1]$,$L_n(x)$为相应的插值多项式,则

$$\max_{-1\leqslant x\leqslant 1}|f(x)-L_n(x)|\leqslant\frac{1}{2^n(n+1)!}\|f^{(n+1)}(x)\|_\infty.$$

推论 5.2 若$f(x)\in C[a,b]$,则其最佳一致逼近多项式 $p_n^*(x)\in H_n$ 就是$f(x)$的一个拉格朗日插值多项式.

2. 最佳一致逼近多项式的求解

定理 5.3 给出了最佳逼近多项式 $p_n^*(x)$的特性,它是求解最佳一致逼近多项式的主要依据,但要求出 $p_n^*(x)$却相当困难,必须解非常复杂的非线性方程组(5-9). 因此人们倾向于利用各种方法求解最佳一致逼近多项式, 一般可考虑以下几种情形.

(1) 最简单情形:假定$f(x)\in C^2[a,b]$,且$f''(x)$在(a,b)内不变号,则一次最佳一致逼近多项式 $p_1^*(x)=a_0+a_1x$ 有交错点组 a,x_2,b,满足

$$\begin{cases}[f(x)-P_1^*(x)]'_{x=x_2}=f'(x_2)-a_1=0,\\ P_1^*(a)-f(a)=P_1^*(b)-f(b)=-[P_1^*(x_2)-f(x_2)].\end{cases}$$

(2) 利用切比雪夫多项式作最佳一致逼近.

(3) 用拉格朗日插值余项极小化方法求解.

(4) 截断切比雪夫级数法求解.

四、曲线拟合的最小二乘法

1. 基本原理与方法

对给定的数据$(x_i,y_i)(i=0,1,2,\cdots,m)$及权系数 w_i,在函数类 $\Phi=\mathrm{span}\{\varphi_0,\varphi_1,\cdots,\varphi_n\}$中找一个函数

$$y=s^*(x)=a_0^*\varphi_0(x)+a_1^*\varphi_1(x)+\cdots+a_n^*\varphi_n(x),$$

使误差平方

$$\|\delta\|_2^2=\sum_{i=0}^m\delta_i^2=\sum_{i=0}^m w_i[s^*(x_i)-y_i]^2=\min_{s(x)\in\Phi}\sum_{i=0}^m w_i[s(x_i)-y_i]^2, \tag{5-10}$$

这里

$$s(x)=a_0\varphi_0(x)+a_1\varphi_1(x)+\cdots+a_n\varphi_n(x).$$

这就是一般的最小二乘逼近问题,几何上称为曲线拟合的最小二乘法.

$s^*(x)$的系数 $a_0^*, a_1^*, \cdots, a_n^*$ 是方程组

$$\begin{pmatrix} (\varphi_0,\varphi_0) & (\varphi_0,\varphi_1) & \cdots & (\varphi_0,\varphi_n) \\ (\varphi_1,\varphi_0) & (\varphi_1,\varphi_1) & \cdots & (\varphi_1,\varphi_n) \\ \vdots & \vdots & \ddots & \vdots \\ (\varphi_n,\varphi_0) & (\varphi_n,\varphi_1) & \cdots & (\varphi_n,\varphi_n) \end{pmatrix} \begin{pmatrix} a_0 \\ a_1 \\ \vdots \\ a_n \end{pmatrix} = \begin{pmatrix} (\varphi_0,y) \\ (\varphi_1,y) \\ \vdots \\ (\varphi_n,y) \end{pmatrix} \triangleq \begin{pmatrix} d_0 \\ d_1 \\ \vdots \\ d_n \end{pmatrix} \tag{5-11}$$

的解,其中

$$\boldsymbol{y} = (y_1, y_2, \cdots, y_m)^{\mathrm{T}}, (\varphi_j, \varphi_k) = \sum_{i=0}^{m} w_i \varphi_j(x_i) \varphi_k(x_i), (\boldsymbol{y}, \varphi_k) = \sum_{i=0}^{m} w_i y_i \varphi_k(x_i),$$

式(5-11)称为法方程,可简记为 $\boldsymbol{Ga} = \boldsymbol{d}$. 拟合函数的平方误差为

$$\|\delta\|_2^2 = \sum_{i=1}^{m} [s^*(x_i) - y_i]^2 = \|y\|_2^2 - \sum_{i=1}^{n} a_n d_n.$$

若 $\varphi_k(x) = x^k, k = 0, 1, \cdots, n, w_i = 1$,则拟合函数为 $s^*(x) = a_0^* + a_1^* x + \cdots + a_n^* x^n$,此时法方程为

$$\begin{pmatrix} m & \sum_{i=1}^{m} x_i & \cdots & \sum_{i=1}^{m} x_i^n \\ \sum_{i=1}^{m} x_i & \sum_{i=1}^{m} x_i^2 & \cdots & \sum_{i=1}^{m} x_i^{n+1} \\ \vdots & \vdots & \ddots & \vdots \\ \sum_{i=1}^{m} x_i^n & \sum_{i=1}^{m} x_i^{n+1} & \cdots & \sum_{i=1}^{m} x_i^{2n} \end{pmatrix} \begin{pmatrix} a_0 \\ a_1 \\ \vdots \\ a_n \end{pmatrix} = \begin{pmatrix} \sum_{i=1}^{m} y_i \\ \sum_{i=1}^{m} x_i y_i \\ \vdots \\ \sum_{i=1}^{m} x_i^n y_i \end{pmatrix}. \tag{5-12}$$

2. 正交化方法

若 $\varphi_0(x), \varphi_1(x), \cdots, \varphi_n(x)$ 带权 $w_i = w(x_i)(i = 0, 1, 2, \cdots, m)$ 正交,即满足

$$(\varphi_j, \varphi_k) = \sum_{i=0}^{m} w_i \varphi_j(x_i) \varphi_k(x_i) = \begin{cases} 0, & j \neq k \\ A_k > 0, & j = k. \end{cases}$$

则拟合数据$(x_i, y_i)(i = 0, 1, 2, \cdots, m)$的多项式方程为

$$s^*(x) = \sum_{k=0}^{n} a_k{}^* \varphi_k(x) = \sum_{k=0}^{n} \frac{(f, \varphi_k)}{(\varphi_k, \varphi_k)} \varphi_k(x),$$

且平方误差为

$$\|\delta\|_2^2 = \sum_{i=0}^{m} \delta_i^2 = \|f\|_2^2 - \sum_{k=0}^{n} A_k (a_k^*)^2.$$

而 $\varphi_0(x), \varphi_1(x), \cdots, \varphi_n(x)$ 可由施密特正交化方法构造,即

$$\begin{cases} \varphi_0(x) = 1, \\ \varphi_1(x) = (x - a_1)\varphi_0(x), & k = 1, 2, \cdots, n-1. \\ \varphi_{k+1}(x) = (x - a_{k+1})\varphi_k(x) - b_k \varphi_{k-1}(x). \end{cases}$$

其中

$$\begin{cases} a_{k+1} = \dfrac{(x\varphi_k,\varphi_k)}{(\varphi_k,\varphi_k)}, \\ b_k = \dfrac{(\varphi_k,\varphi_k)}{(\varphi_{k-1},\varphi_{k-1})}, \end{cases} \quad k = 0,1,2,\cdots,n-1.$$

3. 超定方程组的最小二乘解

$$\begin{cases} a_{11}x_1 + a_{12}x_2 + \cdots + a_{1n}x_n = b_1, \\ a_{21}x_1 + a_{22}x_2 + \cdots + a_{2n}x_n = b_2, \\ \vdots \\ a_{m1}x_1 + a_{m2}x_2 + \cdots + a_{mn}x_n = b_m, \end{cases}$$

或 $\boldsymbol{A}x = \boldsymbol{b}$,

当 $m > n$ 时,称它为超定方程组,若 x^* 满足

$$F(x^*) = \sum_{i=1}^{m}\left(\sum_{j=1}^{n} a_{ij}x_j^* - b_i\right)^2 = \min_{\forall x \in \mathbf{R}^n}\sum_{i=1}^{m}\left(\sum_{j=1}^{n} a_{ij}x_j - b_i\right)^2$$

则称 $\boldsymbol{x}^*$ 是方程组 $\boldsymbol{A}x = \boldsymbol{b}$ 的最小二乘解,$\boldsymbol{x}^*$ 满足法方程组 $\boldsymbol{A}^{\mathrm{T}}\boldsymbol{A}\boldsymbol{x} = \boldsymbol{A}^{\mathrm{T}}\boldsymbol{b}$.

结论:若 $m \times n$ 矩阵 $\boldsymbol{A}$ 的秩 $= n$,则

(1) $\boldsymbol{A}^{\mathrm{T}}\boldsymbol{A}$ 是 $n \times n$ 对称正定阵;

(2) 法方程组 $\boldsymbol{A}^{\mathrm{T}}\boldsymbol{A}\boldsymbol{x} = \boldsymbol{A}^{\mathrm{T}}\boldsymbol{b}$ 有唯一解.

5.2 典型例题选讲

例 5.1 设 $\{\varphi_k(x)\}(k=0,1,\cdots,n)$ 是 $[a,b]$ 上关于权函数 $\rho(x)$ 的标准正交函数族.求证:函数列 $\{\varphi_k(x)\}(k=0,1,\cdots,n)$ 在 $[a,b]$ 上线性无关.

证明 由题意

$$(\varphi_i,\varphi_j) = \int_a^b \rho(x)\varphi_i(x)\varphi_j(x)\,\mathrm{d}x = \begin{cases} 0, & i \neq j, \\ 1, & i = j. \end{cases}$$

考虑 $\{\varphi_k(x)\}$ 的线性组合,若 $\sum_{k=0}^{n} a_k\varphi_k(x) = 0$,则对任意 $\varphi_m(x)$,$0 \leqslant m \leqslant n$,有

$$\begin{aligned} 0 &= \int_a^b \rho(x)\varphi_m(x)\sum_{k=0}^{n} a_k\varphi_k(x)\,\mathrm{d}x \\ &= \sum_{k=0}^{n} a_k\int_a^b \rho(x)\varphi_m(x)\varphi_k(x)\,\mathrm{d}x = a_m, \end{aligned}$$

从而函数列 $\{\varphi_k(x)\}(k=0,1,\cdots,n)$ 在 $[a,b]$ 上线性无关.

例 5.2 利用施密特正交化方法证明:对一切 $n \in N$,存在唯一的多项式序列 $\{\varphi_j(x)\}_{j=0}^{n}$,$\varphi_j(x)$ 是 j 次多项式,使得

$$(\varphi_j(x),\varphi_k(x)) = \begin{cases} 0, j \neq k, \\ 1, j = k. \end{cases}$$

且 $\varphi_j(x)$ 的首项系数是正数.

证明　考虑$\{1,x,\cdots,x^n\}$,令$\varphi_0(x)=1$,则

$$\varphi_1(x)=x-\frac{(x,\varphi_0(x))}{(\varphi_0(x),\varphi_0(x))}\varphi_0(x),$$

$$\vdots$$

$$\varphi_n(x)=x^n-\sum_{j=0}^{n-1}\frac{(x,\varphi_j(x))}{(\varphi_j(x),\varphi_j(x))}\varphi_j(x).$$

显然$\{\varphi_0(x),\varphi_1(x),\cdots,\varphi_n(x)\}$是正交的多项式序列,即

$$(\varphi_j,\varphi_k)=\int_a^b\rho(x)\varphi_j(x)\varphi_k(x)\mathrm{d}x=\begin{cases}0, & j\neq k,\\ A_k>0, & j=k.\end{cases}$$

进一步规范化,令

$$\psi_k(x)=\frac{\varphi_k(x)}{\|\varphi_k(x)\|},k=0,1,\cdots,n.$$

则$\{\psi_0(x),\psi_1(x),\cdots,\psi_n(x)\}$满足要求.

例5.3　求$f(x)=\sqrt{x}$在区间$[0,1]$上的一次最佳平方逼近多项式,并求误差.

解　方法1:取$\varphi_0(x)=1,\varphi_1(x)=x$,设最佳平方逼近多项式为$s^*(x)=a_0+a_1x$.

$$d_0=(f,\varphi_0)=\int_0^1\sqrt{x}\mathrm{d}x=\frac{2}{3},$$

$$d_1=(f,\varphi_1)=\int_0^1x\sqrt{x}\mathrm{d}x=\frac{2}{5},$$

得法方程组

$$\begin{pmatrix}1 & 1/2\\ 1/2 & 1/3\end{pmatrix}\begin{pmatrix}a_0\\ a_1\end{pmatrix}=\begin{pmatrix}2/3\\ 2/5\end{pmatrix},$$

解出$a_0=\dfrac{4}{15},a_1=\dfrac{4}{5}$,故$s^*(x)=\dfrac{4}{15}+\dfrac{4}{5}x$.

误差为

$$\|\delta(x)\|_2=\|f(x)-s^*(x)\|_2=\sqrt{\int_0^1f^2(x)\mathrm{d}x-\sum_{j=0}^{1}a_jd_j}\approx0.047138.$$

方法2:用勒让德多项式作基函数,取$P_0(x)=1,P_1(x)=x$,作变换$x=\dfrac{1}{2}(1+t)$,则

$$f(x)=\frac{1}{\sqrt{2}}\sqrt{1+t}=\varphi(t),-1\leqslant t\leqslant t,$$

先求$\varphi(t)$在区间$[0,1]$上的一次最佳平方逼近多项式$g_1(t)$.则

$$(\varphi,P_0)=\int_{-1}^1\frac{1}{\sqrt{2}}\sqrt{1+t}\mathrm{d}t=\frac{4}{3},(\varphi,P_1)=\int_{-1}^1\frac{t}{\sqrt{2}}\sqrt{1+t}\mathrm{d}t=\frac{4}{15},$$

$$a_0=\frac{(\varphi,P_0)}{(P_0,P_0)}=\frac{1}{2}(\varphi,P_0)=\frac{2}{3},a_1=\frac{(\varphi,P_1)}{(P_1,P_1)}=\frac{3}{2}(\varphi,P_1)=\frac{6}{15},$$

于是得

$$g_1(t) = a_0P_0(t) + a_1P_1(t) = \frac{2}{3} + \frac{6}{15}t,\ -1 \leqslant t \leqslant 1.$$

将 $t=2x-1$ 代入 $g_1(t)$，得到 $f(x)$ 区间 $[0,1]$ 上的一次最佳平方逼近多项式 $s^*(x)=\frac{4}{15}+\frac{4}{5}x$.

例 5.4 确定参数 a,b,c，使得积分

$$\int_{-1}^{1}\frac{1}{\sqrt{1-x^2}}\left[ax^2+bx+c-\sqrt{1-x^2}\right]^2\mathrm{d}x$$

的值最小.

解 本题实质上是求函数 $f(x)=\sqrt{1-x^2}$ 在 $[-1,1]$ 上的关于权函数 $\rho(x)=\frac{1}{\sqrt{1-x^2}}$ 的二次最佳平方逼近多项式 $p_2(x)=ax^2+bx+c$.

方法 1：设 $\varphi_0(x)=1,\varphi_1(x)=x,\varphi_2(x)=x^2$，由定义

$$(\varphi_i,\varphi_j) = \int_{-1}^{1}\frac{1}{\sqrt{1-x^2}}\varphi_i(x)\varphi_j(x)\mathrm{d}x, i,j = 0,1,2.$$

直接计算，得

$$(\varphi_0,\varphi_0) = \pi, (\varphi_0,\varphi_1) = (\varphi_1,\varphi_0) = 0, (\varphi_0,\varphi_2) = (\varphi_2,\varphi_0) = \frac{\pi}{2},$$

$$(\varphi_1,\varphi_1) = \frac{\pi}{2}, (\varphi_1,\varphi_2) = (\varphi_2,\varphi_1) = 0, (\varphi_2,\varphi_2) = \frac{3\pi}{8},$$

$$(\varphi_0,f) = 2, (\varphi_1,f) = 0, (\varphi_2,f) = \frac{2}{3}.$$

法方程组为

$$\begin{pmatrix} \pi & 0 & \frac{\pi}{2} \\ 0 & \frac{\pi}{2} & 0 \\ \frac{\pi}{2} & 0 & \frac{3\pi}{8} \end{pmatrix}\begin{pmatrix} a \\ b \\ c \end{pmatrix} = \begin{pmatrix} 2 \\ 0 \\ \frac{2}{3} \end{pmatrix}$$

解得 $a=-\frac{8}{3\pi},b=0,c=\frac{10}{3\pi}$，即 $p_2(x)=-\frac{8}{3\pi}x^2+\frac{10}{3\pi}$，此时所求积分值最小.

方法 2：利用切比雪夫正交多项式求解.

取 $T_0(x)=1,T_1(x)=x,T_2(x)=2x^2-1$，设 $f(x)$ 在 $[-1,1]$ 上的关于权函数 $\rho(x)=\frac{1}{\sqrt{1-x^2}}$ 的二次最佳平方逼近多项式 $p_2(x)=a_0T_0(x)+a_1T_1(x)+a_2T_2(x)$. 计算，得

$$a_0 = \frac{(f,T_0)}{(T_0,T_0)} = \frac{1}{\pi}\int_{-1}^{1}\mathrm{d}x = \frac{2}{\pi},\ a_1 = \frac{(f,T_1)}{(T_1,T_1)} = \frac{2}{\pi}\int_{-1}^{1}\frac{\sqrt{1-x^2}\cdot x}{\sqrt{1-x^2}}\mathrm{d}x = 0,$$

$$a_2 = \frac{(f,T_2)}{(T_2,T_2)} = \frac{2}{\pi}\int_{-1}^{1}\frac{\sqrt{1-x^2}\cdot(2x^2-1)}{\sqrt{1-x^2}}dx = -\frac{4}{3\pi},$$

$f(x)$二次最佳平方逼近多项式为

$$p_2(x) = a_0T_0(x) + a_1T_1(x) + a_2T_2(x) = \frac{2}{\pi} - \frac{4}{3\pi}(2x^2-1) = -\frac{8}{3\pi}x^2 + \frac{10}{3\pi}.$$

于是 $a = -\frac{8}{3\pi}, b = 0, c = \frac{10}{3\pi}$.

例 5.5 设$f(x) \in C^2[a,b]$,$f''(x) \geqslant 0$(或$f''(x) \leqslant 0$),若$f(x)$在$[a,b]$上的一次最佳一致逼近多项式为$p_1^*(x) = a_0 + a_1x$,则

$$a_0 = \frac{f(a)+f(x_2)}{2} - \frac{f(b)-f(a)}{b-a}\frac{a+c}{2},$$

$$a_1 = f'(c) = \frac{f(b)-f(a)}{b-a},$$

其中 c 是 $f'(c) = \frac{f(b)-f(a)}{b-a}$的唯一解.

证明 不妨$f''(x) \geqslant 0$,由切比雪夫定理 5.3,若 $p_1^*(x)$是$f(x)$在$[a,b]$上的一次最佳一致逼近多项式,则至少存在三个交错点 x_1, x_2, x_3,满足 $a \leqslant x_1 < x_2 < x_3 \leqslant b$,且

$$p_1(x_k) - f(x_k) = (-1)^k\sigma \max_{a\leqslant x\leqslant b}|p_1(x) - f(x)|, \sigma = \pm 1, k = 1,2,3.$$

偏差点 x_2 满足方程

$$[f(x) - p_1^*(x)]' = f'(x) - a_1 = 0.$$

由于$f''(x) \geqslant 0$,故$f'(x)$单调,$f'(x) - a_1$ 在(a,b)内只有一个零点 x_2,于是$f'(x_2) = a_1$,另外两个偏差点必在区间端点,即 $x_1 = a, x_3 = b$,且满足

$$p_1^*(a) - f(a) = p_1^*(b) - f(b) = -[p_1^*(x_2) - f(x_2)].$$

由此得方程组

$$\begin{cases} a_0 + a_1a - f(a) = a_0 + a_1b - f(b), \\ a_0 + a_1a - f(a) = f(x_2) - a_0 - a_1x_2, \end{cases}$$

解得

$$a_1 = f'(x_2) = \frac{f(b)-f(a)}{b-a},$$

取 $c = x_2$. 代入方程组,进一步求得

$$a_0 = \frac{f(a)+f(c)}{2} - \frac{f(b)-f(a)}{b-a}\frac{a+c}{2}.$$

例 5.6 求 a, b,使得$\max\limits_{1\leqslant x\leqslant 3}|\ln x - a - bx|$取得最小值,并求最小值.

解 本题实际上是求 $f(x) = \ln x$ 在$[1,3]$上的一次最佳一致逼近多项式 $p(x) = a + bx$.

由$f'(x)=\frac{1}{x}$，$f''(x)=-\frac{1}{x^2}>0$在$(1,3)$上不变号，则最佳一致逼近多项式$p(x)=a+bx$至少有3个交错点$1=x_1<x_2<x_3=3$，于是

$$\begin{cases}p(1)-f(1)=p(3)-f(3)=-[p(x_2)-f(x_2)],\\ f'(x_2)-p'(x_2)=0,\end{cases}$$

得

$$\begin{cases}a+b-\ln 1=a+3b-\ln 3=-(a+bx_2)+\ln x_2,\\ \dfrac{1}{x_2}-b=0\end{cases}$$

于是得

$$b=\frac{1}{2}\ln 3\approx 0.5493,\ x_2=\frac{2}{\ln 3}\approx 1.8205,\ a=\frac{1}{2}(\ln x_2-b-1)\approx -0.4751.$$

最佳一致逼近多项式$p(x)=-0.4751+0.5493x$，$a\approx -0.4751$，$b\approx 0.5493$时，$\max\limits_{1\leqslant x\leqslant 3}|\ln x-a-bx|$达到最小值：$|\ln 1-a-b|=|-a-b|=|0.4751-0.5493|=0.0742$.

例5.7 已知数据表：

x_i	1	2	4	5	10	16
y_i	6	1	2	3	4	5

分别取$\Phi=\text{span}\{1,x,x^2\}$和$\Phi=\text{span}\{1,x^{-1},x^{-2}\}$，求关于上述数据的最小二乘拟合曲线，并对比哪种方法好？

解 (1) 取$\Phi=\text{span}\{1,x,x^2\}$，设$p_2(x)=a_0+a_1x+a_2x^2$，计算得

$$(\varphi_0,\varphi_0)=\sum_{i=1}^{6}1=5,(\varphi_0,\varphi_1)=\sum_{i=1}^{6}x_i=38,(\varphi_0,\varphi_2)=\sum_{i=1}^{6}x_i^2=302,$$

$$(\varphi_1,\varphi_1)=\sum_{i=1}^{6}x_i^2=302,(\varphi_1,\varphi_2)=\sum_{i=1}^{6}x_i^3=5294,(\varphi_2,\varphi_2)=\sum_{i=1}^{6}x_i^4=76434,$$

$$(\varphi_0,y)=\sum_{i=1}^{6}y_i=21,(\varphi_1,y)=\sum_{i=1}^{6}x_iy_i=151,(\varphi_2,y)=\sum_{i=1}^{6}x_i^2y_i=1797,$$

得法方程组

$$\begin{pmatrix}6 & 38 & 302\\ 38 & 302 & 5294\\ 302 & 5294 & 76434\end{pmatrix}\begin{pmatrix}a_0\\ a_1\\ a_2\end{pmatrix}=\begin{pmatrix}21\\ 151\\ 1797\end{pmatrix},$$

解得

$$a_0=2.2437,a_1=0.1823,a_2=0.002016,$$
$$p_2(x)=2.2437+0.1823x+0.002016x^2.$$

平方误差为$\|\delta\|_2=\sqrt{\sum\limits_{i=0}^{5}[p_2(x_i)-y_i]^2}=4.1175.$

（2）变换数据表：

x_i^{-1}	1	0.5	0.25	0.2	0.1	0.0625
y_i	6	1	2	3	4	5

设 $p_2(x)=a_0+a_1x^{-1}+a_2x^{-2}$,直接计算得

$$\begin{pmatrix}6 & 2.1125 & 1.3664\\ 2.1125 & 1.3664 & 1.149494\\ 1.3664 & 1.149494 & 1.068120\end{pmatrix}\begin{pmatrix}a_0\\ a_1\\ a_2\end{pmatrix}=\begin{pmatrix}21\\ 8.3125\\ 6.53695\end{pmatrix},$$

解得

$$a_0=5.9108,a_1=-19.463,a_2=19.5045,$$
$$p_2(x)=5.9108-19.4631x^{-1}+19.5045x^{-2}.$$

平方误差为 $\|\delta\|_2=\sqrt{\sum_{i=0}^{5}[p_2(x_i)-y_i]^2}=0.5059$. 比较可见方法(2) 较好.

例 5.8 已知观测数据如下：

x_i	−2	−1	0	1	2
y_i	0	1	2	1	0

构造二次最小二乘拟合曲线,并计算平方误差.

解 设二次最小二乘拟合曲线为 $p_2(x)=a_0+a_1x+a_2x^2$,代入上述数据得超定方程组

$$\begin{pmatrix}1 & -2 & 4\\ 1 & -1 & 1\\ 1 & 0 & 0\\ 1 & 1 & 1\\ 1 & 2 & 4\end{pmatrix}\begin{pmatrix}a_0\\ a_1\\ a_2\end{pmatrix}=\begin{pmatrix}0\\ 1\\ 2\\ 1\\ 0\end{pmatrix},$$

记为 $\boldsymbol{Ax}=\boldsymbol{b}$,得法方程组 $\boldsymbol{A}^{\mathrm{T}}\boldsymbol{Ax}=\boldsymbol{A}^{\mathrm{T}}\boldsymbol{b}$,即

$$\begin{pmatrix}1 & 1 & 1 & 1 & 1\\ -2 & -1 & 0 & 1 & 2\\ 4 & 1 & 0 & 1 & 4\end{pmatrix}\begin{pmatrix}1 & -2 & 4\\ 1 & -1 & 1\\ 1 & 0 & 0\\ 1 & 1 & 1\\ 1 & 2 & 4\end{pmatrix}\begin{pmatrix}a_0\\ a_1\\ a_2\end{pmatrix}=\begin{pmatrix}1 & 1 & 1 & 1 & 1\\ -2 & -1 & 0 & 1 & 2\\ 4 & 1 & 0 & 1 & 4\end{pmatrix}\begin{pmatrix}0\\ 1\\ 2\\ 1\\ 0\end{pmatrix},$$

化简为

$$\begin{pmatrix}5 & 0 & 10\\ 0 & 10 & 0\\ 10 & 0 & 34\end{pmatrix}\begin{pmatrix}a_0\\ a_1\\ a_2\end{pmatrix}=\begin{pmatrix}4\\ 0\\ 2\end{pmatrix},$$

解得 $a_0=1.6571,a_1=0,a_2=-0.4286,p_2(x)=1.6571-0.4286x^2$.

平方误差为 $\|\delta\|_2^2 = \sum_{i=1}^{5} [y(x_i) - y_i]^2 = 0.22857149$.

提示:取 $\Phi = \mathrm{span}\{1, x, x^2\}$,本题也可用一般方法求解,见课后习题21.

5.3 课后习题解答

1. 令 $T_n^* = T_n(2x-1), x \in [0,1]$,试证 $\{T_n^*(x)\}$ 是在 $[0,1]$ 上带权 $\rho(x) = \frac{1}{\sqrt{x-x^2}}$ 的正交多项式,并求 $T_0^*(x), T_1^*(x), T_2^*(x), T_3^*(x)$.

解 由于

$$\int_0^1 T_n^*(x) T_m^*(x) \rho(x) \mathrm{d}x = \int_0^1 T_n(2x-1) T_m(2x-1) \frac{1}{\sqrt{x-x^2}} \mathrm{d}x$$

$$\underline{\underline{t = 2x-1}} \int_{-1}^1 T_n(t) T_m(t) \frac{1}{\sqrt{1-t^2}} \mathrm{d}t$$

$$= \begin{cases} 0, m \neq n, \\ \frac{\pi}{2}, m = n \neq 0, \\ \pi, m = n = 0. \end{cases}$$

所以 $\{T_n^*(x)\}$ 是 $[0,1]$ 上带权 $\rho(x) = \frac{1}{\sqrt{x-x^2}}$ 的正交多项式.

当 $x \in [0,1]$ 时,$2x-1 \in [-1,1]$,所以

$T_0^*(x) = T_0(2x-1) = 1, \quad T_1^*(x) = T_1(2x-1) = 2x-1,$

$T_2^*(x) = T_2(2x-1) = 2(2x-1)^2 - 1 = 8x^2 - 8x + 1,$

$T_3^*(x) = T_3(2x-1) = 4(2x-1)^3 - 3(2x-1) = 32x^3 - 48x^2 + 18x - 1.$

2. 对权函数 $\rho(x) = 1 + x^2$,区间 $[-1,1]$,试求首相系数为1的正交多项式 $\varphi_n(x)$,$n = 0,1,2,3$.

解 定义内积 $(f,g) = \int_{-1}^1 f(x) g(x) \rho(x) \mathrm{d}x$,利用递推关系(5-2),得

$$\varphi_0(x) = 1, \alpha_0 = \frac{(x\varphi_0, \varphi_0)}{(\varphi_0, \varphi_0)} = \frac{0}{8/3} = 0,$$

$$\varphi_1(x) = (x - \alpha_0)\varphi_0 = x,$$

$$\alpha_1 = \frac{(x\varphi_1, \varphi_1)}{(\varphi_1, \varphi_1)} = \frac{0}{16/15} = 0, \beta_1 = \frac{(\varphi_1, \varphi_1)}{(\varphi_0, \varphi_0)} = \frac{16/15}{8/3} = \frac{2}{5},$$

$$\varphi_2(x) = (x - \alpha_1)\varphi_1 - \beta_1\varphi_0 = x^2 - \frac{2}{5},$$

$$\alpha_2 = \frac{(x\varphi_2, \varphi_2)}{(\varphi_2, \varphi_2)} = \frac{0}{136/525} = 0, \beta_2 = \frac{(\varphi_2, \varphi_2)}{(\varphi_1, \varphi_1)} = \frac{136/525}{16/15} = \frac{17}{70},$$

$$\varphi_3(x) = (x - \alpha_2)\varphi_2 - \beta_2\varphi_1 = x^3 - \frac{9}{14}x.$$

3. 求 a,b 使 $\int_0^{\frac{\pi}{2}}[ax+b-\sin x]^2\mathrm{d}x$ 达到最小.

解 利用在 $\left[0,\frac{\pi}{2}\right]$ 上,求解 $ax+b$ 对 $\sin x$ 的最佳平方逼近问题. 设 $\varphi_0(x)=1,\varphi_1(x)=x,s_1(x)=ax+b\in\Phi=\mathrm{span}\{\varphi_0,\varphi_1\}$,则 a,b 满足法方程组

$$\begin{cases}b(\varphi_0,\varphi_0)+a(\varphi_0,\varphi_1)=(\varphi_0,\sin x),\\ b(\varphi_1,\varphi_0)+a(\varphi_1,\varphi_1)=(\varphi_1,\sin x).\end{cases}$$

计算得

$$(\varphi_0,\varphi_0)=\int_0^{\frac{\pi}{2}}1^2\mathrm{d}x=\frac{\pi}{2},(\varphi_0,\varphi_1)=\int_0^{\frac{\pi}{2}}x\mathrm{d}x=\frac{\pi^2}{8},(\varphi_1,\varphi_1)=\int_0^{\frac{\pi}{2}}x^2\mathrm{d}x=\frac{\pi^3}{24},$$

$$(\varphi_0,\sin x)=\int_0^{\frac{\pi}{2}}\sin x\mathrm{d}x=1,(\varphi_1,\sin x)=\int_0^{\frac{\pi}{2}}x\sin x\mathrm{d}x=1.$$

代入法方程组,得

$$\begin{cases}\frac{\pi}{2}b+\frac{\pi^2}{8}a=1,\\ \frac{\pi^2}{8}b+\frac{\pi^3}{24}a=1.\end{cases}$$

解得 $a\approx0.664439,b\approx0.114771$.

4. 设 $f(x)=\sqrt{1+x^2}$,求[0,1]上的一次最佳平方逼近多项式及其误差.

解 取 $\varphi_0(x)=1,\varphi_1(x)=x,\rho(x)=1$,则

$$d_0=(f,\varphi_0)=\int_0^1\sqrt{1+x^2}\mathrm{d}x=\frac{\sqrt{2}}{2}+\frac{1}{2}\ln(1+\sqrt{2})\approx1.147794,$$

$$d_1=(f,\varphi_1)=\int_0^1x\sqrt{1+x^2}\mathrm{d}x=\frac{2\sqrt{2}-1}{3}\approx0.609476,$$

得法方程组

$$\begin{pmatrix}1&1/2\\1/2&1/3\end{pmatrix}\begin{pmatrix}a_0\\a_1\end{pmatrix}=\begin{pmatrix}1.147794\\0.609476\end{pmatrix},$$

解出 $a_0=0.934320,a_1=0.426948$,故 $s^*(x)=0.934320+0.426948x$.

最佳平方逼近的平方误差为

$$\|\delta(x)\|_2=\sqrt{\int_0^1f^2(x)\mathrm{d}x-\sum_{j=0}^1a_jd_j}\approx0.026681.$$

5. 求函数在指定区间上对 $\Phi=\mathrm{span}\{1,x\}$ 的最佳平方逼近多项式:

(1) $f(x)=\mathrm{e}^x$,[0,1]; (2) $f(x)=\frac{1}{x-1}$,[2,4];

(3) $f(x)=\sin\pi x$,[0,1]; (4) $f(x)=\ln x$,[1,2].

解 这里 $\varphi_0=1,\varphi_1=x$.

(1) $(\varphi_0,\varphi_0)=1,(\varphi_0,\varphi_1)=\frac{1}{2},(\varphi_1,\varphi_1)=\frac{1}{3},(f,\varphi_0)=\mathrm{e}-1\approx1.7183,(f,\varphi_1)=1$,

从而得法方程

$$\begin{pmatrix} 1 & \frac{1}{2} \\ \frac{1}{2} & \frac{1}{3} \end{pmatrix}\begin{pmatrix} a_0 \\ a_1 \end{pmatrix} = \begin{pmatrix} 1.7183 \\ 1 \end{pmatrix},$$

解得 $a_0 = 0.8732, a_1 = 1.6902$，即 $s_1^*(x) = 0.8732 + 1.6902x$.

(2) $(\varphi_0,\varphi_0) = \int_2^4 dx = 2, (\varphi_0,\varphi_1) = \int_2^4 x dx = 6, (\varphi_1,\varphi_1) = \int_2^4 x^2 dx = \frac{56}{3}$,

$(f,\varphi_0) = \int_2^4 \frac{1}{x-1} dx = \ln 3, (f,\varphi_1) = \int_2^4 \frac{x}{x-1} dx = 2 + \ln 3.$

从而得法方程

$$\begin{pmatrix} 2 & 6 \\ 6 & \frac{56}{3} \end{pmatrix}\begin{pmatrix} a_0 \\ a_1 \end{pmatrix} = \begin{pmatrix} \ln 3 \\ 2 + \ln 3 \end{pmatrix}.$$

解得 $a_0 = -9 + \frac{19}{2}\ln 3, a_1 = 3 - 3\ln 3$，即 $s_1^*(x) = -9 + \frac{19}{2}\ln 3 + (3 - 3\ln 3)x = 1.4368 - 0.2958x$.

(3) $(\varphi_0,\varphi_0) = 1, (\varphi_0,\varphi_1) = \frac{1}{2}, (\varphi_1,\varphi_1) = \frac{1}{3}$,

$(f,\varphi_0) = \int_0^1 \sin \pi x dx = \frac{2}{\pi}, (f,\varphi_1) = \int_0^1 x \sin \pi x dx = \frac{1}{\pi}.$

从而得法方程

$$\begin{pmatrix} 1 & \frac{1}{2} \\ \frac{1}{2} & \frac{1}{3} \end{pmatrix}\begin{pmatrix} a_0 \\ a_1 \end{pmatrix} = \begin{pmatrix} \frac{2}{\pi} \\ \frac{1}{\pi} \end{pmatrix},$$

解得 $a_0 = \frac{2}{\pi}, a_1 = 0$，即 $s_1^*(x) = \frac{2}{\pi}$.

(4) $(\varphi_0,\varphi_0) = \int_1^2 dx = 1, (\varphi_0,\varphi_1) = \int_1^2 x dx = \frac{3}{2}, (\varphi_1,\varphi_1) = \int_1^2 x^2 dx = \frac{7}{3}$,

$(f,\varphi_0) = \int_1^2 \ln x dx = 2\ln 2 - 1, (f,\varphi_1) = \int_1^2 x \ln x dx = 2\ln 2 - \frac{3}{4}.$

从而得法方程

$$\begin{pmatrix} 1 & \frac{3}{2} \\ \frac{3}{2} & \frac{7}{3} \end{pmatrix}\begin{pmatrix} a_0 \\ a_1 \end{pmatrix} = \begin{pmatrix} 2\ln 2 - 1 \\ 2\ln 2 - \frac{3}{4} \end{pmatrix},$$

解得 $a_0 = 0.6822, a_1 = -0.6371$，即 $s_1^*(x) = -0.6371 + 0.6822x$.

6. 求 $f(x) = x^2 + 3x + 2$ 在区间 $[0,1]$ 上对于 $\Phi = \text{span}\{1, x, x^2\}$ 的二次最佳平方逼近多项式.

解 $(f,\varphi_0)=\int_0^1(x^2+3x+2)\mathrm{d}x=\frac{23}{6},(f,\varphi_1)=\int_0^1 x(x^2+3x+2)\mathrm{d}x=\frac{9}{4},$

$(f,\varphi_2)=\int_0^1 x^2(x^2+3x+2)\mathrm{d}x=\frac{97}{60},$

得法方程

$$\begin{pmatrix}1 & \frac{1}{2} & \frac{1}{3}\\ \frac{1}{2} & \frac{1}{3} & \frac{1}{4}\\ \frac{1}{3} & \frac{1}{4} & \frac{1}{5}\end{pmatrix}\begin{pmatrix}a_0\\ a_1\\ a_2\end{pmatrix}=\begin{pmatrix}\frac{23}{6}\\ \frac{9}{4}\\ \frac{97}{60}\end{pmatrix},$$

解得 $a_0=2,a_1=3,a_2=1$ 即 $s_1^*(x)=2+x+3x^2$.

7. 设$f(x)=|x|$,在$[-1,1]$上,求关于 $\Phi=\mathrm{span}\{1,x^2,x^4\}$ 的最佳平方逼近多项式.

解 这里 $\varphi_0=1,\varphi_1=x^2,\varphi_2=x^4$.

$(\varphi_0,\varphi_0)=\int_{-1}^1\mathrm{d}x=2,(\varphi_0,\varphi_1)=\int_{-1}^1 x^2\mathrm{d}x=\frac{2}{3},(\varphi_0,\varphi_2)=\int_{-1}^1 x^4\mathrm{d}x=\frac{2}{5},$

$(\varphi_1,\varphi_1)=\int_{-1}^1 x^4\mathrm{d}x=\frac{2}{5},(\varphi_1,\varphi_2)=\int_{-1}^1 x^6\mathrm{d}x=\frac{2}{7},(\varphi_2,\varphi_2)=\int_{-1}^1 x^8\mathrm{d}x=\frac{2}{9},$

$(f,\varphi_0)=\int_{-1}^1|x|\mathrm{d}x=1,(f,\varphi_1)=\int_{-1}^1|x|x^2\mathrm{d}x=\frac{1}{2},(f,\varphi_2)=\int_{-1}^1|x|x^4\mathrm{d}x=\frac{1}{3},$

得法方程

$$\begin{pmatrix}2 & \frac{2}{3} & \frac{2}{5}\\ \frac{2}{3} & \frac{2}{5} & \frac{2}{7}\\ \frac{2}{5} & \frac{2}{7} & \frac{2}{9}\end{pmatrix}\begin{pmatrix}a_0\\ a_1\\ a_2\end{pmatrix}=\begin{pmatrix}1\\ \frac{1}{2}\\ \frac{1}{3}\end{pmatrix},$$

解得 $a_0=0.1171875,a_1=1.640625,a_2=-0.8203125$.

于是 $s_1^*(x)=0.1171875+1.640625x^2-0.8203125x^4$.

8. $f(x)=\sin\frac{\pi}{2}x$,在$[-1,1]$上按勒让德多项式及切比雪夫多项式展开,求三次最佳平方逼近多项式.

解 (1) 按勒让德多项式展开,设

$$s^*(x)=a_0^*P_0(x)+a_1^*P_1(x)+a_2^*P_2(x)+a_3^*P_3(x),$$

其中

$$a_k=\frac{(f,P_k)}{(P_k,P_k)}=\frac{2k+1}{2}\int_{-1}^1 f(x)P_k(x)\mathrm{d}x,\ k=0,1,2,3.$$

代入 $P_0(x)=1$,得 $a_0^*=0$;

代入 $P_1(x)=x$,得 $a_1^*\approx1.2158542$;

代入 $P_2(x)=\frac{1}{2}(3x^2-1)$，得 $a_2^*=0$；

代入 $P_3(x)=\frac{1}{2}(5x^3-3x)$，得 $a_3^*\approx-0.2248914$.

因此所求最佳平方逼近多项式为

$$\begin{aligned}s^*(x)&=1.2158542x-0.2248914\cdot\frac{1}{2}(5x^3-3x)\\&=1.5531913x-0.5622285x^3.\end{aligned}$$

(2) 取 $[-1,1]$ 上以 $\frac{1}{\sqrt{1-x^2}}$ 为权的正交多项式，即

$$\begin{gathered}\varphi_0(x)=T_0(x)=1,\varphi_1(x)=T_1(x)=x,\\\varphi_2(x)=T_2(x)=2x^2-1,\varphi_3(x)=T_3(x)=4x^3-3x.\end{gathered}$$

用数值积分方法求得

$$a_0^*=\frac{(f,T_0)}{\|T_0\|_2^2}=\frac{1}{\pi}\int_{-1}^{1}\frac{\sin\frac{\pi}{2}xT_0}{\sqrt{1-x^2}}\mathrm{d}x=0,$$

$$a_1^*=\frac{(f,T_1)}{\|T_1\|_2^2}=\frac{2}{\pi}\int_{-1}^{1}\frac{\sin\frac{\pi}{2}x\cdot T_1(x)}{\sqrt{1-x^2}}\mathrm{d}x=1.127954,$$

$$a_2^*=\frac{(f,T_2)}{\|T_2\|_2^2}=\frac{2}{\pi}\int_{-1}^{1}\frac{\sin\frac{\pi}{2}x\cdot T_2(x)}{\sqrt{1-x^2}}\mathrm{d}x=0,$$

$$a_3^*=\frac{(f,T_3)}{\|T_3\|_2^2}=\frac{2}{\pi}\int_{-1}^{1}\frac{\sin\frac{\pi}{2}x\cdot T_3(x)}{\sqrt{1-x^2}}\mathrm{d}x=-0.1437654.$$

$f(x)$ 三次最佳平方逼近多项式为

$$s^*(x)=a_0^*T_0(x)+a_1^*T_1(x)+a_2^*T_2(x)+a_3^*T_3(x)=1.5592502x-0.5750616x^3.$$

9. 设 $f(x)\in C[-1,1]$，$p(x)$ 是 n 次最佳一致逼近多项式，证明：当 $f(x)$ 为偶(奇)函数时，$p(x)$ 也为偶(奇)函数.

证明 直接利用最佳一致逼近的定义即可证明.

(1) 若 $f(x)$ 为偶函数，令 $x=-t$，则

$$\max_{-1\leqslant x\leqslant 1}|f(x)-p(x)|=\max_{-1\leqslant t\leqslant 1}|f(-t)-p(-t)|=\max_{-1\leqslant t\leqslant 1}|f(t)-p(-t)|.$$

再令 $t=x$，于是

$$\min_{p\in H_n}\max_{-1\leqslant x\leqslant 1}|f(x)-p(x)|=\min_{p\in H_n}\max_{-1\leqslant x\leqslant 1}|f(x)-p(-x)|,$$

即 $p(-x)$ 也是 $f(x)$ 的最佳一致逼近多项式，利用最佳一致逼近多项式的唯一性，得 $p(x)=p(-x)$，即 $p(x)$ 也是偶函数.

(2) 若 $f(x)$ 为奇函数，令 $x=-t$，则

$$\max_{-1\leqslant x\leqslant 1}|f(x)-p(x)| = \max_{-1\leqslant t\leqslant 1}|f(-t)-p(-t)|$$
$$= \max_{-1\leqslant t\leqslant 1}|-f(t)-p(-t)| = \max_{-1\leqslant t\leqslant 1}|f(t)-(-p(-t))|.$$

再令 $t=x$，于是

$$\min_{p\in H_n}\max_{-1\leqslant x\leqslant 1}|f(x)-p(x)| = \min_{p\in H_n}\max_{-1\leqslant x\leqslant 1}|f(x)-(-p(-x))|,$$

即 $-p(-x)$ 也是 $f(x)$ 的最佳一致逼近多项式，利用最佳一致逼近多项式的唯一性，得 $p(-x)=-p(x)$，即 $p(x)$ 也是奇函数.

10. 设 $f(x)=x^2$ 在 $[0,1]$ 上的 n 次最佳一致逼近多项式为 $p_n(x)$，试证明当 $n\geqslant 2$ 时 $p_n(x)$ 就是 $f(x)$ 本身.

证明 在 $[0,1]$ 上取 $n+1$ 个节点 $x_0,x_1,\cdots,x_n$，对 $f(x)$ 作 n 次拉格朗日插值所得的 n 次多项式为 $L_n(x)$，故有误差估计

$$f(x)-L_n(x) = \frac{f^{n+1}(\xi)}{(n+1)!}(x-x_0)(x-x_1)\cdots(x-x_n),$$

显然 $\|(x-x_0)(x-x_1)\cdots(x-x_n)\|_\infty\leqslant 1$，而 $p_n(x)$ 是 $f(x)$ 的 n 次最佳一致逼近多项式，则

$$\|f(x)-p_n(x)\|_\infty \leqslant \|f(x)-L_n(x)\|_\infty = \left\|\frac{f^{n+1}(\xi)}{(n+1)!}(x-x_0)(x-x_1)\cdots(x-x_n)\right\|_\infty$$
$$\leqslant \frac{\|f^{n+1}(\xi)\|_\infty}{(n+1)!}.$$

对于 $f(x)=x^2$，当 $n\geqslant 2$ 时，$f^{n+1}(\xi)=0$，从而 $\|f(x)-p_n(x)\|_\infty=0$，所以此时 $p_n(x)=f(x)$.

11. 设 $f(x)$ 在 $[a,b]$ 上连续，证明 $f(x)$ 的零次最佳一致逼近多项式是 $p(x)=\dfrac{m+M}{2}$，其中 M,m 分别为 $f(x)$ 在 $f(x)$ 上的最大值和最小值.

证明 由于 $f(x)$ 在 $[a,b]$ 上连续，所以 $f(x)$ 在 $[a,b]$ 上有最大值 M 和最小值 m，即有 $x_1,x_2\subset[a,b]$，使得 $f(x_1)=M,f(x_2)=m$.

若 $M=m$，则 $f(x)\equiv C,p_0(x)=C=f(x)$.

若 $M\neq m,x_1\neq x_2$，有

$$f(x_1)-p_0(x_1) = M-\frac{M+m}{2} = \frac{1}{2}(M-m),$$
$$f(x_2)-p_0(x_2) = m-\frac{M+m}{2} = -\frac{1}{2}(M-m).$$

而在 $[a,b]$ 上，有

$$\|f(x)-p_0(x)\|_\infty = \max_{a\leqslant x\leqslant b}\left|f(x)-\frac{M+m}{2}\right| = \frac{1}{2}|M-m|.$$

按交错点组的定义，x_1,x_2 为交错点组中的点，因此误差函数 $f(x)-p_0(x)$ 在 $[a,b]$ 上至少存在由两点组成的交错点组.

由最佳一致逼近的充要条件可知，$p(x)=\dfrac{m+M}{2}$ 是对 $f(x)$ 的零次最佳一致逼近多项式.

12. 求 $f(x)=\cos x$ 在 $[0,\pi/2]$ 上的一次最佳一致逼近多项式，并估计误差.

解 $f'(x) = -\sin x, f''(x) = -\cos x, f''(x)$在$\left[0,\frac{\pi}{2}\right]$上不变号. 设$f(x)$一次最佳一致逼近多项式为$p_1(x) = a_0 + a_1 x$,则

$$a_1 = \frac{f(b)-f(a)}{b-a} = \frac{f\left(\frac{\pi}{2}\right)-f(0)}{\frac{\pi}{2}-0} = -\frac{2}{\pi} \approx -0.636620,$$

$$f'(x_2) = \frac{f(b)-f(a)}{b-a} = -\frac{2}{\pi} = -\sin x_2,$$

解得 $x_2 = \arcsin\frac{2}{\pi} = 0.690107$. 直接计算,得

$$a_0 = \frac{f(a)+f(x_2)}{2} - \frac{f(b)-f(a)}{b-a}\cdot\frac{a+x_2}{2} = 1.105257,$$

即 $p_1^*(x) = 1.105257 - 0.636620x$, 误差为 $\|f(x) - p_1^*(x)\|_\infty = |f(0) - p_1^*(0)| = 0.105257$.

13. 求函数$f(x)=\sqrt{x}$在$\left[\frac{1}{4},1\right]$上的一次最佳一致逼近多项式$p_1(x) = a_0 + a_1 x$,并求其偏差.

解 $f'(x) = \frac{1}{2\sqrt{x}}, f''(x) = -\frac{1}{4}x^{-\frac{3}{2}}$,由于$f''(x)$在$\left[\frac{1}{4},1\right]$上不变号,则一次最佳一致逼近多项式$p_1(x) = a_0 + a_1 x$的三个交错点$\frac{1}{4}, x_2, 1$满足

$$\begin{cases}[f(x) = P_1(x)]'_{x=x_2} = f'(x_2) - a_1 = 0,\\ P_1\left(\frac{1}{4}\right) - f\left(\frac{1}{4}\right) = P_1(1) - f(1) = -[P_1(x_2) - f(x_2)].\end{cases}$$

即

$$\begin{cases}\frac{1}{2\sqrt{x_2}} - a_1 = 0,\\ a_0 + \frac{1}{4}a_1 - \frac{1}{2} = a_0 + a_1 - 1.\\ a_0 + \frac{1}{4}a_1 - \frac{1}{2} = -(a_0 + a_1 x_2 - \sqrt{x_2}).\end{cases}$$

解得 $a_0 = \frac{17}{48}, a_1 = \frac{2}{3}$,故 $p_1(x) = \frac{17}{48} + \frac{2}{3}x$.

误差为$\|f(x) - p_1(x)\|_\infty = \left|f\left(\frac{1}{4}\right) - p_1\left(\frac{1}{4}\right)\right| = \frac{1}{48}$.

14. 选取常数a,b,使得$\max\limits_{0\leqslant x\leqslant 1}|e^x - ax - b|$达到最小.

解 问题实际上是求$f(x)=e^x$在$[0,1]$上的一次最佳一致逼近多项式$ax+b$.
由于$f''(x) = e^x > 0$在$(0,1)$上不变号,则最佳一致逼近多项式$p(x) = ax + b$至少有3个交错点$0 = x_1 < x_2 < x_3 = 1$,且x_2满足$[f(x) - p(x)]' = e^x - a = 0$,得$a = e^{x_2}$. 又因为

$$p(0)-f(0)=p(1)-f(1)=-[p(x_2)-f(x_2)],$$

得

$$\begin{cases} b-e^0=a+b-e, \\ b-e^0=e^{x_2}-(ax_2+b), \end{cases}$$

于是得

$$a=e-1\approx 1.7183, x_2=\ln(e-1)\approx 0.5413, b=\frac{1+e^{0.5413}}{2}-1.7183\times\frac{0.5413}{2}\approx 0.8940.$$

最佳一致逼近多项式 $p(x)=1.7183x+0.8940$, $a\approx 1.7183$, $b\approx 0.8940$ 时, $\max\limits_{0\leqslant x\leqslant 1}|e^x-ax-b|$达到最小.

15. 求函数$f(x)=4x^3+2x^2+x+1$在区间$[-1,1]$上的二次最佳一致逼近多项式.

解 利用切比雪夫多项式作最佳一致逼近.

n次多项式$p_n(x)=a_0+a_1x+\cdots+a_nx^n$在区间$[-1,1]$上的$n-1$次最佳一致逼近多项式是

$$p_{n-1}^*(x)=p_n(x)-\frac{a_n}{2^{n-1}}T_n(x).$$

则所求二次最佳一致逼近多项式为

$$p_2^*(x)=f(x)-\frac{a_3}{2^2}T_3(x)$$

$$=(4x^3+2x^2+x+1)-\frac{4}{4}\cdot(4x^3-3x)=2x^2+4x+1.$$

16. 设$f(x)=e^x, x\in[-1,1]$,用切比雪夫多项式$T_4(x)$的零点作插值点,求$f(x)$的三次插值多项式$L_3(x)$,并估计误差$\|f(x)-L_3(x)\|_\infty$.

解 由$T_4(x)=8x^4-8x^2+1$,知其零点为

$$x_0=-0.923880, x_1=-0.382683, x_2=0.382683, x_3=0.923880,$$

相应各点函数值为

$$f(x_0)=0.396976, f(x_1)=0.682029, f(x_2)=1.466213, f(x_3)=2.519045.$$

用牛顿插值,建立差商表:

x_i	$f(x_i)$	一阶差商	二阶差商	三阶差商
-0.923880	0.396976			
-0.382683	0.682029	0.526708		
0.382683	1.466213	1.024587	0.381060	
0.923880	2.519045	1.945377	0.704742	0.175175

$f(x)$的三次插值多项式为

$$L_3(x)=0.396976+0.526708(x+0.923880)+0.381060(x+0.923880)(x+0.382683)+$$
$$0.175175(x+0.923880)(x+0.382683)(x-0.382683).$$

由误差公式定理5.5，有

$$\|f(x)-L_3(x)\|_\infty=\max_{-1\leqslant x\leqslant 1}|f(x)-L_3(x)|\leqslant\frac{1}{2^3(3+1)!}\|f^{(4)}(x)\|_\infty,$$

而$\|f^{(4)}(x)\|_\infty\leqslant\|e^x\|_\infty\leqslant e\leqslant 2.72$，故

$$\|f(x)-L_3(x)\|_\infty\leqslant\frac{2.72}{2^3(3+1)!}=0.014167.$$

17. 利用截断切比雪夫级数求$f(x)=e^x$在区间$[-1,1]$上的三次近似最佳一致逼近多项式.

解 利用切比雪夫多项式系，可以得到区间$[-1,1]$上的函数$f(x)$对应于正交多项式系$\{T_n(x)\}(n=0,1,\cdots)$的广义傅里叶级数

$$f(x)=\frac{a_0}{2}+\sum_{k=1}^{\infty}a_kT_k(x),$$

其中

$$a_k=\frac{2}{\pi}\int_{-1}^{1}\frac{f(x)T_k(x)}{\sqrt{1-x^2}}dx,k=0,1,2,\cdots.$$

如取上述级数的部分和$s(x)=\frac{a_0}{2}+\sum_{k=1}^{n}a_kT_k(x)$，则$s(x)$实际上就是$f(x)$在$\Phi=\mathrm{span}\{T_0,T_1,\cdots,T_n\}$中的最佳平方逼近多项式.

$f(x)=e^x$的切比雪夫展开式的前几项的系数如下：

k	0	1	2	3	4	5
a_k	2.532132	1.130318	0.271495	0.0443368	0.00547424	0.00054293

$f(x)=e^x$在区间$[-1,1]$上的三次近似最佳一致逼近多项式为

$$\begin{aligned}s_3(x)&=1.266066+1.130318x+0.271495(2x^2-1)+0.0443368(4x^3-3x)\\&=0.994571+0.997308x+0.54299x^2+0.177347x.\end{aligned}$$

18. 设$f(x)=x^2,x\in[0,1]$.

(1) 求$f(x)$的1次最佳一致逼近多项式$p_1(x)=a_0+a_1x$;

(2) 求$f(x)$的1次最佳平方逼近多项式$q_1(x)=b_0+b_1x$.

解 (1) 利用$T_0(x)=1,T_1(x)=x,T_2(x)=2x^2-1$.

令$x=\frac{1}{2}(t+1)$，则$f(x)=x^2$转化为$g(t)=\frac{1}{4}(t+1)^2,t\in[-1,1]$，而

$$g(t)=\frac{1}{4}(t+1)^2=\frac{1}{4}t^2+\frac{1}{2}t+\frac{1}{4}=\frac{1}{8}T_2(t)+\frac{1}{2}T_1(t)+\frac{3}{8}T_0(t),$$

从而$g(t)$的1次最佳一致逼近多项式为

$$\frac{1}{2}T_1(t)+\frac{3}{8}T_0(t)=\frac{1}{2}t+\frac{3}{8}.$$

再令$t=2x-1$，得$f(x)$的1次最佳一致逼近多项式

$$p_1(x) = \frac{1}{2}(2x-1) + \frac{3}{8} = x - \frac{1}{8}.$$

注:本题也可如12题或13题直接求解.

(2)取 $\varphi_0(x)=1,\varphi_1(x)=x,\rho(x)=1$,则

$$d_0 = (f,\varphi_0) = \int_0^1 x^2\mathrm{d}x = \frac{1}{3}, d_1 = (f,\varphi_1) = \int_0^1 x\cdot x^2\mathrm{d}x = \frac{1}{4},$$

得法方程组

$$\begin{pmatrix} 1 & 1/2 \\ 1/2 & 1/3 \end{pmatrix}\begin{pmatrix} b_0 \\ b_1 \end{pmatrix} = \begin{pmatrix} 1/3 \\ 1/4 \end{pmatrix},$$

解出 $a_0 = -\frac{1}{6}, b_1 = 1$,故 $s^*(x) = -\frac{1}{6} + x$.

19. 求 $f(x)=2x^4, x\in[-1,1]$ 的三次最佳一致逼近多项式.

解 $f(x)=2x^4$ 的三次最佳一致逼近多项式为

$$\begin{aligned} p_3^*(x) &= f(x) - \frac{a_4}{2^3}T_4(x) \\ &= 2x^4 - \frac{2}{8}\cdot(8x^4-8x^2+1) = 2x^2 - \frac{1}{4}. \end{aligned}$$

20. 已知一组实验数据如下:

x_i	1	2	3	4	5
y_i	4	4.5	6	8	8.5
ω_i	2	1	3	1	1

试求最小二乘拟合曲线.

解 观测数据或描图看出数据大致呈直线分布,采用线性拟合. 取 $\Phi=\mathrm{span}\{1,x\}$,设 $y=a_0+a_1x$. 则

$$(\varphi_0,\varphi_0) = \sum_{i=1}^5 \omega_i = 8, (\varphi_0,\varphi_1) = (\varphi_1,\varphi_0) = \sum_{i=1}^5 \omega_i x_i = 22, (\varphi_1,\varphi_1) = \sum_{i=1}^5 \omega_i x_i^2 = 74,$$

$$(\varphi_0,y) = \sum_{i=1}^5 \omega_i y_i = 47, (\varphi_1,y) = \sum_{i=1}^5 \omega_i x_i y_i = 145.5.$$

得法方程组

$$\begin{pmatrix} 8 & 22 \\ 22 & 74 \end{pmatrix}\begin{pmatrix} a_0 \\ a_1 \end{pmatrix} = \begin{pmatrix} 47 \\ 145.5 \end{pmatrix},$$

解得 $a_0=2.77, a_1=1.13$,最小二乘拟合曲线为 $y=2.77+1.13x$.

21. 已知一组实验数据如下:

x_i	-2	-1	0	1	2
y_i	0	1	2	1	0

试用二次多项式 $y=a_0+a_1x+a_2x^2$ 拟合这组数据,并求平方误差.

解 取 $\varphi_0=1,\varphi_1=x,\varphi_2=x^2$,计算

$$(\varphi_0,\varphi_0)=\sum_{i=1}^{5}1=5,(\varphi_0,\varphi_1)=(\varphi_1,\varphi_0)=\sum_{i=1}^{5}x_i=0,(\varphi_0,\varphi_2)=(\varphi_2,\varphi_0)=\sum_{i=1}^{5}x_i^2=10,$$

$$(\varphi_1,\varphi_1)=\sum_{i=1}^{5}x_i^2=10,(\varphi_1,\varphi_2)=(\varphi_2,\varphi_1)=\sum_{i=1}^{5}x_i^3=0,(\varphi_2,\varphi_2)=\sum_{i=1}^{5}x_i^4=34,$$

$$(\varphi_0,y)=\sum_{i=1}^{5}y_i=4,(\varphi_1,y)=\sum_{i=1}^{5}x_iy_i=0,(\varphi_2,y)=\sum_{i=1}^{5}x_i^2y_i=2,$$

得法方程组

$$\begin{pmatrix}5&0&10\\0&10&0\\10&0&34\end{pmatrix}\begin{pmatrix}a_0\\a_1\\a_2\end{pmatrix}=\begin{pmatrix}4\\0\\2\end{pmatrix},$$

解得 $a_0=1.6571,a_1=0,a_2=-0.4286$,最小二乘拟合曲线为 $y=1.6571-0.4286x^2$.

平方误差为 $\|\delta\|_2^2=\sum_{i=1}^{5}[y(x_i)-y_i]^2=0.22857149$.

22. 在某化学反应中,由实验得到物体温度 T(℃)与时间 t(min)的关系如下表所列,二者大致服从指数函数增长过程,用最小二乘法求 $T=f(t)$.

t_i	1	2	3	4	5	6	7	8	9	10	11
T_i	1	2	3	4	6	8	10	13	18	24	32

解 设经验公式为 $T=ae^{bt}$,两边取对数,得

$$\ln T=\ln a+bt.$$

令 $y=\ln T,A=\ln a$,则有 $y=A+bt$,将数据(t_i,T_i)转化为(t_i,y_i),列表如下:

t_i	1	2	3	4	5	6	7	8	9	10	11
y_i	0	0.693	1.097	1.386	1.792	2.079	2.303	2.565	2.890	3.178	3.466

计算得

$$\sum_{i=1}^{11}1=11,\sum_{i=1}^{11}t_i=66,\sum_{i=1}^{11}t_i^2=506,\sum_{i=1}^{11}y_i=21.431,\sum_{i=1}^{11}t_iy_i=164.212.$$

得法方程组

$$\begin{pmatrix}11&66\\66&506\end{pmatrix}\begin{pmatrix}A\\b\end{pmatrix}=\begin{pmatrix}21.431\\164.212\end{pmatrix},$$

解得 $A=0.134264,b=0.307293$,即 $a=e^A=1.143695$,最小二乘拟合曲线为 $T=1.143695e^{0.307293t}$.

23. 给定数据(x_i, y_i) $(i=0,1,2,3,4)$如下：

i	0	1	2	3	4
x_i	1.00	1.25	1.50	1.75	2.00
y_i	5.10	5.79	6.53	7.45	8.46

求它的最小二乘拟合曲线.

解　通过散点图(略)可看出数据大致服从指数情况分布，设经验公式为 $y=ae^{bx}$，两边取对数，得

$$\ln y = \ln a + bx.$$

利用变换 $\tilde{y}=\ln y, A=\ln a$，则有 $\tilde{y}=A+bx$，将数据(x_i, y_i)转化为$(x_i, \tilde{y}_i)$，列表如下：

x_i	1.00	1.25	1.50	1.75	2.00
$\tilde{y}_i$	1.629	1.756	1.876	2.008	2.135

直接计算，得

$$\sum_{i=1}^{5} 1 = 5, \sum_{i=1}^{5} x_i = 7.5, \sum_{i=1}^{5} x_i^2 = 11.845, \sum_{i=1}^{5} \tilde{y}_i = 9.404, \sum_{i=1}^{5} x_i\tilde{y}_i = 14.422.$$

得法方程组

$$\begin{pmatrix} 5 & 7.5 \\ 7.5 & 11.845 \end{pmatrix}\begin{pmatrix} A \\ b \end{pmatrix} = \begin{pmatrix} 9.404 \\ 14.422 \end{pmatrix},$$

解得 $A=1.1224, b=0.5056$，即 $a=e^A=3.071$，最小二乘拟合曲线为 $y=3.071e^{0.5056x}$.

24. 已知实验观测数据(x_i, y_i) $(i=1,2,\cdots,m)$. 令 $\varphi_0(x)=1, \varphi_1(x)=x-\frac{1}{m}\sum_{i=1}^{m} x_i$，取拟合函数为 $\varphi(x)=a_0\varphi_0(x)+a_1\varphi_1(x)$，试利用曲线拟合的最小二乘法确定组合系数 a_0, a_1.(推导出计算公式)

解　直接计算，得

$$\begin{aligned}(\varphi_0,\varphi_0) &= \sum_{i=1}^{m} 1 = m, (\varphi_0,\varphi_1) = (\varphi_1,\varphi_0) \\ &= \sum_{i=1}^{m}\left(x_i - \frac{1}{m}\sum_{i=1}^{m} x_i\right) = \sum_{i=1}^{m} x_i - m\cdot\frac{1}{m}\sum_{i=1}^{m} x_i = 0,\end{aligned}$$

$$\begin{aligned}(\varphi_1,\varphi_1) &= \sum_{i=1}^{m}\left(x_i - \frac{1}{m}\sum_{i=1}^{m} x_i\right)^2 = \sum_{i=1}^{m} x_i^2 - \frac{2}{m}\left(\sum_{i=1}^{m} x_i\right)^2 + m\cdot\frac{1}{m^2}\left(\sum_{i=1}^{m} x_i\right)^2 \\ &= \sum_{i=1}^{m} x_i^2 - \frac{1}{m}\left(\sum_{i=1}^{m} x_i\right)^2,\end{aligned}$$

$$(\varphi_0,y) = \sum_{i=1}^{m} y_i, (\varphi_1,y) = \sum_{i=1}^{m}\left(x_i - \frac{1}{m}\sum_{i=1}^{m} x_i\right)y_i = \sum_{i=1}^{m} x_iy_i - \frac{1}{m}\sum_{i=1}^{m} x_i\sum_{i=1}^{m} y_i,$$

得法方程组

$$\begin{pmatrix} m & 0 \\ 0 & \sum_{i=1}^{m} x_i^2 - \frac{1}{m}\left(\sum_{i=1}^{m} x_i\right)^2 \end{pmatrix}\begin{pmatrix} a_0 \\ a_1 \end{pmatrix} = \begin{pmatrix} \sum_{i=1}^{m} y_i \\ \sum_{i=1}^{m} x_i y_i - \frac{1}{m}\sum_{i=1}^{m} x_i \sum_{i=1}^{m} y_i \end{pmatrix},$$

解得

$$a_0 = \frac{1}{m}\sum_{i=1}^{m} y_i, a_1 = \frac{\sum_{i=1}^{m} x_i y_i - \frac{1}{m}\sum_{i=1}^{m} x_i \sum_{i=1}^{m} y_i}{\sum_{i=1}^{m} x_i^2 - \frac{1}{m}\left(\sum_{i=1}^{m} x_i\right)^2}.$$

25. 用最小二乘法求解超定方程组

$$\begin{cases} 2x + 4y = 11, \\ 3x - 5y = 3, \\ x + 2y = 6, \\ 4x + 2y = 14. \end{cases}$$

解 将方程组写成矩阵形式 $\boldsymbol{Ax} = \boldsymbol{b}$, 即

$$\begin{pmatrix} 2 & 4 \\ 3 & -5 \\ 1 & 2 \\ 4 & 2 \end{pmatrix}\begin{pmatrix} x_1 \\ x_2 \end{pmatrix} = \begin{pmatrix} 11 \\ 3 \\ 6 \\ 14 \end{pmatrix},$$

则法方程组为

$$\boldsymbol{A}^{\mathrm{T}}\boldsymbol{Ax} = \boldsymbol{A}^{\mathrm{T}}\boldsymbol{b},$$

$$\begin{pmatrix} 2 & 3 & 1 & 4 \\ 4 & -5 & 2 & 2 \end{pmatrix}\begin{pmatrix} 2 & 4 \\ 3 & -5 \\ 1 & 2 \\ 4 & 2 \end{pmatrix}\begin{pmatrix} x_1 \\ x_2 \end{pmatrix} = \begin{pmatrix} 2 & 3 & 1 & 4 \\ 4 & -5 & 2 & 2 \end{pmatrix}\begin{pmatrix} 11 \\ 3 \\ 6 \\ 14 \end{pmatrix},$$

即

$$\begin{pmatrix} 30 & 3 \\ 3 & 49 \end{pmatrix}\begin{pmatrix} x_1 \\ x_2 \end{pmatrix} = \begin{pmatrix} 93 \\ 69 \end{pmatrix},$$

得超定方程组的最小二乘解为 $x_1 = 2.9774127, x_2 = 1.225873$.

第6章　数值积分与数值微分

6.1　基本要求与知识要点

本章要求理解数值积分的基本思想,掌握判定求积公式代数精度的方法,掌握牛顿－科特斯公式及误差分析,掌握复化求积公式及其截断误差的表达式,掌握龙贝格积分和高斯型求积公式的计算方法,了解理查森外推方法,掌握数值微分的方法和主要公式.

一、数值积分基本概念

对于积分$I=\int_a^b f(x)\mathrm{d}x$,在区间$[a,b]$取$n+1$个节点$a=x_0<x_1<\cdots<x_n=b$,用$f(x)$在这$n+1$个节点上函数值的线性组合近似计算积分,即

$$I=\int_a^b f(x)\mathrm{d}x\approx\sum_{k=0}^{n}A_k f(x_k),\tag{6-1}$$

式(6－1)称为数值求积公式,其中$x_k(k=0,1,\cdots,n)$称为求积节点,A_k称为求积系数,又称$R(f)=\int_a^b f(x)\mathrm{d}x-\sum_{k=0}^{n}A_k f(x_k)$为该求积公式的截断误差(或余项).

定义6.1　如果某个求积公式对于次数不超过m的多项式均能精确成立,但对于$m+1$次多项式就不精确成立,则称该求积公式具有m次代数精度.

定理6.1　对区间$[a,b]$上给定的$n+1$个互异节点$x_0,x_1,\cdots,x_n$,总存在求积系数$A_k(k=0,1,\cdots,n)$,使得求积公式(6－1)至少具有n次代数精度.

定义6.2　在数值求积公式(6－1)中,若用拉格朗日插值多项式$L_n(x)=\sum_{k=0}^{n}l_k(x)f(x_k)$近似代替$f(x)$,得

$$\int_a^b f(x)\mathrm{d}x\approx\int_a^b L_n(x)\mathrm{d}x=\sum_{k=0}^{n}A_k f(x_k)\tag{6-2}$$

其中

$$A_k=\int_a^b l_k(x)\mathrm{d}x=\int_a^b\prod_{\substack{i=0\\i\neq k}}^{n}\frac{x-x_i}{x_k-x_i}\mathrm{d}x,k=0,1,\cdots,n.$$

称式(6－2)为插值型求积公式. 其余项为

$$R(f)=\int_a^b f(x)\mathrm{d}x-\int_a^b L_n(x)\mathrm{d}x=\int_a^b\frac{f^{(n+1)}(\xi)}{(n+1)!}\omega_{n+1}(x)\mathrm{d}x,$$

其中$\xi\in(a,b)$依赖于x.

定理6.2　形如式(6－1)的求积公式至少具有n次代数精度的充要条件是:它是插

值型的求积公式.

定理 6.3 若求积公式(6-1)的系数 $A_i>0(i=0,1,\cdots,n)$,则求积公式是稳定的.

二、牛顿-柯特斯公式

在插值型求积公式(6-2)中若取等距节点 $x_k=a+kh\ (k=0,1,\cdots,n)$,其中 $h=\dfrac{b-a}{n}$,令 $x=a+th$,得

$$\int_a^b f(x)\,\mathrm{d}x\approx(b-a)\sum_{k=0}^{n}C_k^{(n)}f(x_k),\tag{6-3}$$

其中

$$C_k^{(n)}=\frac{1}{n}\int_0^n\prod_{\substack{j=0\\j\neq k}}^{n}\frac{t-j}{k-j}\mathrm{d}t,k=0,1,\cdots,n.$$

称式(6-3)为牛顿-柯特斯公式, 式中 $C_k^{(n)}$ 称为柯特斯系数.

当 $n=1$ 时, 得梯形公式

$$\int_a^b f(x)\,\mathrm{d}x\approx T=\frac{b-a}{2}[f(a)+f(b)],$$

梯形公式具有一次代数精度,其余项为

$$R_T=-\frac{(b-a)^3}{12}f''(\eta),\eta\in[a,b].$$

当 $n=2$ 时, 得辛普森公式

$$\int_a^b f(x)\,\mathrm{d}x\approx S=\frac{b-a}{6}\left[f(a)+4f\left(\frac{a+b}{2}\right)+f(b)\right],$$

辛普森公式具有三次代数精度, 其余项为

$$R_S=-\frac{b-a}{180}\left(\frac{b-a}{2}\right)^4f^{(4)}(\eta),\quad\eta\in[a,b].$$

当 $n=4$ 时,得柯特斯公式

$$C=\frac{b-a}{90}[7f(x_0)+32f(x_1)+12f(x_2)+32f(x_3)+7f(x_4)],$$

柯特斯系数具有以下性质:

$$\sum_{k=0}^{n}C_k^{(n)}=1,C_{n-k}^{(n)}=C_k^{(n)}.$$

柯特斯公式具有五次代数精度,其余项为

$$R_C=-\frac{2(b-a)}{945}\left(\frac{b-a}{4}\right)^6f^{(6)}(\eta),\quad\eta\in[a,b].$$

实际上,对于任意 n 阶牛顿-柯特斯公式(6-3),关于其余项有以下结论. 设 n 为偶数时, $f(x)\in C^{n+2}[a,b]$;n 为奇数时,$f(x)\in C^{n+1}[a,b]$. 则

$$R(f)=\begin{cases}\dfrac{h^{n+3}f^{(n+2)}(\eta)}{(n+2)!}\displaystyle\int_0^n t^2(t-1)\cdots(t-n)\mathrm{d}t, n \text{ 为偶数},\\ \dfrac{h^{n+2}f^{(n+1)}(\eta)}{(n+1)!}\displaystyle\int_0^n t(t-1)\cdots(t-n)\mathrm{d}t, n \text{ 为奇数},\end{cases}$$

其中 $h=\dfrac{b-a}{n}$，$\eta\in[a,b]$.

定理 6.4 当 n 为偶数(即节点数 $n+1$ 为奇数)时，牛顿－柯特斯公式(6－3)至少有 $n+1$ 次代数精度.

三、复化求积公式

1. 复化梯形公式

将积分区间 $[a,b]$ 划分成 n 等份，分点为 $x_k=a+kh(k=0,1,\cdots,n)$，步长为 $h=\dfrac{b-a}{n}$，在每个小区间 $[x_k,x_{k+1}](k=0,1,\cdots,n-1)$ 上应用梯形公式，则得复化梯形公式

$$T_n=\frac{h}{2}\left[f(a)+2\sum_{k=1}^{n-1}f(x_k)+f(b)\right], \tag{6-4}$$

其余项为

$$R_T=I-T_n=-\frac{b-a}{12}h^2f''(\eta),\quad \eta\in[a,b].$$

2. 复化辛普森公式

将积分区间 $[a,b]$ 分为 n 等份，在每个小区间 $[x_k,x_{k+1}](k=0,1,\cdots,n-1)$ 上应用辛普森公式，小区间的中点记为 $x_{k+1/2}=x_k+\dfrac{h}{2}$，其中 $h=\dfrac{b-a}{n}$，则得复化辛普森公式

$$S_n=\frac{h}{6}\left[f(a)+4\sum_{k=0}^{n-1}f(x_{k+1/2})+2\sum_{k=1}^{n-1}f(x_k)+f(b)\right], \tag{6-5}$$

其余项为

$$R_S=I-S_n=-\frac{b-a}{180}\left(\frac{h}{2}\right)^4f^{(4)}(\eta),\quad \eta\in[a,b].$$

3. 复化柯特斯公式

将区间 $[a,b]$ 分为 n 等份，再把子区间 $[x_k,x_{k+1}]$ 分为四等份，小区间内分点记为 $x_{k+1/4}=x_k+\dfrac{1}{4}h$，$x_{k+1/2}=x_k+\dfrac{1}{2}h$，$x_{k+3/4}=x_k+\dfrac{3}{4}h$，$h=\dfrac{b-a}{n}$，则得复化柯特斯公式

$$C_n=\frac{h}{90}\left[7f(a)+32\sum_{k=0}^{n-1}f(x_{k+1/4})+12\sum_{k=0}^{n-1}f(x_{k+1/2})+\right.$$
$$\left.32\sum_{k=0}^{n-1}f(x_{k+3/4})+14\sum_{k=1}^{n-1}f(x_k)+7f(b)\right], \tag{6-6}$$

其余项为

$$R_C = I - C_n = -\frac{2(b-a)}{945}\left(\frac{h}{4}\right)^6 f^{(6)}(\eta), \eta \in [a,b].$$

四、龙贝格求积公式

1. 变步长求积公式

在复化梯形公式中,对每个小区间$[x_k, x_{k+1}]$再二等分,并应用梯形公式求和,得递推化的复化梯形公式(变步长梯形公式).

$$T_{2n} = \frac{1}{2}T_n + \frac{h}{2}\sum_{k=0}^{n-1} f(x_{k+1/2}), \tag{6-7}$$

其中 $h = \frac{b-a}{n}, x_{k+1/2} = a + \left(k + \frac{1}{2}\right)h (k = 0, 1, \cdots, n-1)$.

2. 龙贝格算法

数值积分的快速收敛方法

(1) 梯形法的加速:

$$S_n = \frac{4}{3}T_{2n} - \frac{1}{3}T_n = \frac{4T_{2n} - T_n}{4-1}. \tag{6-8}$$

(2) 辛普森法的加速:

$$C_n = \frac{16}{15}S_{2n} - \frac{1}{15}S_n = \frac{4^2 S_{2n} - S_n}{4^2 - 1}. \tag{6-9}$$

(3) 柯特斯法的加速:

$$R_n = \frac{64}{63}C_{2n} - \frac{1}{63}C_n = \frac{4^3 C_{2n} - C_n}{4^3 - 1}. \tag{6-10}$$

综合运用式(6-7)~式(6-10),可以得到收敛速度越来越快的新序列$\{T_n\}$,$\{S_n\}$,$\{C_n\}$,$\{R_n\}$,这种加速方法称为龙贝格求积算法. 一般按顺序计算,即 $T_1 \to T_2 \to S_1 \to T_4 \to S_2 \to C_1 \to T_8 \to \cdots$.

为了便于程序设计,记 $T_{2^k} = T_0^{(k)}, S_{2^k} = T_1^{(k)}, C_{2^k} = T_2^{(k)}, R_{2^k} = T_3^{(k)}$,上述公式可统一记为

$$\begin{cases} T_0^{(0)} = \frac{b-a}{2}[f(a) + f(b)], \\ T_0^{(k)} = \frac{1}{2}T_0^{(k-1)} + \frac{b-a}{2^k}\sum_{i=1}^{2^{k-1}} f\left(a + (2i-1)\frac{b-a}{2^k}\right), k = 1, 2, \cdots, \\ T_i^{(k)} = \frac{4^i T_{i-1}^{(k+1)} - T_{i-1}^{(k)}}{4^i - 1}, i = 1, 2, 3; k = 0, 1, \cdots. \end{cases} \tag{6-11}$$

如式(6-11)这种处理数值积分的方法通常称为理查森外推算法, 其实质上是通过原序列不断构造新序列,使其更快地收敛于准确值I的过程. 计算过程如表 6-1 所列.

表 6-1　T 表

k	h	$T_0^{(k)}$	$T_1^{(k)}$	$T_2^{(k)}$	$T_3^{(k)}$	$T_4^{(k)}$	$\cdots$
0	$b-a$	$T_0^{(0)}$					
1	$(b-a)/2$	$T_0^{(1)}$	$T_1^{(0)}$				
2	$(b-a)/4$	$T_0^{(2)}$	$T_1^{(1)}$	$T_2^{(0)}$			
3	$(b-a)/8$	$T_0^{(3)}$	$T_1^{(2)}$	$T_2^{(1)}$	$T_3^{(0)}$		
4	$(b-a)/16$	$T_0^{(4)}$	$T_1^{(3)}$	$T_2^{(2)}$	$T_3^{(1)}$	$T_4^{(0)}$	
$\vdots$	$\vdots$	$\vdots$	$\vdots$	$\vdots$	$\vdots$	$\vdots$	$\ddots$

五、高斯求积公式

1. 基本概念与性质

定义 6.3　如果 $n+1$ 个节点的求积公式

$$\int_a^b f(x)\rho(x)\,\mathrm{d}x \approx \sum_{k=0}^{n} A_k f(x_k), \tag{6-12}$$

具有 $2n+1$ 次代数精度,则称式(6-12)为高斯型求积公式,其中 $\rho(x)\geqslant 0$ 为权函数($\rho(x)=1$时,即为普通积分). 此时称 x_k 为高斯点,系数 A_k 为高斯系数. 高斯型求积公式也是插值型求积公式.

定理 6.5　插值型求积公式(6-12)的节点 $x_k(k=0,1,2,\cdots,n)$ 是高斯点的充要条件是在$[a,b]$上以这些节点为零点的 $n+1$ 次多项式

$$\omega_{n+1}(x) = (x-x_0)(x-x_1)\cdots(x-x_n)$$

与任何次数不超过 n 的多项式 $p(x)$ 带权 $\rho(x)$ 正交,即

$$\int_a^b p(x)\omega_{n+1}(x)\rho(x)\,\mathrm{d}x = 0.$$

定理 6.6　高斯型求积公式(6-12)的求积系数 $A_k(k=0,1,\cdots,n)$ 全是正的,从而求积公式是稳定的.

定理 6.7　设 $f(x)\in C[a,b]$,则高斯型求积公式(6-12)是收敛的,即

$$\lim_{n\to\infty}\sum_{k=0}^{n} A_k f(x_k) = \int_a^b f(x)\rho(x)\,\mathrm{d}x.$$

定理 6.8　若 $f(x)$ 在$[a,b]$上具有连续的 $2n+2$ 阶导数,则高斯型求积公式(6-12)的截断误差为

$$R[f] = \frac{f^{(2n+2)}(\eta)}{(2n+2)!}\int_a^b \omega_{n+1}^2(x)\rho(x)\,\mathrm{d}x.\quad \eta\in[a,b].$$

2. 几类高斯型求积公式

1) 高斯-勒让德求积公式

在高斯求积公式(6-12)中,区间为$[-1,1]$, 取 $\rho(x)=1$,以 $n+1$ 次勒让德多项式 $p_{n+1}(x)$ 的零点 $x_k(k=0,1,2,\cdots,n)$ 为节点,则得公式

$$\int_{-1}^{1} f(x)\,\mathrm{d}x \approx \sum_{k=0}^{n} A_k f(x_k), \tag{6-13}$$

称为高斯-勒让德求积公式.

一般地,以 $p_{n+1}(x)$ 的零点 $x_k(k=0,1,2,\cdots,n)$ 作为插值多项式的节点,可得高斯-勒让德求积公式的系数

$$A_k = \int_{-1}^{1} \prod_{\substack{i=0 \\ i\neq k}}^{n} \frac{x - x_i}{x_k - x_i}\mathrm{d}x, k = 0,1,2,\cdots,n.$$

高斯-勒让德求积公式的余项

$$R[f] = \frac{2^{2n+3}[(n+1)!]^4}{(2n+3)[(2n+2)!]^3}f^{(2n+2)}(\eta),\ \eta \in (-1,1).$$

对于一般区间 $[a,b]$ 的积分 $\int_a^b f(x)\mathrm{d}x$,可通过变量代换 $x = \frac{b-a}{2}t + \frac{b+a}{2}$,化为 $[-1,1]$ 上的积分,这时

$$\int_a^b f(x)\mathrm{d}x = \frac{b-a}{2}\int_{-1}^{1} f\left(\frac{b-a}{2}t + \frac{b+a}{2}\right)\mathrm{d}t,$$

从而可使用高斯-勒让德公式计算.

2) 高斯-切比雪夫求积公式

在区间 $[-1,1]$ 上,取 $\rho(x) = \frac{1}{\sqrt{1-x^2}}$,以 $n+1$ 次切比雪夫多项式 $T_{n+1}(x)$ 的零点 x_k $(k=0,1,2,\cdots,n)$ 为节点建立的高斯型求积公式

$$\int_{-1}^{1} \frac{f(x)}{\sqrt{1-x^2}}\mathrm{d}x \approx \sum_{k=0}^{n} A_k f(x_k),$$

称为高斯-切比雪夫求积公式. 其中 $A_k = \frac{\pi}{n+1}$,而截断误差为

$$R[f] = \frac{\pi}{2^{2n+1}(2n+2)!}f^{(2n+2)}(\eta),\ \eta \in (-1,1).$$

六、数值微分

1. 机械求导法

向前差商求导公式:$f'(x) \approx \frac{f(x+h)-f(x)}{h}$.

向后差商求导公式:$f'(x) \approx \frac{f(x)-f(x-h)}{h}$.

中点差商求导公式:$f'(x) \approx \frac{f(x+h)-f(x-h)}{2h} \triangleq G(h)$.

对于中点法求导公式,可推导出其加速形式

$$G_m(h) = \frac{4^m}{4^m-1}G_{m-1}\left(\frac{h}{2}\right) - \frac{1}{4^m-1}G_{m-1}(h),\ m = 1,2,\cdots.$$

上式称为数值微分的理查森外推加速公式,其中 $G_0(h) = G(h)$.

2. 插值型求导法.

(1) 一阶两点公式：

$$\begin{cases} f'(x_0) \approx p'_1(x_0) = \dfrac{1}{h}[f(x_1) - f(x_0)], \\ f'(x_1) \approx p'_1(x_1) = \dfrac{1}{h}[f(x_1) - f(x_0)]. \end{cases}$$

余项分别为

$$R'_1(x_0) = -\frac{h}{2!}f(\xi_1), R'_1(x_1) = \frac{h}{2!}f(\xi_2), \xi_i \in (x_0, x_1), i = 1,2.$$

(2) 一阶三点公式：

$$\begin{cases} f'(x_0) \approx p'_2(x_0) = \dfrac{1}{2h}[-3f(x_0) + 4f(x_1) - f(x_2)], \\ f'(x_1) \approx p'_2(x_1) = \dfrac{1}{2h}[-f(x_0) + f(x_2)], \\ f'(x_2) \approx p'_2(x_2) = \dfrac{1}{2h}[f(x_0) - 4f(x_1) + 3f(x_2)], \end{cases}$$

余项分别为

$$R'_2(x_0) = \frac{h^2}{3}f'''(\xi_0), R'_2(x_1) = -\frac{h^2}{6}f'''(\xi_1), R'_2(x_2)$$
$$= \frac{h^2}{3}f'''(\xi_2), \xi_i \in (x_0, x_2), i = 0,1,2.$$

(3) 二阶三点公式：

$$f''(x_i) \approx p''_2(x_i) = \frac{1}{h^2}[f(x_0) - 2f(x_1) + f(x_2)], i = 0,1,2.$$

其余项分别为

$$R''_2(x_0) = -hf'''(\xi_0) + \frac{h^2}{6}f^{(4)}(\xi_1),$$
$$R''_2(x_1) = -\frac{h^2}{12}f^{(4)}(\xi_2), R''_2(x_2) = hf'''(\xi_3) - \frac{h^2}{6}f^{(4)}(\xi_4),$$
$$\xi_i \in (x_0, x_2), i = 0,1,2,3,4.$$

6.2 典型例题选讲

例 6.1 求积公式 $\int_0^1 f(x)\mathrm{d}x \approx A[f(x_0) + f(x_1)]$ 能否对一切二次多项式都准确成立?

解 本题实际上是确定 A, x_0, x_1 使公式有二次代数精度. 分别令 $f(x) = 1, x, x^2$，使公

式准确成立，得

$$\begin{cases}2A=1,\\ A(x_0+x_1)=\dfrac{1}{2},\\ A(x_0^2+x_1^2)=\dfrac{1}{3},\end{cases}$$

解得 $A=\frac{1}{2}, x_0=\frac{1}{2}-\frac{1}{2\sqrt{3}}, x_1=\frac{1}{2}+\frac{1}{2\sqrt{3}}$；或者 $A=\frac{1}{2}, x_0=\frac{1}{2}+\frac{1}{2\sqrt{3}}, x_1=\frac{1}{2}-\frac{1}{2\sqrt{3}}$. 可见只要取 $A=\frac{1}{2}$，x_0 和 x_1 分别取 $\frac{1}{2}\pm\frac{1}{2\sqrt{3}}$，求积公式即能对一切二次多项式都准确成立.

例 6.2　已知 $x_0=\frac{1}{4}, x_1=\frac{1}{2}, x_2=\frac{3}{4}$.

(1) 推导以这 3 个点作为求积节点在[0,1]上的插值型求积公式；

(2) 指明求积公式所具有的代数精度；

(3) 用求积公式计算 $\int_0^1 x^2\mathrm{d}x$.

解　(1) 过这 3 个点的插值多项式为

$$L_2(x)=l_0(x)f(x_0)+l_1(x)f(x_1)+l_2(x)f(x_2),$$

其中 $l_i(x)\ (i=0,1,2)$ 为关于这 3 个点的插值基函数. 于是

$$\int_0^1 f(x)\mathrm{d}x\approx\int_0^1 L_2(x)\mathrm{d}x=\int_0^1\sum_{i=0}^{2}l_i(x)f(x_i)\mathrm{d}x=\sum_{i=0}^{2}\int_0^1 l_i(x)\mathrm{d}xf(x_i)=\sum_{i=0}^{2}A_if(x_i).$$

其中

$$A_0=\int_0^1 l_i(x)\mathrm{d}x=\int_0^1\frac{\left(x-\frac{1}{2}\right)\left(x-\frac{3}{4}\right)}{\left(\frac{1}{4}-\frac{1}{2}\right)\left(\frac{1}{4}-\frac{3}{4}\right)}\mathrm{d}x=\frac{2}{3},$$

$$A_0=\int_0^1 l_1(x)\mathrm{d}x=\int_0^1\frac{\left(x-\frac{1}{4}\right)\left(x-\frac{3}{4}\right)}{\left(\frac{1}{2}-\frac{1}{4}\right)\left(\frac{1}{2}-\frac{3}{4}\right)}\mathrm{d}x=-\frac{1}{3},$$

$$A_0=\int_0^1 l_2(x)\mathrm{d}x=\int_0^1\frac{\left(x-\frac{1}{4}\right)\left(x-\frac{1}{2}\right)}{\left(\frac{3}{4}-\frac{1}{4}\right)\left(\frac{3}{4}-\frac{1}{2}\right)}\mathrm{d}x=\frac{2}{3}.$$

故所求插值型求积公式为

$$\int_0^1 f(x)\mathrm{d}x\approx\frac{2}{3}f\left(\frac{1}{4}\right)-\frac{1}{3}f\left(\frac{1}{2}\right)+\frac{2}{3}f\left(\frac{3}{4}\right).$$

(2) 上述求积公式是由二次插值函数积分而来，故至少具有二次代数精度，再将 $f(x)=x^3, x^4$ 代入上式两端，有

$$\frac{1}{4}=\int_0^1 f(x)\mathrm{d}x=\frac{2}{3}\left(\frac{1}{4}\right)^3-\frac{1}{3}\left(\frac{1}{2}\right)^3+\frac{2}{3}\left(\frac{3}{4}\right)^3,$$

$$\frac{1}{5}=\int_0^1 f(x)\,\mathrm{d}x \neq \frac{2}{3}\left(\frac{1}{4}\right)^4-\frac{1}{3}\left(\frac{1}{2}\right)^4+\frac{2}{3}\left(\frac{3}{4}\right)^4,$$

故上述求积公式具有三次代数精度.

(3) $\int_0^1 x^2\mathrm{d}x=\frac{2}{3}\left(\frac{1}{4}\right)^2-\frac{1}{3}\left(\frac{1}{2}\right)^2+\frac{2}{3}\left(\frac{3}{4}\right)^2=\frac{1}{3}.$

例 6.3 证明左矩形公式 $\int_a^b f(x)\,\mathrm{d}x=(b-a)f(a)+\frac{f'(\eta)}{2}(b-a)^2,\eta\in[a,b]$.

证明 将 $f(x)$ 在 $x=a$ 处按泰勒公式展开,有

$$f(x)=f(a)+f'(\xi)(x-a),\xi\in(a,x),$$

两边积分,得

$$\begin{aligned}\int_a^b f(x)\,\mathrm{d}x&=\int_a^b f(a)\,\mathrm{d}x+\int_a^b f'(\xi)(x-a)\,\mathrm{d}x\\&=(b-a)f(a)+\int_a^b f'(\xi)(x-a)\,\mathrm{d}x.\end{aligned}$$

由于 $x-a$ 在 $[a,b]$ 上不变号,由积分中值定理知,存在 $\eta\in[a,b]$,使得

$$\begin{aligned}\int_a^b f(x)\,\mathrm{d}x&=(b-a)f(a)+f'(\eta)\int_a^b (x-a)\,\mathrm{d}x\\&=(b-a)f(a)+\frac{f'(\eta)}{2}(b-a)^2.\end{aligned}$$

例 6.4 证明:不论求积节点 $x_0,x_1,\cdots,x_n$ 在积分区间 $[0,1]$ 上如何取值,插值型求积公式

$$\int_0^1 f(x)\,\mathrm{d}x\approx A_0f(x_0)+A_1f(x_1)+\cdots+A_nf(x_n)$$

的系数都满足 $A_0+A_1+\cdots+A_n=1$.

证明 由于具有 $n+1$ 个求积节点的插值型求积公式的代数精度至少为 n,所以求积公式对 $f(x)=1$ 总是精确成立,故有

$$\int_0^1 1\,\mathrm{d}x=A_0\cdot 1+A_1\cdot 1+\cdots+A_n\cdot 1,$$

即 $A_0+A_1+\cdots+A_n=1$.

例 6.5 证明:不论求积节点 x_i 和求积系数 $A_i(i=0,1,\cdots,n)$ 在积分区间 $[a,b]$ 上如何选取,求积公式

$$\int_a^b f(x)\,\mathrm{d}x\approx A_0f(x_0)+A_1f(x_1)+\cdots+A_nf(x_n)$$

的代数精度都不超过 $2n+1$ 次.

证明 取 $2n+2$ 次多项式

$$f(x)=\prod_{i=0}^{n}(x-x_i)^2=(x-x_0)^2(x-x_1)^2\cdots(x-x_n)^2,$$

此时

$$A_0f(x_0)+A_1f(x_1)+\cdots+A_nf(x_n)=0,$$

而由于对任意的 x,函数 $f(x)=(x-x_0)^2(x-x_1)^2\cdots(x-x_n)^2\geqslant 0$ 且 $f(x)$ 不恒为零,故 $\int_a^b f(x)\mathrm{d}x>0$,从而求积公式对 $2n+2$ 次多项式 $f(x)=\prod_{i=0}^{n}(x-x_i)^2$ 不成立,因此其代数精度都不超过 $2n+1$ 次.

例 6.6 若用复化梯形公式和复化辛普森公式计算积分 $\int_1^3 \mathrm{e}^x\sin x\mathrm{d}x$,要求截断误差不超过$10^{-4}$,问各需计算多少个节点上的函数值?

解 由 $f(x)=\mathrm{e}^x\sin x$, $f''(x)=2\mathrm{e}^x\cos x$, $f^{(4)}(x)=-4\mathrm{e}^x\sin x$,将区间 $[1,3]$ 分成 n 等份,则对复化梯形公式要求

$$|R_T|=\left|-\frac{b-a}{12}h^2f''(\eta)\right|\leqslant\frac{2}{12}\left(\frac{2}{n}\right)^2 2\mathrm{e}^3\leqslant 10^{-4},\eta\in(1,3).$$

解得 $n\geqslant 517.5$,故取 $n=518$,即需要 519 个节点时,用复化梯形公式计算满足误差要求.

对复化辛普森公式要求

$$|R_S|=\left|-\frac{b-a}{180}\left(\frac{h}{2}\right)^4 f^{(4)}(\eta)\right|\leqslant\frac{2}{180\times 2^4}\left(\frac{2}{n}\right)^4 4\mathrm{e}^3\leqslant 10^{-4},\eta\in(1,3).$$

解得 $n\geqslant 9.72$,故取 $n=10$,即需要 $2n+1=21$ 个节点时,用复化辛普森公式计算满足误差要求.

例 6.7 取 7 个等距节点,分别用复化梯形公式和复化辛普森公式计算积分 $I=\int_0^{1.2}\sin x^2\mathrm{d}x$ 的近似值(取 6 位有效数字).

解 $f(x)=\sin x^2$,把区间 $[0,1.2]$ 分成 6 等份,取节点 $x_i=0+ih(i=0,1,\cdots,6)$, $h=0.2$,数据如下:

x_i	0	0.2	0.4	0.6	0.8	1.0	1.2
$f(x_i)$	0	0.0399	0.15932	0.35227	0.59720	0.84147	0.991458

由复化梯形公式,得

$$T_6=\frac{h}{2}\left[f(x_0)+2\sum_{k=1}^{5}f(x_k)+f(x_6)\right]$$

$$=\frac{0.2}{2}[0+2(0.0399+0.15932+0.35227+0.59720+0.84147)+0.991458]$$

$$\approx 0.4971778.$$

由复化辛普森公式,这里将区间 3 等份, $h=0.4$.

$$S_3=\frac{h}{6}\left[f(a)+4\sum_{k=0}^{5}f(x_{k+1/2})+2\sum_{k=1}^{5}f(x_k)+f(b)\right]$$

$$=\frac{0.4}{6}[f(0)+4(f(0.2)+f(0.6)+f(1.0))+2(f(0.4)+f(0.8))+f(1.2)]$$

$$\approx 0.495937.$$

例 6.8 设 $f(x)\in C^3[0,3]$,积分 $I(f)=\int_0^3 f(x)\mathrm{d}x$ 的求积公式为 $Q(f)=\frac{3}{4}f(0)+$

$\frac{9}{4}f(2)$.

(1) 证明:求积公式 $Q(f)$ 是以 $x_0=0, x_1=1, x_2=2$ 为求积节点的插值型求积公式;

(2) 判定求积公式 $I(f)\approx Q(f)$ 的代数精度;

(3) 求截断误差 $I(f)-Q(f)$ 的表达式.

解 (1) 以 0,1,2 为节点的插值基函数为

$$l_0(x)=\frac{1}{2}(x-1)(x-2), l_1(x)=-x(x-2), l_2(x)=\frac{1}{2}x(x-1).$$

以 0,1,2 为节点构造插值型求积公式,即

$$I(f)=\int_0^3 f(x)\mathrm{d}x\approx A_0f(0)+A_1f(1)+A_2f(2),$$

计算得

$$A_0=\int_0^3 l_0(x)\mathrm{d}x=\frac{1}{2}\int_0^3(x-1)(x-2)\mathrm{d}x=\frac{3}{4},$$

$$A_1=\int_0^3 l_1(x)\mathrm{d}x=-\int_0^3 x(x-2)\mathrm{d}x=0,$$

$$A_2=\int_0^3 l_2(x)\mathrm{d}x=\frac{1}{2}\int_0^3 x(x-1)\mathrm{d}x=\frac{9}{4},$$

所以 $Q(f)$ 是以 $x_0=0, x_1=1, x_2=2$ 为求积节点的插值型求积公式.

(2) 令 $f(x)=1, x, x^2$ 时分别有

$$\int_0^3 1\mathrm{d}x=3=Q(f), \int_0^3 x\mathrm{d}x=\frac{9}{2}=Q(f), \int_0^3 x^2\mathrm{d}x=9=Q(f),$$

而 $f(x)=x^3$ 时, $\int_0^3 x^3\mathrm{d}x=\frac{81}{4}\neq Q(f)=18$,故求积公式的代数精度为 2.

(3) 作 $f(x)$ 的一个二次插值多项式 $H(x)$ 满足

$$H(0)=f(0), H(2)=f(2), H'(2)=f'(2),$$

则 $H(x)$ 唯一存在,且有

$$f(x)-H(x)=\frac{f'''(\eta)}{6}x(x-2)^2, \eta\in(0,2).$$

于是

$$\begin{aligned}I(f)-Q(f)&=\int_0^3 f(x)\mathrm{d}x-\left[\frac{3}{4}f(0)+\frac{9}{4}f(2)\right]\\&=\int_0^3 f(x)\mathrm{d}x-\left[\frac{3}{4}H(0)+\frac{9}{4}H(2)\right]\\&=\int_0^3 f(x)\mathrm{d}x-\int_0^3 H(x)\mathrm{d}x=\int_0^3\frac{f'''(\eta)}{6}x(x-2)^2\mathrm{d}x\\&=\frac{f'''(\xi)}{6}\int_0^3 x(x-2)^2\mathrm{d}x=\frac{3}{8}f'''(\xi), \xi\in(0,3).\end{aligned}$$

例 6.9 对于积分

$$I = \int_1^{1.5} e^{-x^2} dx$$

(1) 用龙贝格方法计算;

(2) 分别用两点和三点高斯-勒让德求积公式计算.

解 (1) 先对区间逐次分半,计算出

$$T_1 = \frac{1.5-1}{2}[f(1)+f(1.5)] = 0.1183197, T_2 = \frac{T_1}{2} + \frac{1}{4}f\left(\frac{5}{4}\right) = 0.1115627,$$

$$T_4 = \frac{T_2}{2} + \frac{1}{8}\left[f\left(\frac{9}{8}\right)+f\left(\frac{11}{8}\right)\right] = 0.1099114,$$

$$T_8 = \frac{T_4}{2} + \frac{1}{16}\left[f\left(\frac{17}{16}\right)+f\left(\frac{19}{16}\right)+f\left(\frac{21}{16}\right)+f\left(\frac{23}{16}\right)\right] = 0.1095009,$$

再利用公式

$$S_n = \frac{4T_{2n}-T_n}{4-1}, C_n = \frac{4^2 S_{2n}-S_n}{4^2-1}, R_n = \frac{4^3 C_{2n}-C_n}{4^3-1},$$

计算出 R_1,结果如下:

k	h	$\{T_{2k}\}$	$\{S_{2k-1}\}$	$\{C_{2k-2}\}$	$\{R_{2k-3}\}$
0	1/2	0.1183197			
1	1/4	0.1115627	0.1093104		
2	1/8	0.1099114	0.1093610	0.1093643	
3	1/16	0.1095009	0.1093641	0.1093643	0.1093643

积分近似值为 $I \approx 0.1093643$.

(2) 作变换 $x = \frac{b+a}{2} + \frac{b-a}{2}t$,即 $x = \frac{5}{4} + \frac{1}{4}t$,把积分区间[1,1.5]变换到[-1,1],则

$$I = \int_1^{1.5} e^{-x^2} dx = \frac{1}{4}\int_{-1}^{1} e^{-\frac{1}{16}(5+t)^2} dt.$$

用两点高斯-勒让德求积公式,则 $t_0 = -\frac{1}{\sqrt{3}}, t_1 = \frac{1}{\sqrt{3}}, A_0 = A_1 = 1$,得

$$I \approx \frac{1}{4}\left[e^{-\frac{1}{16}\left(5-\frac{1}{\sqrt{3}}\right)^2} + e^{-\frac{1}{16}\left(5+\frac{1}{\sqrt{3}}\right)^2}\right] = 0.1094003.$$

用三点高斯-勒让德求积公式,则 $t_0 = -\frac{\sqrt{15}}{5}, t_1 = 0, t_1 = \frac{\sqrt{15}}{5}, A_0 = A_2 = \frac{5}{9}, A_1 = \frac{8}{9}$,得

$$I \approx \frac{1}{4}\left[\frac{5}{9}e^{-\frac{1}{16}\left(5-\frac{\sqrt{15}}{5}\right)^2} + \frac{8}{9}e^{-\frac{1}{16}\times 5^2} + \frac{5}{9}e^{-\frac{1}{16}\left(5+\frac{\sqrt{15}}{5}\right)^2}\right] = 0.1093642$$

对比准确值 $I = 0.1093643\cdots$,可见三点高斯-勒让德求积公式计算结果已比较准确,而计算量并不大.

例 6.10 构造下列带权 $\rho(x)$ 的两点高斯公式:

$$\int_0^1 \sqrt{1-x}f(x)\mathrm{d}x \approx A_0 f(x_0) + A_1 f(x_1).$$

解 方法 1:令 $f(x)=1,x,x^2,x^3$,使求积公式精确成立,解非线性方程组求得 x_0,x_1,A_0,A_1.

方法 2:首先构造区间[0,1]上首项系数为 1 的带权 $\rho(x)=\sqrt{1-x}$ 的正交多项式中的二次式.

$$\varphi_0(x)=1,\alpha_0=\frac{(x\varphi_0,\varphi_0)}{(\varphi_0,\varphi_0)}=\frac{2}{5},$$

$$\varphi_1(x)=(x-\alpha_0)\varphi_0=x-\frac{2}{5},$$

$$\alpha_1=\frac{(x\varphi_1,\varphi_1)}{(\varphi_1,\varphi_1)}=\frac{22}{45},\beta_1=\frac{(\varphi_1,\varphi_1)}{(\varphi_0,\varphi_0)}=\frac{12}{175},$$

$$\varphi_2(x)=(x-\alpha_1)\varphi_1-\beta_1\varphi_0=x^2-\frac{8}{9}x+\frac{8}{63},$$

其次求出 $\varphi_2(x)$ 的零点

$$x_0=\frac{4}{9}-\frac{2\sqrt{70}}{63}\approx 0.178838,x_1=\frac{4}{9}+\frac{2\sqrt{70}}{63}\approx 0.710051.$$

直接计算求积系数

$$A_0=\int_0^1\rho(x)l_0(x)\mathrm{d}x=\int_0^1\sqrt{1-x}\,\frac{x-x_1}{x_0-x_1}\mathrm{d}x\approx 0.389111,$$

$$A_1=\int_0^1\rho(x)l_1(x)\mathrm{d}x=\int_0^1\sqrt{1-x}\,\frac{x-x_0}{x_1-x_0}\mathrm{d}x\approx 0.277556.$$

于是 $\int_0^1\sqrt{1-x}f(x)\mathrm{d}x\approx 0.389111f(0.178838)+0.277556f(0.710051)$.

例 6.11 给定公式

$$\int_a^b f(x)\mathrm{d}x=(b-a)f\left(\frac{a+b}{2}\right)+\frac{f''(\eta)}{24}(b-a)^3.$$

(1) 问它是否为高斯型求积公式?

(2) 将区间 $[a,b]$ n 等分,写出计算积分 $\int_a^b f(x)\mathrm{d}x$ 的复化求积公式,并估计误差.

解 (1) 对于

$$\int_a^b f(x)\mathrm{d}x\approx(b-a)f\left(\frac{a+b}{2}\right),$$

可验证 $f(x)=1,x$ 时精确成立,求积公式代数精度为 1,而节点数为 1 个,故是高斯型求积公式.

(2) 将区间 $[a,b]$ n 等分,则 $a=x_0,b=x_n,h=\frac{b-a}{n},\int_a^b f(x)\mathrm{d}x=\sum_{i=1}^{n}\int_{x_{i-1}}^{x_i}f(x)\mathrm{d}x$,而

$$\int_{x_{i-1}}^{x_i} f(x)\,dx = (x_i - x_{i-1})f\left(\frac{x_i + x_{i-1}}{2}\right) + \frac{f''(\eta_i)}{24}(x_i - x_{i-1})^3$$

$$= hf\left(\frac{x_i + x_{i-1}}{2}\right) + \frac{f''(\eta_i)}{24}h^3,$$

所以

$$\int_a^b f(x)\,dx = \sum_{i=1}^{n} hf\left(\frac{x_i + x_{i-1}}{2}\right) + \sum_{i=1}^{n} \frac{f''(\eta_i)}{24}h^3 = h\sum_{i=1}^{n} f\left(a + \left(i - \frac{1}{2}\right)h\right) + \frac{f''(\eta)}{24}h^3 n$$

$$= h\sum_{i=1}^{n} f\left(a + \left(i - \frac{1}{2}\right)h\right) + \frac{b-a}{24}f''(\eta)h^2$$

从而复化求积公式为$\int_a^b f(x)\,dx \approx h\sum_{i=1}^{n} f\left(a + \left(i - \frac{1}{2}\right)h\right)$,误差为$\frac{b-a}{24}f''(\eta)h^2$,$\eta \in (a,b)$.

例 6.12　已知$f(x) = xe^x$ 的数据表如下：

x	1.8	1.9	2.0	2.1	2.2
$f(x)$	10.889365	12.703199	14.778112	17.148957	19.855030

(1) 分别用中点求导公式和一阶三点插值型求导公式计算$f'(2.0)$的近似值.

(2) 用外推加速法计算$f'(2.0)$的近似值，取 $h=0.2$.

解　(1) 由中点求导公式

$$G(h) = \frac{f(x+h) - f(x-h)}{2h},$$

得

$$f'(2.0) \approx \frac{1}{0.2}[f(2.1) - f(1.9)] = 22.228790.$$

由一阶三点插值型求导公式

$$p'_2(x_0) = \frac{1}{2h}[-3f(x_0) + 4f(x_1) - f(x_2)],$$

得

$$f'(2.0) \approx \frac{1}{0.2}[-3f(2.0) + 4f(2.1) - f(2.2)] = 22.032310.$$

(2) 数值微分的理查森外推加速公式为(其中 $G_0(h) = G(h)$)

$$G_m(h) = \frac{4^m}{4^m - 1}G_{m-1}\left(\frac{h}{2}\right) - \frac{1}{4^m - 1}G_{m-1}(h),\ m = 1,2,\cdots.$$

取 $x=2.0$, $h=0.2$,计算结果如下：

h	$G(h)$	$G_1(h)$	$G_2(h)$
0.2	22.414160	22.166995	22.167168
0.1	22.228786	22.167157	
0.05	22.182564		

准确值$f'(2.0)=22.167168$,可以看出$G(0.05)=22.182564$仅有3位有效数字,而两次外推后$G_2(0.2)=22.167168$有8位有效数字.

6.3 课后习题解答

1. 试确定下列求积公式的待定系数，使其代数精度尽可能高，并指明求积公式的代数精度：

(1) $\int_0^1 f(x)\mathrm{d}x \approx A_0 f(0) + A_1 f(1) + A_2 f'(0)$;

(2) $\int_{-2h}^{2h} f(x)\mathrm{d}x \approx A_0 f(-h) + A_1 f(0) + A_2 f(h)$;

(3) $\int_0^{3h} f(x)\mathrm{d}x \approx A_0 f(0) + A_1 f(h) + A_2 f(2h)$.

解 (1) 将$f(x)=1,x,x^2$分别代入公式两端并令其左右相等,得

$$\begin{cases} A_0 + A_1 = 1, \\ A_1 + A_2 = \dfrac{1}{2}, \\ A_1 = \dfrac{1}{3}, \end{cases}$$

解得$A_0=\dfrac{2}{3},A_1=\dfrac{1}{3},A_1=\dfrac{1}{6}$,所求公式至少具有二次代数精度. 又由于$f(x)=x^3$时,有

$$\int_0^1 f(x)\mathrm{d}x = \frac{1}{4} \neq A_0 f(0) + A_1 f(1) + A_2 f'(0) = \frac{1}{3},$$

故求积公式恰好具有二次代数精度.

(2) 将$f(x)=1,x,x^2$分别代入公式两端并令其左右相等,得

$$\begin{cases} A_0 + A_1 + A_2 = 4h, \\ -hA_0 + hA_2 = 0, \\ h^2A_0 + h^2A_2 = \dfrac{16}{3}h^3, \end{cases}$$

解得$A_0=A_2=\dfrac{8h}{3},A_1=-\dfrac{4h}{3}$,所求公式至少具有二次代数精度. 验证$f(x)=x^3$时,有

$$\int_{-2h}^{2h} f(x)\mathrm{d}x = 0, A_0 f(-h) + A_1 f(0) + A_2 f(h) = 0,$$

而$f(x)=x^4$时,有

$$\int_{-2h}^{2h} f(x)\mathrm{d}x = \frac{64}{5}h^5 \neq A_0 f(-h) + A_1 f(0) + A_2 f(h) = \frac{16}{3}h^4,$$

故求积公式具有三次代数精度.

(3) 步骤和方法同(1)、(2),得$A_0=\dfrac{3}{4}h,A_1=0,A_2=\dfrac{9}{4}h$,求积公式具有二次代数精度.

2. 运用梯形公式和辛普森公式分别计算 $\int_0^1 e^x dx$, 并估计其误差(小数点后保留 5 位).

解 由梯形公式,得

$$\int_0^1 e^x dx \approx \frac{1}{2}(e^0 + e^1) \approx 1.85914,$$

误差为

$$|R_T| = \left| -\frac{(b-a)^3}{12}f''(\eta) \right| \leqslant \frac{1}{12}e \approx 0.22652, \eta \in (0,1).$$

由辛普森公式,得

$$\int_0^1 e^x dx = \frac{b-a}{6}\left[f(a) + 4f\left(\frac{a+b}{2}\right) + f(b)\right] = \frac{1}{6}(e^0 + 4e^{\frac{1}{2}} + e) \approx 1.71886,$$

误差为

$$|R_S| = \left| -\frac{b-a}{180}\left(\frac{b-a}{2}\right)^4 f^{(4)}(\eta) \right| \leqslant \frac{1}{180}\frac{1}{2^4}e \approx 0.00094, \eta \in (0,1).$$

3. 若用复化梯形公式和复化辛普森公式分别计算 $\int_0^1 e^x dx$,问应把区间[0,1] 分多少等份才能使误差不超过 $\frac{1}{2} \times 10^{-5}$?

解 由于 $f(x) = e^x, f''(x) = f^{(4)}(x) = e^x$,对复化梯形公式要求

$$|R_T| = \left| -\frac{b-a}{12}h^2 f''(\eta) \right| \leqslant \frac{1}{12}\left(\frac{1}{n}\right)^2 e \leqslant \frac{1}{2} \times 10^{-5}, \eta \in (0,1),$$

解得 $n \geqslant 212.85$,故取 $n = 213$,即将区间[0,1]分为 213 等份时,用复化梯形公式计算满足误差要求.

对复化辛普森公式要求

$$|R_S| = \left| -\frac{b-a}{180}\left(\frac{h}{2}\right)^4 f^{(4)}(\eta) \right| \leqslant \frac{1}{180 \times 2^4}\left(\frac{1}{n}\right)^4 e \leqslant \frac{1}{2} \times 10^{-5}, \eta \in (0,1).$$

解得 $n \geqslant 3.7066$,故取 $n = 4$,即将区间[0,1]分为 8 等份时,用复化辛普森公式计算满足误差要求.

4. 给定以下数据:

x_i	1.30	1.32	1.34	1.36	1.38
$f(x_i)$	3.60210	3.90330	4.25560	4.67344	5.17744

用复化辛普森公式计算 $I = \int_{1.30}^{1.38} f(x) dx$ 的近似值.

解 这里 $a = 1.30, b = 1.38, n = 2, h = \frac{b-a}{n} = 0.04$, 由复化辛普森公式,得

$$\int_{1.30}^{1.38} f(x) dx \approx \frac{h}{6}\left[f(a) + 4\sum_{k=0}^{n-1} f(x_{k+1/2}) + 2\sum_{k=1}^{n-1} f(x_k) + f(b)\right]$$

$$= \frac{0.04}{6}[3.60210 + 4 \times (3.90330 + 4.67344) + 2 \times 4.25560 + 5.17744]$$
$$= 0.3439846.$$

5. 如果$f''(x) > 0$,证明用梯形公式计算积分$\int_0^1 f(x)\,dx$所得结果比精确值大,并说明几何意义.

解 由梯形公式得余项

$$R_T = -\frac{(b-a)^3}{12}f''(\eta), \eta \in (0,1).$$

知,若$f''(x) > 0$,则$R_T < 0$,因而

$$I = \int_0^1 f(x)\,dx = T + R_T < T,$$

即用梯形公式计算积分所得结果比精确值大.

从几何意义上看,$f''(x) > 0$, $f(x)$为下凸函数,梯形面积大于曲边梯形的面积.

6. 分别用$n=8$的复化梯形公式和$n=4$的复化辛普森公式计算下列积分:

(1) $\int_0^1 \frac{x}{4+x^2}dx$; (2) $\int_0^1 \frac{\sin x}{x}dx$.

解 (1) 设$f(x) = \frac{x}{4+x^2}$,9个等距分点上的函数值分别为

$$f(0) = 0, f\left(\frac{1}{8}\right) = \frac{8}{257}, f\left(\frac{2}{8}\right) = \frac{16}{260}, f\left(\frac{3}{8}\right) = \frac{24}{265}, f\left(\frac{4}{8}\right) = \frac{32}{272},$$
$$f\left(\frac{5}{8}\right) = \frac{40}{281}, f\left(\frac{6}{8}\right) = \frac{48}{292}, f\left(\frac{7}{8}\right) = \frac{56}{305}, f(1) = \frac{1}{5}.$$

复化梯形法,$n=8$,$h=\frac{1}{8}$.

$$T_8 = \frac{h}{2}\left[f(1) + 2\sum_{k=1}^{7} f(x_k) + f(1)\right]$$
$$= \frac{1}{2\times 8}\left\{f(0) + 2\left[f\left(\frac{1}{8}\right) + f\left(\frac{2}{8}\right) + f\left(\frac{3}{8}\right) + f\left(\frac{4}{8}\right) + f\left(\frac{5}{8}\right) + f\left(\frac{6}{8}\right) + f\left(\frac{7}{8}\right)\right] + f(1)\right\}$$
$$= 0.1114023.$$

复化辛普森法,$n=4$,$h=\frac{1}{4}$.

$$S_4 = \frac{h}{6}\left[f(0) + 4\sum_{k=0}^{3} f(x_{k+1/2}) + 2\sum_{k=1}^{3} f(x_k) + f(1)\right]$$
$$= \frac{1}{6\times 4}\left\{f(0) + 4\left[f\left(\frac{1}{8}\right) + f\left(\frac{3}{8}\right) + f\left(\frac{5}{8}\right) + f\left(\frac{7}{8}\right)\right] + 2\left[f\left(\frac{2}{8}\right) + + f\left(\frac{4}{8}\right) + f\left(\frac{6}{8}\right)\right] + f(1)\right\}$$
$$= 0.1115718.$$

(2) 设$f(x) = \frac{\sin x}{x}$,先给出9个点上的函数值:

$$f(0)=1, f\left(\frac{1}{8}\right)=0.9973978, f\left(\frac{2}{8}\right)=0.9896158,$$

$$f\left(\frac{3}{8}\right)=0.9767267, f\left(\frac{4}{8}\right)=0.9588510,$$

$$f\left(\frac{5}{8}\right)=0.9361556, f\left(\frac{6}{8}\right)=0.9088516,$$

$$f\left(\frac{7}{8}\right)=0.8771925, f(1)=0.8414709.$$

复化梯形法，$n=8, h=\frac{1}{8}$.

$$T_8=\frac{h}{2}\left[f(1)+2\sum_{k=1}^{7}f(x_k)+f(1)\right]=0.9456909.$$

复化辛普森法，$n=4, h=\frac{1}{4}$.

$$S_4=\frac{h}{6}\left[f(0)+4\sum_{k=0}^{3}f(x_{k+1/2})+2\sum_{k=1}^{3}f(x_k)+f(1)\right]=0.9460832.$$

7. 设$f(x)$在$[a,b]$上连续，证明当$n\to\infty$时，$\int_a^b f(x)\,dx$的复化梯形公式和复化辛普森公式收敛于积分值$\int_a^b f(x)\,dx$.

证明 $f(x)$在$[a,b]$上可积，故由定积分定义知，对$[a,b]$的任一分划有

$$\lim_{\max\Delta x_i\to 0}\sum_{i=1}^{n}f(\xi_i)\Delta x_i=\int_a^b f(x)\,dx,$$

该积分对于等距分划和特殊ξ_i当然成立.

复化梯形公式

$$T_n=\frac{h}{2}\sum_{i=0}^{n-1}[f(x_i)+f(x_{i+1})]=\frac{1}{2}\sum_{i=0}^{n-1}[f(x_i)h+f(x_{i+1})h], h=\frac{b-a}{n}.$$

于是

$$\lim_{x\to\infty}T_n=\frac{1}{2}\left[\lim_{x\to\infty}\sum_{i=0}^{n-1}f(a+ih)h+\lim_{x\to\infty}\sum_{i-0}^{n-1}f(a+(i+1)h)h\right]$$

$$=\frac{1}{2}\left[\int_a^b f(x)\,dx+\int_a^b f(x)\,dx\right]=\int_a^b f(x)\,dx,$$

即复化梯形公式T_n收敛于积分值$\int_a^b f(x)\,dx$.

复化辛普森公式

$$S_n=\sum_{i=0}^{n-1}\frac{h}{6}[f(x_i)+4f(x_{i+1/2})+f(x_{i+1})],$$

于是

$$\lim_{x\to\infty} S_n = \frac{1}{6}\left[\lim_{x\to\infty}\sum_{i=0}^{n-1} f(x_i)h + 4\lim_{x\to\infty}\sum_{i=0}^{n-1} f(x_{i+1/2})h + \lim_{x\to\infty}\sum_{i=0}^{n-1} f(x_{i+1})h\right]$$

$$= \frac{1}{6}\left[\int_a^b f(x)\,dx + 4\int_a^b f(x)\,dx + \int_a^b f(x)\,dx\right] = \int_a^b f(x)\,dx,$$

即复化辛普森公式收敛于积分值$\int_a^b f(x)\,dx$.

8. 设$f(x) \in C^4[a,b]$,对积分$I(f) = \int_a^b f(x)\,dx$

(1) 构造具有三次代数精度的高斯公式$G(f)$;

(2) 证明$I(f) - G(f) = \frac{1}{135}\left(\frac{b-a}{2}\right)^5 f^{(4)}(\xi),\xi\in(a,b)$;

(3) 构造2点复化高斯公式$G_n(f)$.

解 (1) 两点高斯-勒让德公式具有三次代数精度,因此作变换$x = \frac{b+a}{2} + \frac{b-a}{2}t$,则

$$I(f) = \int_a^b f(x)\,dx = \frac{b-a}{2}\int_{-1}^1 f\left(\frac{b+a}{2} + \frac{b-a}{2}t\right)dt,$$

两点高斯-勒让德公式的高斯点为$x_0 = -\frac{1}{\sqrt{3}}, x_1 = \frac{1}{\sqrt{3}}$,高斯系数为$A_0 = A_1 = 1$,于是所求公式为

$$G(f) = \frac{b-a}{2}f\left(\frac{b+a}{2} - \frac{b-a}{2\sqrt{3}}\right) + \frac{b-a}{2}f\left(\frac{b+a}{2} + \frac{b-a}{2\sqrt{3}}\right).$$

(2) 由于高斯-勒让德求积公式的余项为

$$R[f] = \frac{2^{2n+3}[(n+1)!]^4}{(2n+3)[(2n+2)!]^3}f^{(2n+2)}(\eta),\ \eta\in(-1,1).$$

则

$$I(f) - G(f) = \frac{2^{2+3}[(2)!]^4}{(2+3)[(4)!]^3}\frac{b-a}{2}f^{(4)}(\eta) = \frac{1}{135}\frac{b-a}{2}f^{(4)}(\eta),\eta\in(-1,1).$$

而$f^{(4)}(\eta) = \left(\frac{b-a}{2}\right)^4 f^{(4)}\left(\frac{b+a}{2} + \frac{b-a}{2}\eta\right)$,记$\xi = \frac{b+a}{2} + \frac{b-a}{2}\eta,\xi\in(a,b)$,于是得

$$I(f) - G(f) = \frac{1}{135}\left(\frac{b-a}{2}\right)^5 f^{(4)}(\xi),\xi\in(a,b).$$

(3) 将区间$[a,b]$分成n等份,$h = x_{i+1} - x_i, i = 1,2,\cdots,n-1$,并在每个小区间$[x_i, x_{i+1}]$上使用两点高斯-勒让德公式,得

$$\int_a^b f(x)\,dx = \sum_{i=0}^{n-1}\int_{x_i}^{x_{i+1}} f(x)\,dx \approx \sum_{i=0}^{n-1}\frac{x_{i+1}-x_i}{2}\int_{-1}^1 f\left(\frac{x_{i+1}+x_i}{2} + \frac{x_{i+1}-x_i}{2}t\right)dt$$

$$= \sum_{i=0}^{n-1}\frac{h}{2}\left[f\left(\frac{x_{i+1}+x_i}{2} - \frac{h}{2\sqrt{3}}\right) + f\left(\frac{x_{i+1}+x_i}{2} + \frac{h}{2\sqrt{3}}\right)\right],$$

即2点复化高斯-勒让德公式

$$G_n(f) = \sum_{i=0}^{n-1} \frac{h}{2}\left[f\left(\frac{x_{i+1}+x_i}{2} - \frac{h}{2\sqrt{3}}\right) + f\left(\frac{x_{i+1}+x_i}{2} + \frac{h}{2\sqrt{3}}\right)\right].$$

9. 用龙贝格公式计算下列积分，要求误差不超过10^{-5}：

(1) $\int_0^3 x\sqrt{1+x^2}\,dx$;　　　　(2) $\int_0^1 e^x dx$.

解 (1) 计算结果如下：

k	h	T_0^k	T_1^k	T_2^k	T_3^k	T_4^k	T_5^k
0	3	14.2302495					
1	3/2	11.1713699	10.1517434				
2	3/4	10.4437968	10.2012725	10.2045744			
3	3/8	10.2663672	10.2072240	10.2076207	10 2076691		
4	3/16	10.2222702	10.2075712	10.2075943	10.2075939	10.2075936	
5	3/32	10.2112607	10.2075909	10.2075922	10.2075922	10.2075922	10.2075922

因此$I \approx 10.207\,592\,2$（准确值为10.207592200561）.

(2) $f(x)=e^x$，详细计算过程如下：

$$T_1 = \frac{1}{2}[f(0)+f(1)] = 1.8591409, T_2 = \frac{T_1}{2} + \frac{1}{2}f\left(\frac{1}{2}\right) = 1.7539311,$$

$$S_1 = \frac{4}{3}T_2 - \frac{1}{3}T_1 = 1.7188612,$$

$$T_4 = \frac{1}{2}T_2 + \frac{1}{4}\left[f\left(\frac{1}{4}\right)+f\left(\frac{3}{4}\right)\right] = 1.7272219, S_2 = \frac{4}{3}T_4 - \frac{1}{3}T_2 = 1.7183188,$$

$$C_1 = \frac{16}{15}S_2 - \frac{1}{15}S_1 = 1.7182827$$

$$T_8 = \frac{1}{2}T_4 + \frac{1}{8}\left[f\left(\frac{1}{8}\right)+f\left(\frac{3}{8}\right)+f\left(\frac{5}{8}\right)+f\left(\frac{7}{8}\right)\right] = 1.7205186,$$

$$S_4 = \frac{4}{3}T_8 - \frac{1}{3}T_4 = 1.7182824$$

$$C_2 = \frac{16}{15}S_4 - \frac{1}{15}S_2 = 1.7182818, R_1 = \frac{64}{63}C_2 - \frac{1}{63}C_1 = 1.7182818.$$

因此$I \approx 1.718282$（准确值为1.718281828）.

10. 证明等式

$$n\sin\frac{\pi}{n} = \pi - \frac{\pi^3}{3!n^2} + \frac{\pi^5}{5!n^4} - \cdots.$$

试依据$n\sin(\pi/n)$ $(n=3,6,12)$的值，用外推法求π的值.

证明 令$f(n)=n\sin(\pi/n)$，由$\sin x$在$x=0$处的泰勒展开式，得

$$n\sin\frac{\pi}{n} = n\left[\frac{\pi}{n} - \frac{1}{3!}\left(\frac{\pi}{n}\right)^3 + \frac{1}{5!}\left(\frac{\pi}{n}\right)^5 - \frac{1}{7!}\left(\frac{\pi}{n}\right)^7 + \cdots\right]$$

$$= \pi - \frac{1}{3!}\frac{\pi^3}{n^2} + \frac{1}{5!}\frac{\pi^5}{n^4} - \frac{1}{7!}\frac{\pi^7}{n^6} + \cdots$$

$$= \pi\left[1 - \frac{1}{3!}\left(\frac{\pi}{n}\right)^2 + \frac{1}{5!}\left(\frac{\pi}{n}\right)^4 - \frac{1}{7!}\left(\frac{\pi}{n}\right)^6 + \cdots\right].$$

若记 $T_n^{(0)} = n\sin\frac{\pi}{n} \approx \pi$，其误差为 $O\left(\left(\frac{\pi}{n}\right)^2\right)$.

由外推法，$T_n^{(1)} = \frac{1}{3}(4T_{2n}^{(0)} - T_n^{(0)}) \approx \pi$，其误差为 $O\left(\left(\frac{\pi}{n}\right)^4\right)$；$T_n^{(2)} = \frac{1}{15}(16T_{2n}^{(1)} - T_n^{(1)}) \approx \pi$，其误差为 $O\left(\left(\frac{\pi}{n}\right)^6\right)$. 将计算结果列表如下：

n	$T_n^{(0)} = n\sin\frac{\pi}{n}$	$T_n^{(1)}$	$T_n^{(2)}$
3	2. 5980762		
6	3. 0000000	3. 1339746	
12	3. 1058286	3. 1417048	3. 1415801

$\pi \approx 3.1415801$ 即为所求.

11. 试确定节点 x_0, x_1 和系数 A_0, A_1，使求积公式

$$\int_0^1 \sqrt{x} f(x)\,\mathrm{d}x \approx A_0 f(x_0) + A_1 f(x_1)$$

具有最高代数精度.

解 具有最高代数精度的求积公式是高斯型求积公式，其节点为关于权函数 $\rho(x) = \sqrt{x}$ 的正交多项式零点 x_0, x_1，设 $\omega(x) = (x - x_0)(x - x_1) = x^2 + bx + c$，由正交性，得

$$\int_0^1 \sqrt{x}\,\omega(x)\,\mathrm{d}x = 0, \int_0^1 \sqrt{x}\,x\omega(x)\,\mathrm{d}x = 0,$$

于是得

$$\frac{2}{7} + \frac{2}{5}b + \frac{2}{3}c = 0, \frac{2}{9} + \frac{2}{7}b + \frac{2}{5}c = 0,$$

解得 $b = -\frac{10}{9}, c = \frac{5}{21}$，即 $\omega(x) = x^2 - \frac{10}{9}x + \frac{5}{21}$. 令 $\omega(x) = 0$，则得

$$x_0 = 0.289949, x_1 = 0.821162.$$

由于两个节点的高斯型求积公式具有三次代数精度，故公式对 $f(x) = 1, x$ 精确成立，即

$$\begin{cases} A_0 + A_1 = \int_0^1 \sqrt{x}\,\mathrm{d}x = \frac{2}{3}, \\ A_0 x_0 + A_1 x_1 = \int_0^1 \sqrt{x} \cdot x\,\mathrm{d}x = \frac{2}{5}. \end{cases}$$

解得 $A_0 = 0.277556, A_1 = 0.389111$.

12. 使用三个求积节点，分别用牛顿－柯特斯求积公式和高斯－勒让德求积公式计

算积分 $\int_{-1}^{1}\sqrt{x+1.5}\,dx$.

解 三点牛顿–柯特斯求积公式即辛普森公式，即

$$\int_{-1}^{1}\sqrt{x+1.5}\,dx \approx \frac{2}{6}\left[\sqrt{1.5-1}+4\sqrt{1.5+0}+\sqrt{1.5+1}\right]=2.395742.$$

高斯–勒让德求积公式，即

$$\int_{-1}^{1}\sqrt{x+1.5}\,dx \approx 0.555556\left(\sqrt{1.5-0.774596}+\sqrt{1.5+0.774596}\right)$$

$$+0.888889\sqrt{1.5+0}\,)=2.399709.$$

积分 $\int_{-1}^{1}\sqrt{x+1.5}\,dx$ 的准确值为2.399529，说明在求积节点相同时，高斯–勒让德求积公式精确度高.

13. 证明求积公式

$$\int_{-1}^{1}f(x)\,dx \approx \frac{1}{9}\left[5f(\sqrt{0.6})+8f(0)+5f(-\sqrt{0.6})\right]$$

对于次数不超过5的多项式精确成立，并计算积分 $\int_{0}^{1}\frac{\sin x}{1+x}dx$.

证明 方法1：代入 $f(x)=x^i,i=0,1,\cdots,5$，直接验证可知求积公式有五次代数精度.

方法2：验证所给的公式是高斯–勒让德求积公式.

三次勒让德多项式为

$$L_3(x)=\frac{1}{2}(5x^3-3x),$$

它的3个零点分别为 $x_0=-\sqrt{0.6},x_1=0,x_2=\sqrt{0.6}$，于是有

$$\int_{-1}^{1}f(x)\,dx \approx A_0f(-\sqrt{0.6})+A_1f(0)+A_2f(\sqrt{0.6}),$$

令公式对 $f(x)=1,x,x^2$ 准确成立，得

$$\begin{cases}A_0+A_1+A_2=2,\\ -\sqrt{0.6}A_0+\sqrt{0.6}A_2=0,\\ 0.6A_0+0.6A_2=\dfrac{2}{3}.\end{cases}$$

解得 $A_0=\frac{5}{9},A_1=\frac{8}{9},A_2=\frac{5}{9}$，故公式

$$\int_{-1}^{1}f(x)\,dx \approx \frac{1}{9}\left[5f(\sqrt{0.6})+8f(0)+5f(-\sqrt{0.6})\right]$$

是高斯型的，且恰为三点高斯–勒让德求积公式，其代数精度为5.

令 $x=\frac{1}{2}(1+t)$，则

$$\int_0^1 \frac{\sin x}{1+x}dx = \frac{1}{2}\int_{-1}^1 \frac{\sin\frac{1}{2}(1+t)}{\frac{3}{2}+\frac{1}{2}t}dt = \int_{-1}^1 \frac{\sin\left(\frac{1}{2}+\frac{t}{2}\right)}{3+t}dt$$

$$\approx \frac{1}{9}\left[5\times\frac{\sin\left(\frac{1}{2}-\frac{\sqrt{0.6}}{2}\right)}{3-\sqrt{0.6}} + 8\times\frac{1}{3}\sin\frac{1}{2} + 5\times\frac{\sin\left(\frac{1}{2}+\frac{\sqrt{0.6}}{2}\right)}{3+\sqrt{0.6}}\right] = 0.2842485.$$

14. 按下列要求分别计算积分 $\int_1^2 \frac{1}{x}dx$(小数点后保留 8 位),并与精确值 $\ln 2 = 0.6931471805\cdots$ 比较.

(1) 用龙贝格算法,迭代误差不超过10^{-5};

(2) 用三点和五点高斯-勒让德求积公式;

(3) 将积分区间分成四等份,用复化两点高斯-勒让德求积公式.

解 (1) 计算结果列表如下:

k	h	T_0^k	T_1^k	T_2^k	T_3^k	T_4^k
0	1	0.7500000000				
1	1/2	0.7083333333	0.6944444444			
2	1/4	0.6970238095	0.6932539683	0.6931746032		
3	1/8	0.6941218504	0.6931545307	0.6931479015	0.6931474776	
4	1/16	0.6933912022	0.6931476528	0.6931479430	0.6931471831	0.6931471819

因此积分值 $I\approx 0.69314718$.

(2) 若使用高斯-勒让德求积公式,作变换 $x=\frac{1}{2}t+\frac{3}{2}$,则当 $x\in[1,2]$ 时,$t\in[-1,1]$,且$\int_1^2 \frac{1}{x}dx = \int_{-1}^1 \frac{1}{t+3}dt$.

三点高斯-勒让德求积公式为

$$\int_1^2 \frac{1}{x}dx = \int_{-1}^1 \frac{1}{t+3}dt \approx 0.5555556\times\left(\frac{1}{3-0.7745967}+\frac{1}{3+0.7745967}\right)$$

$$+0.8888889\times\frac{1}{3+0} = 0.69312169 .$$

五点高斯-勒让德求积公式为

$$\int_1^2 \frac{1}{x}dx = \int_{-1}^1 \frac{1}{t+3}dt \approx 0.2369269\times\left(\frac{1}{3-0.9061798}+\frac{1}{3+0.9061798}\right)$$

$$\approx 0.4786289\times\left(\frac{1}{3-0.5384693}+\frac{1}{3+0.5384693}\right)$$

$$+0.5688889\times\frac{1}{3+0} = 0.69314716.$$

(3) 将区间[1,2]分成四等份,在每个小区间上使用两点高斯-勒让德求积公式,则

$$\int_1^2 \frac{1}{x}dx = \int_1^{1.25} \frac{1}{x}dx + \int_{1.25}^{1.5} \frac{1}{x}dx + \int_{1.5}^{1.75} \frac{1}{x}dx + \int_{1.75}^{2} \frac{1}{x}dx$$

$$= \frac{1}{8}\int_{-1}^1 \frac{1}{1.125+0.125t}dt + \frac{1}{8}\int_{-1}^1 \frac{1}{1.375+0.125t}dt$$

$$+ \frac{1}{8}\int_{-1}^1 \frac{1}{1.625+0.125t}dt + \frac{1}{8}\int_{-1}^1 \frac{1}{1.875+0.125t}dt$$

$$= \frac{1}{8}\left[\frac{1}{1.125+0.125\times(-0.5773503)} + \frac{1}{1.125+0.125\times 0.5773503}\right.$$

$$+ \frac{1}{1.375+0.125\times(-0.5773603)} + \frac{1}{1.375+0.125\times 0.5773603}$$

$$+ \frac{1}{1.625+0.125\times(-0.5773503)} + \frac{1}{1.625+0.125\times 0.5773503}$$

$$\left.+ \frac{1}{1.875+0.125\times(-0.5773503)} + \frac{1}{1.875+0.125\times 0.5773503}\right]$$

$$= 0.69314229.$$

15. 用中点导数公式计算 $f(x)=\sqrt{x+1}$ 在 $x=1$ 处的一阶导数的近似值，取 $h=0.5$, 0.05, 0.005, 0.0005, 0.00005，观测计算结果，分析误差变化情况，提出改进方法，并重新计算.（保留 6 位有效数字）.

解 中点导数公式为

$$G(h) = \frac{f(x+h)-f(x-h)}{2h} = \frac{\sqrt{2+h}-\sqrt{2-h}}{2h},$$

取不同的 h，导数近似值见下表（精确值 $f'(1)=0.353553\cdots$）：

h	$G(h)$	$f'(1)-G(h)$	h	$G(h)$	$f'(1)-G(h)$
0.5	0.356400	−0.002847	0.0005	0.350000	0.003553
0.05	0.353600	−0.000047	0.00005	0.300000	0.053553
0.005	0.354000	−0.000447			

由此表可见，$h=0.05$ 时计算效果最佳，当 $h<0.05$ 时，中点导数公式的分子是相近的两数相减，由于舍入误差的影响，精度降低，h 越小计算结果越差.

为了减少误差，把中点导数公式改写为

$$G(h) = \frac{1}{\sqrt{2+h}+\sqrt{2-h}},$$

重新计算结果如下：

h	$G(h)$	$f'(1)-G(h)$	h	$G(h)$	$f'(1)-G(h)$
0.5	0.356394	−0.002864	0.0005	0.353553	0.000000
0.05	0.353582	−0.000029	0.00005	0.353553	0.000000
0.005	0.353554	−0.000001			

可见当 h 越小时,精度越高.

16. 用三点公式求 $f(x)=\frac{1}{(1+x)^2}$ 在 $x=1.0,1.1,1.2$ 处的导数值,并估计误差. $f(x)$ 的函数值由下表给出:

x_i	1.0	1.1	1.2
$f(x_i)$	0.250000	0.226757	0.206612

解 三点求导公式为

$$\begin{cases} f'(x_0) \approx p'_2(x_0) = \dfrac{1}{2h}[-3f(x_0)+4f(x_1)-f(x_2)] + \dfrac{h^2}{3}f'''(\xi_0), \\ f'(x_1) \approx p'_2(x_1) = \dfrac{1}{2h}[-f(x_0)+f(x_2)] - \dfrac{h^2}{6}f'''(\xi_1), \\ f'(x_2) \approx p'_2(x_2) = \dfrac{1}{2h}[f(x_0)-4f(x_1)+3f(x_2)] + \dfrac{h^2}{3}f'''(\xi_2), \end{cases}$$

取 $x_0=1.0, x_1=1.1, x_2=1.2$,得

$$f'(x_0) \approx -0.24792, f'(x_1) \approx -0.21694, f'(x_2) \approx -0.18596.$$

由于

$$|f'''(\xi_i)| \leqslant \max_{1.0\leqslant x\leqslant 1.2} f'''(x) \leqslant \max_{1.0\leqslant x\leqslant 1.2}\left|\frac{4!}{(1+x)^5}\right| = \frac{4!}{2^5} = 0.75, i=0,1,2.$$

所以误差上限分别为 0.00250, 0.00125, 0.00250.

第7章 代数特征值问题计算方法

7.1 基本要求与知识要点

要求掌握用幂法计算矩阵的主特征值及相应的特征向量,掌握用反幂法计算矩阵按模最小的特征值及相应的特征向量,了解幂法的加速方法,掌握 Givens 变换和豪斯霍尔德变换,会对矩阵进行 QR 分解,以及利用 QR 方法求矩阵的全部特征值.

一、幂法与反幂法

1. 幂法

幂法是求矩阵主特征值和主特征向量的一种迭代方法.

定理 7.1 设 $A\in\mathbb{R}^{n\times n}$,其特征值满足 $|\lambda_1|>|\lambda_2|\geqslant|\lambda_3|\geqslant\cdots\geqslant|\lambda_n|$,对应的 n 个特征向量 $\boldsymbol{x}_i(i=1,2,\cdots,n)$ 线性无关. 如果初始向量 $\boldsymbol{v}_0=\sum\limits_{i=1}^{n}a_i\boldsymbol{x}_i\neq 0$ 中的系数 $a_1\neq 0$,按下列迭代方式构造向量序列 $\{\boldsymbol{u}_k\},\{\boldsymbol{v}_k\}$:

$$\begin{cases}\boldsymbol{u}_k=\boldsymbol{A}\boldsymbol{v}_{k-1},\\ m_k=\max(\boldsymbol{u}_k), \quad k=1,2\cdots.\\ \boldsymbol{v}_k=\boldsymbol{u}_k/m_k,\end{cases}\tag{7-1}$$

则有

$$\lim_{k\to\infty}\boldsymbol{v}_k=\frac{\boldsymbol{x}_1}{\max(x_1)},\quad \lim_{k\to\infty}m_k=\lambda_1.$$

幂法的加速收敛方法:

1) 原点平移法

幂法收敛速度主要由 $r=|\lambda_2/\lambda_1|$ 的大小决定,当 r 接近于 1 时,收敛速度缓慢.

设矩阵 $\boldsymbol{A}$ 的特征值及相应的特征向量分别为 $\lambda_i,\boldsymbol{x}_i$,则矩阵 $\boldsymbol{B}=\boldsymbol{A}-p\boldsymbol{I}$ 的特征值为 λ_i-p,对应的特征向量为 $\boldsymbol{x}_i$. 计算 $\boldsymbol{A}$ 的主特征值 λ_1,可以适当选择参数 p,使 λ_1-p 仍是 $\boldsymbol{B}$ 的主特征值,且使

$$\left|\frac{\lambda_2-p}{\lambda_1-p}\right|<\left|\frac{\lambda_2}{\lambda_1}\right|.$$

对矩阵 $\boldsymbol{B}$ 应用幂法,使得在计算 $\boldsymbol{B}$ 的主特征值 λ_1-p 的过程中得到加速,这种方法通常称为原点平移法.

原点平移法是一个矩阵变换过程,变换简单且不破坏原矩阵的稀疏性,但应用时对参数 p 的选择有一定困难. Gerschgorin 圆盘(盖尔圆)定理可以大略估计特征值分布情况.

定理 7.2 (盖尔圆定理) 设实矩阵 $\boldsymbol{A}=(a_{ij})_{n\times n}$,则

(1) $\boldsymbol{A}$ 的每一个特征值必属于复平面上下述 n 个圆盘

$$|\lambda - a_{ii}| \leqslant r_i = \sum_{\substack{j=1 \\ j\neq i}}^{n} |a_{ij}|, i = 1,2,\cdots,n$$

的并集之中.

(2) 如果 $\boldsymbol{A}$ 有 m 个圆盘组成一个连通的并集 S,且 S 与其余 $n-m$ 个圆盘是分离的,则 S 内恰好包含 $\boldsymbol{A}$ 的 m 个特征值(圆盘相重时按重数计数,特征值相同时也重复计数).特别地,若 $\boldsymbol{A}$ 有一个圆盘是孤立的,则其中必精确地包含 $\boldsymbol{A}$ 的一个特征值.

2) 瑞利商加速法

对于求对称矩阵的主特征值,瑞利商加速法是一种提高收敛速度的有效方法.

定义 7.1 设 $\boldsymbol{A}$ 为 n 阶实对称矩阵,$\boldsymbol{x}$ 为任一非零实向量,则称

$$R(\boldsymbol{x}) = \frac{(\boldsymbol{Ax},\boldsymbol{x})}{(\boldsymbol{x},\boldsymbol{x})} \tag{7-2}$$

为对应于向量 $\boldsymbol{x}$ 的瑞利商. 特别当$(\boldsymbol{x},\boldsymbol{x}) = \|\boldsymbol{x}\|_2^2 = 1$ 时,$R(\boldsymbol{x}) = (\boldsymbol{Ax},\boldsymbol{x})$.

定理 7.3 设 $\boldsymbol{A}$ 为 n 阶实对称矩阵,特征值满足

$$|\lambda_1| > |\lambda_2| \geqslant |\lambda_3| \geqslant \cdots \geqslant |\lambda_n|,$$

对应的特征向量满足$(\boldsymbol{x}_i,\boldsymbol{x}_j) = \delta_{ij}$,规范化向量 $\boldsymbol{v}_k$ 由式(7-1)生成,则

$$R(\boldsymbol{v}_k) = \frac{(\boldsymbol{Av}_k,\boldsymbol{v}_k)}{(\boldsymbol{v}_k,\boldsymbol{v}_k)} = \lambda_1 + O\left(\left(\frac{\lambda_2}{\lambda_1}\right)^{2k}\right).$$

瑞利商加速迭代格式:任取初始向量 $\boldsymbol{u}_0 \neq 0$,作迭代

$$\begin{cases} e_k = \|\boldsymbol{u}_k\|_2, \\ \boldsymbol{v}_k = \dfrac{\boldsymbol{u}_k}{e_k}, \\ \boldsymbol{u}_{k+1} = \boldsymbol{Av}_k, \\ m_k = (\boldsymbol{u}_{k+1},\boldsymbol{v}_k), \end{cases} \quad k = 0,1,2,\cdots, \tag{7-3}$$

则

$$\lim_{k\to\infty} m_k = \lambda_1, \lim_{k\to\infty} \boldsymbol{v}_k = \sigma \frac{\boldsymbol{x}_1}{\|\boldsymbol{x}_1\|_2} (\sigma = 1 \text{ 或 } -1).$$

2. 反幂法

对于 $\boldsymbol{A}^{-1}$ 应用幂法(称为反幂法),可求得矩阵 $\boldsymbol{A}$ 按模最小的特征值和相应的特征向量.

定理 7.4 设 $\boldsymbol{A} \in \mathbb{R}^{n\times n}$ 为非奇异矩阵,且有 n 个线性无关的特征向量,其特征值满足 $|\lambda_1| \geqslant |\lambda_2| \geqslant \cdots \geqslant |\lambda_{n-1}| > |\lambda_n| > 0$,对于任意初始向量 $\boldsymbol{v}_0 = \boldsymbol{u}_0 \neq \boldsymbol{0}$,按反幂法构造下列向量序列$\{\boldsymbol{u}_k\}$,$\{\boldsymbol{v}_k\}$:

$$\begin{cases} \boldsymbol{u}_k = \boldsymbol{A}^{-1}\boldsymbol{v}_{k-1}, \\ m_k = \max(\boldsymbol{u}_k), \\ \boldsymbol{v}_k = \boldsymbol{u}_k / m_k, \end{cases} \quad k = 1,2\cdots. \tag{7-4}$$

则有

$$\lim_{k\to\infty}\boldsymbol{v}_k = \frac{\boldsymbol{x}_n}{\max(\boldsymbol{x}_n)}, \quad \mu_n = \frac{1}{\lambda_n} = \lim_{k\to\infty} m_k.$$

实际计算 $\boldsymbol{u}_k$ 时,常采用解方程组 $\boldsymbol{A}\boldsymbol{u}_k = \boldsymbol{v}_{k-1}$ 求得.

反幂法中也可以应用原点平移法来加速迭代过程. 设 $\boldsymbol{B} = \boldsymbol{A} - p\boldsymbol{I}$ 可逆, 则 $\boldsymbol{B}^{-1}$ 的特征值为

$$\frac{1}{\lambda_1 - p}, \frac{1}{\lambda_2 - p}, \cdots, \frac{1}{\lambda_n - p},$$

对应的特征向量仍为 $\boldsymbol{x}_1, \boldsymbol{x}_2, \cdots, \boldsymbol{x}_n$. 应用反幂法得到下迭代格式.

$$\begin{cases} \boldsymbol{B}\boldsymbol{u}_k = \boldsymbol{v}_{k-1}, \\ m_k = \max(\boldsymbol{u}_k), \quad k = 1,2\cdots. \\ \boldsymbol{v}_k = \boldsymbol{u}_k / m_k, \end{cases} \tag{7-5}$$

则有 $\lim\limits_{k\to\infty}\boldsymbol{v}_k = \dfrac{\boldsymbol{x}_j}{\max(\boldsymbol{x}_j)}$, $\lim\limits_{k\to\infty} m_k = \dfrac{1}{\lambda_j - p}$.

即当 k 充分大时,有 $\lambda_j \approx p + \dfrac{1}{m_k}$. 且收敛速度由 $r = \dfrac{|\lambda_j - p|}{\min\limits_{i\neq j}|\lambda_i - p|}$ 确定.

反幂法迭代中,为减少计算量, 常对矩阵作三角分解 $\boldsymbol{A} = \boldsymbol{L}\boldsymbol{U}$(或 $\boldsymbol{B} = \boldsymbol{L}\boldsymbol{U}$), 则反幂法迭代公式变为:

$$\begin{cases} \boldsymbol{L}\boldsymbol{y}_k = \boldsymbol{v}_{k-1}, \\ \boldsymbol{U}\boldsymbol{u}_k = \boldsymbol{y}_k, \\ m_k = \max(\boldsymbol{u}_k), \\ \boldsymbol{v}_k = \boldsymbol{u}_k / m_k, \end{cases} \quad k = 1,2\cdots. \tag{7-6}$$

二、正交变换

定义 7.2 设矩阵

$$\boldsymbol{J}(i,k,\theta) = \begin{pmatrix} 1 & & & & & & & & \\ & \ddots & & & & & & & \\ & & 1 & & & & & & \\ & & & \cos\theta & & & \sin\theta & & \\ & & & & 1 & & & & \\ & & & & & \ddots & & & \\ & & & & & & 1 & & \\ & & & -\sin\theta & & & \cos\theta & & \\ & & & & & & & 1 & \\ & & & & & & & & \ddots \\ & & & & & & & & & 1 \end{pmatrix} \in \mathbb{R}^{n\times n},$$

称 $\boldsymbol{J}(i,k,\theta)$ 为 Givens 矩阵(Givens 变换)或旋转矩阵(旋转变换).

Givens 矩阵是正交矩阵,它可以将向量或矩阵中指定的元素化为零.

定义 7.3 设 $\omega \in \mathbb{R}^n$,且$\|\omega\|_2 = 1$,则称 n 阶矩阵 $\boldsymbol{H}(\boldsymbol{\omega}) = \boldsymbol{I} - 2\boldsymbol{\omega}\boldsymbol{\omega}^{\mathrm{T}}$ 为豪斯霍尔德矩阵,变换 $\boldsymbol{\eta} = \boldsymbol{H}\boldsymbol{\xi}, \boldsymbol{\xi} \in \mathbb{R}^n$ 称为豪斯霍尔德变换.

豪斯霍尔德矩阵 $\boldsymbol{H} = \boldsymbol{H}(\boldsymbol{\omega})$ 具有下列性质

(1) $\boldsymbol{H}^{\mathrm{T}} = \boldsymbol{H}$(对称矩阵).

(2) $\boldsymbol{H}^{\mathrm{T}}\boldsymbol{H} = \boldsymbol{I}$(正交矩阵).

(3) 设 $\boldsymbol{x} \in \mathbb{R}^n, \boldsymbol{y} = \boldsymbol{H}\boldsymbol{x}$,则$\|\boldsymbol{y}\|_2 = \|\boldsymbol{x}\|_2$.

(4) 若 $\boldsymbol{v} = \boldsymbol{v}_1 + \boldsymbol{v}_2, \boldsymbol{v}_1 \in S, \boldsymbol{v}_2 \in S^{\perp}$,则 $\boldsymbol{H}\boldsymbol{v}_1 = \boldsymbol{v}_1, \boldsymbol{H}\boldsymbol{v}_2 = -\boldsymbol{v}_2$.

其中 S 是以 $\boldsymbol{\omega}$ 为法向量且过原点的超平面,即 $S = \mathrm{span}\{\boldsymbol{\omega}\}^{\perp}$.

(5) $\det\boldsymbol{H} = -1$.

定理 7.5 设 $\boldsymbol{x}, \boldsymbol{y} \in \mathbb{R}^n, \boldsymbol{x} \neq \boldsymbol{y}$ 且$\|\boldsymbol{x}\|_2 = \|\boldsymbol{y}\|_2$,则由向量 $\boldsymbol{w} = \dfrac{\boldsymbol{x}-\boldsymbol{y}}{\|\boldsymbol{x}-\boldsymbol{y}\|_2}$确定的豪斯霍尔德矩阵 $\boldsymbol{H}(\boldsymbol{w})$,使得 $\boldsymbol{H}\boldsymbol{x} = \boldsymbol{y}$.

定理 7.6(约化定理) 设 $\boldsymbol{x} = (x_1, x_2, \cdots, x_n)^T \neq 0$,则存在豪斯霍尔德矩阵 $\boldsymbol{H}$,使得 $\boldsymbol{H}\boldsymbol{x} = \sigma\boldsymbol{e}_1$,其中

$$\begin{cases} \sigma = -\operatorname{sgn}(x_1)\|\boldsymbol{x}\|_2, \\ \boldsymbol{u} = \boldsymbol{x} - \sigma\boldsymbol{e}_1, \\ \beta = \dfrac{1}{2}\|\boldsymbol{u}\|_2^2 = \sigma(\sigma - x_1), \\ \boldsymbol{H} = \boldsymbol{I} - \beta^{-1}\boldsymbol{u}\boldsymbol{u}^{\mathrm{T}}. \end{cases} \tag{7-7}$$

三、QR 方法

定义 7.4 设矩阵 $\boldsymbol{A} = (a_{ij}) \in \mathbb{R}^{n\times n}$,如果对 $i > j+1$,均有 $a_{ij} = 0$,即

$$\boldsymbol{A} = \begin{pmatrix} a_{11} & a_{12} & a_{13} & \cdots & a_{1n} \\ a_{21} & a_{22} & a_{23} & \cdots & a_{2n} \\ & a_{32} & a_{33} & \cdots & a_{3n} \\ & & \ddots & \ddots & \vdots \\ & & & a_{n,n-1} & a_{nn} \end{pmatrix},$$

则称 $\boldsymbol{A}$ 为(上)海森伯格矩阵,简称海森伯格形. 如有次对角元如 $a_{k+1,k} = 0, 1 \leqslant k \leqslant n-1$,则称矩阵 $\boldsymbol{A}$ 是可约的,否则是不可约的.

定理 7.7 对于任何矩阵 $\boldsymbol{A} \in \mathbb{R}^{n\times n}$,则一定存在正交矩阵 $\boldsymbol{Q}$ 和上三角矩阵 $\boldsymbol{R}$,使

$$\boldsymbol{A} = \boldsymbol{Q}\boldsymbol{R}. \tag{7-8}$$

如果矩阵 $\boldsymbol{A}$ 非奇异,并且 $\boldsymbol{R}$ 的主对角元素为正数,此分解式是唯一的. 这种分解称为 $\boldsymbol{A}$ 的正交三角分解,也叫 $\boldsymbol{QR}$ 分解.

定理 7.8 对任何 $\boldsymbol{A} = (a_{ij}) \in \mathbb{R}^{n\times n}$,则存在正交矩阵 $\boldsymbol{Q}$ 使 $\boldsymbol{H} = \boldsymbol{Q}^{\mathrm{T}}\boldsymbol{A}\boldsymbol{Q}$ 为上海森伯格矩阵.

推论 7.1 对于任意对称矩阵 $\boldsymbol{A} = (a_{ij}) \in \mathbb{R}^{n\times n}$,则存在正交矩阵 $\boldsymbol{Q}$ 使

$$
H = Q^{\mathrm{T}}AQ = \begin{pmatrix} c_1 & b_1 & & & \\ b_1 & c_2 & b_2 & & \\ & \ddots & \ddots & \ddots & \\ & & b_{n-2} & c_{n-1} & b_{n-1} \\ & & & b_{n-1} & c_n \end{pmatrix}.
$$

定理 7.9 （基本 $\boldsymbol{QR}$ 方法）设 $\boldsymbol{A} \in \mathbb{R}^{n \times n}$，计算过程如下：

$$
\begin{cases} \boldsymbol{A}_1 = \boldsymbol{A}, \\ \boldsymbol{A}_k = \boldsymbol{Q}_k \boldsymbol{R}_k, \quad k = 1,2,\cdots. \\ \boldsymbol{A}_{k+1} = \boldsymbol{R}_k \boldsymbol{Q}_k, \end{cases} \tag{7-9}
$$

记 $\widetilde{\boldsymbol{Q}}_k = \boldsymbol{Q}_1\boldsymbol{Q}_2\cdots\boldsymbol{Q}_k, \widetilde{\boldsymbol{R}}_k = \boldsymbol{R}_k\boldsymbol{R}_{k-1}\cdots\boldsymbol{R}_1$，则有

(1) $\boldsymbol{A}_{k+1}$相似于 $\boldsymbol{A}_k$，即 $\boldsymbol{A}_{k+1} = \boldsymbol{Q}_k^{\mathrm{T}}\boldsymbol{A}_k\boldsymbol{Q}_k$；

(2) $\boldsymbol{A}_{k+1} = (\boldsymbol{Q}_1\boldsymbol{Q}_2\cdots\boldsymbol{Q}_k)^{\mathrm{T}}\boldsymbol{A}_1(\boldsymbol{Q}_1\boldsymbol{Q}_2\cdots\boldsymbol{Q}_k) = \widetilde{\boldsymbol{Q}}_k^{\mathrm{T}}\boldsymbol{A}\,\widetilde{\boldsymbol{Q}}_k$

(3) $\boldsymbol{A}^k$ 的 **QR** 分解式为 $\boldsymbol{A}^k = \widetilde{\boldsymbol{Q}}_k\widetilde{\boldsymbol{R}}_k$.

定理 7.10 （QR 方法的收敛性）设 $\boldsymbol{A} = (a_{ij}) \in \mathbb{R}^{n \times n}$，

(1) 如果 $\boldsymbol{A}$ 的特征值满足 $|\lambda_1| > |\lambda_2| > \cdots > |\lambda_n| > 0$；

(2) $\boldsymbol{A}$ 有标准形 $\boldsymbol{A} = \boldsymbol{X}\boldsymbol{D}\boldsymbol{X}^{-1}$，其中 $\boldsymbol{D} = \mathrm{diag}(\lambda_1, \lambda_2, \cdots, \lambda_n)$，且设 $\boldsymbol{X}^{-1}$有三角分解 $\boldsymbol{X}^{-1} = \boldsymbol{L}\boldsymbol{U}$($\boldsymbol{L}$ 为单位下三角阵，$\boldsymbol{U}$ 为上三角阵).

则由 QR 算法产生的 $\{\boldsymbol{A}_k\}$ 基本收敛于上三角阵，即 $\boldsymbol{A}_k$ 的对角线以下的元素收敛于零，同时对角元素收敛于 $\lambda_i(i = 1,2,\cdots,n)$，而对角线以上的元素极限不一定存在.

QR 方法是计算一般矩阵全部特征值问题的最有效方法之一，**QR** 方法具有收敛快，算法稳定的特点. 对于一般矩阵 $\boldsymbol{A} = (a_{ij}) \in \mathbb{R}^{n \times n}$(或对称矩阵)，可先用豪斯霍尔德方法将 $\boldsymbol{A}$ 化为上海森伯格矩阵 H(或对称三对角矩阵)，然后再用 **QR** 方法计算 H 的全部特征值.

7.2 典型例题选讲

例 7.1 设

$$
\boldsymbol{A} = \begin{pmatrix} \frac{1}{4} & \frac{1}{5} \\ \frac{1}{5} & \frac{1}{6} \end{pmatrix}
$$

用幂法求矩阵 $\boldsymbol{A}$ 按模最大的特征值，取 $\boldsymbol{v}_0 = (1,0)^{\mathrm{T}}$(精确到小数点后 2 位).

解 取 $\boldsymbol{v}_0 = (1,0)^{\mathrm{T}}$，按幂法迭代公式

$$
\boldsymbol{u}_k = \boldsymbol{A}\boldsymbol{v}_{k-1}, m_k = \max(\boldsymbol{u}_k), \boldsymbol{v}_k = \boldsymbol{u}_k/m_k, \ k = 1,2\cdots.
$$

计算结果为

$$u_1 = Av_0 = \left(\frac{1}{4},\frac{1}{5}\right)^{\mathrm{T}}, \quad m_1 = \frac{1}{4} = 0.25, \quad v_1 = \left(1,\frac{4}{5}\right)^{\mathrm{T}};$$

$$u_2 = Av_1 = \left(\frac{41}{100},\frac{1}{3}\right)^{\mathrm{T}}, \quad m_2 = \frac{41}{100} = 0.41, \quad v_2 = \left(1,\frac{100}{123}\right)^{\mathrm{T}};$$

$$u_3 = Av_2 = \left(\frac{203}{492},\frac{619}{1845}\right)^{\mathrm{T}}, m_3 = \frac{203}{492} \approx 0.4126, v_3 = \left(1,\frac{2476}{3045}\right)^{\mathrm{T}}.$$

由于$|m_3 - m_2| \approx 0.0026 < 0.005$,所以 A 的按模最大的特征值近似值为 0.41,对应的特征向量为 $x = (1,2476/3045)^{\mathrm{T}} \approx (1,0.81)^{\mathrm{T}}$.

例 7.2 用带原点平移的反幂法求矩阵 A 的最接近于 $p = -13$ 的特征值及相应的特征向量,其中

$$A = \begin{pmatrix} -12 & 3 & 3 \\ 3 & 1 & -2 \\ 3 & -2 & 7 \end{pmatrix}$$

解 带原点平移的反幂法计算公式

$$v_0 \neq 0, (A - pI)u_k = v_{k-1}, v_k = \frac{u_k}{\max(u_k)}, k = 1,2\cdots.$$

由于 $p = -13$,故

$$B = A - pI = \begin{pmatrix} 1 & 3 & 3 \\ 3 & 14 & -2 \\ 3 & -2 & 20 \end{pmatrix}.$$

将 B 进行 LU 分解,得

$$B = LU = \begin{pmatrix} 1 & 0 & 0 \\ 3 & 1 & 0 \\ 3 & -\frac{11}{5} & 1 \end{pmatrix}\begin{pmatrix} 1 & 3 & 3 \\ 0 & 5 & -11 \\ 0 & 0 & -\frac{66}{5} \end{pmatrix},$$

则带原点平移的反幂法可写成

$$v_0 \neq 0, Ly_k = v_{k-1}, Uu_k = y_k, v_k = \frac{u_k}{\max(u_k)}, k = 1,2\cdots.$$

取 $v_0 = (1,1,1)^{\mathrm{T}} \neq 0$,计算结果如下:

k	v_k^{T}	$p + 1/\max(u_k)$
1	(1, -0.271 604 938, -0.197 530 864)	-13.407 407 41
2	(1, -0.234 537 76, -0.171 305 338)	-13.217 529 30
3	(1, -0.235 114 344, -0.171 625 203)	-13.220 218 64
4	(1, -0.235 105 35, -0.171 621 118)	-13.220 179 41
5	(1, -0.235 105 489, -0.171 621 172)	-13.220 179 98

可见与 $p=-13$ 接近的特征值约为 $\lambda\approx-13.22017998$，与之对应的特征向量是 $(1,-0.235105489,-0.171621172)^{\mathrm{T}}$.

例 7.3 已知 $\boldsymbol{x}=(3,5,1,1)^{\mathrm{T}}$，求豪斯霍尔德变换矩阵 $\boldsymbol{H}$，使得 $\boldsymbol{Hx}=\sigma\boldsymbol{e}_1$，其中 $\boldsymbol{e}_1=(1,0,0,0)^{\mathrm{T}}$.

解 $\|\boldsymbol{x}\|_2=\sqrt{9+25+1+1}=6$，所以 $\sigma=-\operatorname{sgn}(3)\|\boldsymbol{x}\|_2=-6$，

$$\boldsymbol{u}=\boldsymbol{x}-\sigma\boldsymbol{e}_1=(9,5,1,1)^{\mathrm{T}},\beta=\frac{1}{2}\|\boldsymbol{u}\|_2^2=\sigma(\sigma-3)=54,$$

$$\boldsymbol{H}=\boldsymbol{I}-\beta^{-1}\boldsymbol{u}\boldsymbol{u}^{\mathrm{T}}=\frac{1}{54}\begin{pmatrix}-27&-45&-9&-9\\-45&29&-5&-5\\-9&-5&53&-1\\-9&-5&-1&53\end{pmatrix},$$

则 $\boldsymbol{Hx}=(-6,0,0,0)^{\mathrm{T}}$.

例 7.4 已知 $\boldsymbol{x}=(1,2,3,4)^{\mathrm{T}}$，用 Givens 变换把 $\boldsymbol{x}$ 的第 3 个和第 4 个分量化为零.

解 按 Givens 变换，首先把 $\boldsymbol{x}$ 的第 3 个分量化为零. 取

$$c_1=\cos\theta_1=\frac{x_1}{\sqrt{x_1^2+x_3^2}}=\frac{1}{\sqrt{10}},s_1=\sin\theta_1=\frac{x_3}{\sqrt{x_1^2+x_3^2}}=\frac{3}{\sqrt{10}},$$

则

$$\boldsymbol{J}(1,3,\theta_1)=\begin{pmatrix}\frac{1}{\sqrt{10}}&0&\frac{3}{\sqrt{10}}&0\\0&1&0&0\\-\frac{3}{\sqrt{10}}&0&\frac{1}{\sqrt{10}}&0\\0&0&0&1\end{pmatrix},$$

使得 $\boldsymbol{J}(1,3,\theta_1)\boldsymbol{x}=(\sqrt{10},2,0,4)^{\mathrm{T}}=\boldsymbol{y}$. 再把 $\boldsymbol{y}$ 的第 4 个分量化为零，类似地，取

$$c_2=\cos\theta_2=\frac{y_2}{\sqrt{y_2^2+y_4^2}}=\frac{1}{\sqrt{5}},s_2=\sin\theta_2=\frac{y_4}{\sqrt{y_2^2+y_4^2}}=\frac{2}{\sqrt{5}},$$

则

$$\boldsymbol{J}(2,4,\theta_2)=\begin{pmatrix}1&0&0&0\\0&\frac{1}{\sqrt{5}}&0&\frac{2}{\sqrt{5}}\\0&0&1&0\\0&-\frac{2}{\sqrt{5}}&0&\frac{1}{\sqrt{5}}\end{pmatrix},$$

使得 $\boldsymbol{J}(2,4,\theta_2)\boldsymbol{y}=(\sqrt{10},2\sqrt{5},0,0)^{\mathrm{T}}$，因此，用正交变换

$$J = J(2,4,\theta_2)J(1,3,\theta_1) = \begin{pmatrix} \frac{1}{\sqrt{10}} & 0 & \frac{3}{\sqrt{10}} & 0 \\ 0 & \frac{1}{\sqrt{5}} & 0 & \frac{2}{\sqrt{5}} \\ -\frac{3}{\sqrt{10}} & 0 & \frac{1}{\sqrt{10}} & 0 \\ 0 & -\frac{2}{\sqrt{5}} & 0 & \frac{1}{\sqrt{5}} \end{pmatrix},$$

使得 $Jx = (\sqrt{10}, 2\sqrt{5}, 0, 0)^{\mathrm{T}}$.

例 7.5 分别用 Givens 变换和豪斯霍尔德变换求矩阵 A 的 QR 分解，并使 R 的对角元为正数，其中

$$A = \begin{pmatrix} 4 & 4 & 0 \\ 3 & 3 & -1 \\ 0 & 1 & 1 \end{pmatrix}.$$

解 (1) 用 Givens 变换. 对 A 的第 1 列向量 $x = (4,3,0)^{\mathrm{T}}$，取 $\cos\theta = \frac{4}{5}, \sin\theta = \frac{3}{5}$，构造 Givens 矩阵 J_1，使得

$$J_1 = \begin{pmatrix} \frac{4}{5} & \frac{3}{5} & 0 \\ -\frac{3}{5} & \frac{4}{5} & 0 \\ 0 & 0 & 1 \end{pmatrix}, J_1A = \begin{pmatrix} 5 & 5 & -\frac{3}{5} \\ 0 & 0 & -\frac{4}{5} \\ 0 & 1 & 1 \end{pmatrix},$$

再对 J_1A 第 2 列中向量 $y = (0,1)^{\mathrm{T}}$，构造 $\tilde{J}_2 = \begin{pmatrix} 0 & 1 \\ -1 & 0 \end{pmatrix}$，满足 $\tilde{J}_2 y = (1,0)^{\mathrm{T}}$，于是得

$$J_2 = \begin{pmatrix} 1 & \mathbf{0} \\ \mathbf{0} & \tilde{J}_2 \end{pmatrix} = \begin{pmatrix} 1 & 0 & 0 \\ 0 & 0 & 1 \\ 0 & -1 & 0 \end{pmatrix}, J_2J_1A = \begin{pmatrix} 5 & 5 & -\frac{3}{5} \\ 0 & 1 & 1 \\ 0 & 0 & \frac{4}{5} \end{pmatrix},$$

则正交阵 Q 和上三角阵 R 分别为

$$Q = (J_2J_1)^{\mathrm{T}} = \begin{pmatrix} \frac{4}{5} & 0 & \frac{3}{5} \\ \frac{3}{5} & 0 & -\frac{4}{5} \\ 0 & 1 & 0 \end{pmatrix}, R = \begin{pmatrix} 5 & 5 & -\frac{3}{5} \\ 0 & 1 & 1 \\ 0 & 0 & \frac{4}{5} \end{pmatrix},$$

使得 $A = QR$，且 R 的对角元已为正数.

(2) 用豪斯霍尔德变换. 对 A 的第 1 列向量 $x = (4,3,0)^{\mathrm{T}}$，计算 $\|x\|_2 = 5$，$\sigma = -\mathrm{sgn}(4)\|x\|_2 = -5$，

$$u = x - \sigma e_1 = (9,3,0)^{\mathrm{T}}, \beta = \frac{1}{2}\|u\|_2^2 = \sigma(\sigma - 4) = 45,$$

于是得

$$H_1 = I - \beta^{-1}uu^{\mathrm{T}} = \begin{pmatrix} -\frac{4}{5} & -\frac{3}{5} & 0 \\ -\frac{3}{5} & \frac{4}{5} & 0 \\ 0 & 0 & 1 \end{pmatrix}, H_1A = \begin{pmatrix} -5 & -5 & \frac{3}{5} \\ 0 & 0 & -\frac{4}{5} \\ 0 & 1 & 1 \end{pmatrix}.$$

再对 H_1A 右下角第 1 列向量 $y = (0,1)^{\mathrm{T}}$,类似构造 $\widetilde{H}_2 = \begin{pmatrix} 0 & -1 \\ -1 & 0 \end{pmatrix}$,于是得

$$H_2 = \begin{pmatrix} 1 & \mathbf{0} \\ \mathbf{0} & \widetilde{H}_2 \end{pmatrix} = \begin{pmatrix} 1 & 0 & 0 \\ 0 & 0 & -1 \\ 0 & -1 & 1 \end{pmatrix}, H_2H_1A = \begin{pmatrix} -5 & -5 & \frac{3}{5} \\ 0 & -1 & -1 \\ 0 & 0 & \frac{4}{5} \end{pmatrix}.$$

H_2H_1A 是上三角阵,但其对角元并非都是正数,再令 $D = \mathrm{diag}(-1,-1,1)$,则

$$DH_2H_1A = D\begin{pmatrix} -5 & -5 & \frac{3}{5} \\ 0 & -1 & -1 \\ 0 & 0 & \frac{4}{5} \end{pmatrix} = \begin{pmatrix} 5 & 5 & -\frac{3}{5} \\ 0 & 1 & 1 \\ 0 & 0 & \frac{4}{5} \end{pmatrix} = R,$$

于是

$$Q = (DH_2H_1)^{-1} = \begin{pmatrix} \frac{4}{5} & 0 & \frac{3}{5} \\ \frac{3}{5} & 0 & -\frac{4}{5} \\ 0 & 1 & 0 \end{pmatrix},$$

使得 $A = QR$,且 R 的对角元为正数.

例 7.6 用 QR 方法计算矩阵

$$A = \begin{pmatrix} 5 & -3 & 2 \\ 6 & -4 & 4 \\ 4 & -4 & 5 \end{pmatrix}$$

的特征值.

解 首先用豪斯霍尔德变换将 A 化为上海森伯格矩阵. 对于 A 的第一列对角线以下向量 $x = (6,4)^{\mathrm{T}}$,计算

$$\|x\|_2 = \sqrt{52}, \sigma = -\mathrm{sgn}(4)\|x\|_2 = -\sqrt{52},$$

$$u = x - \sigma e_1 = (6 + \sqrt{2}, 4)^{\mathrm{T}}, \beta = \frac{1}{2}\|u\|_2^2 = \sigma(\sigma - 6) = 52 + 6\sqrt{52},$$

于是得

$$\widetilde{H}_1 = I - \beta^{-1} uu^{\mathrm{T}} = \begin{pmatrix} -0.832050 & -0.554700 \\ -0.554700 & 0.832050 \end{pmatrix},$$

$$H_1 = \begin{pmatrix} 1 & \mathbf{0} \\ \mathbf{0} & \widetilde{H}_1 \end{pmatrix} = \begin{pmatrix} 1 & 0 & 0 \\ 0 & -0.832050 & -0.554700 \\ 0 & -0.554700 & 0.832050 \end{pmatrix},$$

使得

$$A_1 = H_1 A H_1 = \begin{pmatrix} 5 & 1.386750 & 3.328200 \\ -7.211102 & -1.230768 & -8.153840 \\ 0 & -0.153846 & 2.230767 \end{pmatrix}.$$

A_1 为上海森伯格矩阵,A_1 与 A 特征值相同. 再用 Givens 变换对 A_1 进行 QR 分解. 对于 A_1 第一列向量$(5,-7.211102,0)^{\mathrm{T}}$,取 $\cos\theta_1 = 0.569803$,$\sin\theta_1 = -0.822781$,构造 Givens 矩阵 J_1,使得

$$J_1 = \begin{pmatrix} 0.569803 & -0.821781 & 0 \\ 0.821781 & 0.569803 & 0 \\ 0 & 0 & 1 \end{pmatrix},$$

$$J_1 A_1 = \begin{pmatrix} 8.774964 & 1.801596 & 8.597089 \\ 0 & 0.438310 & -1.911030 \\ 0 & -0.153846 & 2.230767 \end{pmatrix}.$$

类似地,再对 $J_1 A$ 第 2 列中向量 $y = (0.438310, -0.153846)^{\mathrm{T}}$,将其化为与 $e_1 = (1,0)^{\mathrm{T}}$ 平行的向量,故取 $\cos\theta_2 = 0.943564$,$\sin\theta_2 = -0.331189$,构造 J_2,则

$$J_2 = \begin{pmatrix} 1 & 0 & 0 \\ 0 & 0.943564 & -0.331189 \\ 0 & 0.331189 & 0.943564 \end{pmatrix},$$

$$J_2 J_1 A_1 = \begin{pmatrix} 8.774964 & 1.801596 & 8.597089 \\ 0 & 0.464526 & -2.541982 \\ 0 & 0 & 1.471953 \end{pmatrix} = R_1,$$

记

$$Q_1 = (J_2 J_1)^{\mathrm{T}} = \begin{pmatrix} 0.569803 & 0.775403 & 0.272165 \\ -0.821781 & 0.537643 & 0.188712 \\ 0 & -0.331189 & 0.943564 \end{pmatrix},$$

则 $A_1 = Q_1 R_1$,于是得

$$A_2 = R_1 Q_1 = \begin{pmatrix} 3.519482 & 4.925491 & 10.840117 \\ -0.381739 & 1.091627 & -2.310653 \\ 0 & -0.487495 & 1.388883 \end{pmatrix},$$

同理作 $A_2 = Q_2 R_2$ 分解,重复上述过程,迭代 15 次,得

$$A_{16} = R_{15} Q_{15} = \begin{pmatrix} 2.998478 & -1.001518 & 12.003026 \\ -0.001518 & 2.001522 & 1.981757 \\ 0 & 0 & 1.000000 \end{pmatrix},$$

所以 $\boldsymbol{A}$ 的特征值近似值为 $\lambda_1 \approx 2.998478, \lambda_2 \approx 2.001522, \lambda_3 \approx 1$，与特征值准确值3,2,1非常接近，继续迭代下去将收敛于准确值，但基本 QR 方法收敛速度是线性的，收敛较慢.

7.3 课后习题解答

1. 试用盖尔圆定理估计下面矩阵特征值的分布.

$$\begin{pmatrix} 4 & -1 & & & \\ -1 & 4 & -1 & & \\ & \ddots & \ddots & \ddots & \\ & & -1 & 4 & -1 \\ & & & -1 & 4 \end{pmatrix}.$$

解 矩阵对称，故特征值均为实数，由盖尔圆定理，特征值 λ_i 位于圆盘

$$|\lambda_i - 4| \leqslant 2$$

内，得 $2 \leqslant \lambda_i \leqslant 6 (i = 1, 2, \cdots, n)$.

2. 用幂法求矩阵 $\boldsymbol{A}$ 的主特征值及对应的特征向量，当特征值有三位小数稳定时迭代终止，取 $\boldsymbol{v}_0 = (1,1,1)^{\mathrm{T}}$.

$$\boldsymbol{A} = \begin{pmatrix} 7 & 3 & -2 \\ 3 & 4 & -1 \\ -2 & -1 & 3 \end{pmatrix}.$$

解 $\boldsymbol{v}_0 \neq \boldsymbol{0}, \boldsymbol{u}_k = \boldsymbol{A}\boldsymbol{v}_{k-1}, \boldsymbol{v}_k = \dfrac{\boldsymbol{u}_k}{\max(\boldsymbol{u}_k)}, k = 1, 2, \cdots,$

取 $\boldsymbol{v}_0 = (1,1,1)^{\mathrm{T}} \neq \boldsymbol{0}$，将 $\boldsymbol{A}$ 代入公式，计算结果如下：

k	$\boldsymbol{v}_k^{\mathrm{T}}$	$\max(\boldsymbol{u}_k)$
1	(1,0.75,0)	8
2	(1,0.648648649, −0.297297297)	9.25
4	(1,0.608798347, −0.388839681)	9.594900850
6	(1,0.605776832, −0.394120752)	9.605429002
7	(1,0.605609752, −0.394368924)	9.605572002

即 $\boldsymbol{A}$ 的主特征值为 $\lambda_1 \approx 9.605572$，特征向量 $\boldsymbol{x}_1 = (1, 0.605610, -0.394369)^{\mathrm{T}}$.

3. 求矩阵

$$\boldsymbol{A} = \begin{pmatrix} 2 & 3 & 2 \\ 10 & 3 & 4 \\ 3 & 6 & 1 \end{pmatrix}$$

的按模最大和最小的特征值.

解 (1) 应用幂法求按模最大的特征值. 取 $\boldsymbol{v}_0 = (1,1,1)^{\mathrm{T}}$，由幂法计算公式

$$\boldsymbol{u}_k = \boldsymbol{A}\boldsymbol{v}_{k-1}, \boldsymbol{v}_k = \frac{\boldsymbol{u}_k}{\max(\boldsymbol{u}_k)}, k = 1, 2, \cdots,$$

计算结果如下：

k	$\boldsymbol{v}_k^{\mathrm{T}}$			$\max(\boldsymbol{u}_k)$
0	1.000 000 000	1.000 000 000	1.000 000 000	
1	0.411 764 06	1.000 000 000	0.588 235 294	17.000 000 000
2	0.527 950 311	1.000 000 000	0.826 086 957	9.470 588 235
3	0.492 761 394	1.000 000 000	0.726 005 362	11.583 850 932
4	0.502 004 851	1.000 000 000	0.757 437 751	10.831 635 389
5	0.499 455 687	1.000 000 000	0.747 837 306	11.049 799 515
6	0.500 148 640	1.000 000000	0.750 616 681	10.985 906 091
7	0.499 959 477	1.000 000 000	0.749 827 131	11.003 953 119
8	0.500 011 053	1.000 000 000	0.750 048 013	10.998 903 290
9	0.499 996 986	1.000 000 000	0.749 986 749	11.000 302 583
10	0.500 000 822	1.000 000 000	0.750 003 642	10.999 916 852

即 $\boldsymbol{A}$ 的按模最大的特征值为 $\lambda_1 \approx 11$，对应的特征向量 $\boldsymbol{x}_1 = (0.5, 1, 0.75)^{\mathrm{T}}$.

(2) 应用反幂法求按模最小的特征值.

对 $\boldsymbol{A}$ 进行 LU 分解：

$$\boldsymbol{A} = \boldsymbol{LU} = \begin{pmatrix} 1 & 0 & 0 \\ 5 & 1 & 0 \\ \dfrac{3}{2} & \dfrac{1}{4} & 1 \end{pmatrix} \begin{pmatrix} 2 & 3 & 2 \\ 0 & -12 & -6 \\ 0 & 0 & -\dfrac{1}{2} \end{pmatrix},$$

或者计算 $\boldsymbol{A}^{-1}$：

$$\boldsymbol{A}^{-1} = \frac{1}{66}\begin{pmatrix} -21 & 9 & 6 \\ 2 & -4 & 12 \\ 51 & -3 & -24 \end{pmatrix},$$

则 $\lambda(A) = \dfrac{1}{\lambda(A^{-1})}$，取 $\boldsymbol{v}_0 = (1,1,1)^{\mathrm{T}}$，由公式

$$\boldsymbol{LUu}_k = \boldsymbol{v}_{k-1}\,(\text{或}\ \boldsymbol{u}_k = \boldsymbol{A}^{-1}\boldsymbol{v}_{k-1}),\ \boldsymbol{v}_k = \frac{\boldsymbol{u}_k}{\max(\boldsymbol{u}_k)},\ k = 1,2,\cdots,$$

计算结果如下：

k	$\boldsymbol{v}_k^{\mathrm{T}}$			$\max(\boldsymbol{u}_k)$
0	1.000 000 000	1.000 000 000	1.000 000 000	
1	−0.250 000 000	0.416 666 667	1.000 000 000	0.363 636 364
2	−0.394 736 842	−0.258 771 930	1.000 000 000	−0.575 757 576
3	−0.275 872 534	−0.282 448 154	1.000 000 000	−0.656 897 927
4	−0.248 542 565	−0.337 918 308	1.000 000 000	−0.563 972 042
5	−0.229 238 85	−0.360 457 25	1.000 000 000	−0.540 332 059
6	−0.218 745 484	−0.375 083 064	1.000 000 000	−0.524 456 774
7	−0.212 099 447	−0.383 853 821	1.000 000 000	−0.515 617 735
8	−0.207 910 230	−0.389 455 448	1.000 000 000	−0.510 0834 90
9	−0.205 204 260	−0.393 060 552	1.000 000 000	−0.506 591 748
10	−0.203 439 781	−0.395 413 703	1.000 000 000	−0.504 336 903

即 $\boldsymbol{A}$ 的按模最小的特征值为 $\lambda_3 \approx \frac{1}{-0.5} = -2$，对应的特征向量 $\boldsymbol{x}_3 \approx (-0.2, -0.4, 1)^{\mathrm{T}}$.

实际上，本题矩阵 $\boldsymbol{A}$ 的 3 个准确特征值为 11，-3，-2，以上计算结果合理.

4. 用反幂法求矩阵

$$\boldsymbol{A} = \begin{pmatrix} 6 & 2 & 1 \\ 2 & 3 & 1 \\ 1 & 1 & 1 \end{pmatrix}$$

的最接近于 6 的特征值及对应的特征向量.

解 按带原点平移的反幂法求解，取 $p=6$，将矩阵

$$\boldsymbol{B} = \boldsymbol{A} - p\boldsymbol{I} = \begin{pmatrix} 0 & 2 & 1 \\ 2 & -3 & 1 \\ 1 & 1 & -5 \end{pmatrix}$$

进行三角分解，得 $\boldsymbol{PB} = \boldsymbol{LU}$，其中

$$\boldsymbol{P} = \begin{pmatrix} 0 & 1 & 0 \\ 0 & 0 & 1 \\ 1 & 0 & 0 \end{pmatrix}, \boldsymbol{L} = \begin{pmatrix} 1 & & \\ \frac{1}{2} & 1 & \\ 0 & \frac{4}{5} & 1 \end{pmatrix}, \boldsymbol{U} = \begin{pmatrix} 2 & -3 & 1 \\ 0 & \frac{5}{2} & -\frac{11}{2} \\ 0 & 0 & \frac{27}{5} \end{pmatrix},$$

解 $\boldsymbol{Uv}_1 = (1,1,1)^{\mathrm{T}}$，得

$$\boldsymbol{v}_1 = (1.618\,518\,518, 0.807\,407\,407, 0.185\,185\,185)^{\mathrm{T}},$$

$$\boldsymbol{u}_1 = \frac{\boldsymbol{v}_1}{\max(\boldsymbol{v}_1)} = (1, 0.498\,855\,835, 0.114\,416\,475)^{\mathrm{T}},$$

再根据迭代公式

$$\boldsymbol{Ly}_k = \boldsymbol{Pu}_{k-1}, \boldsymbol{Uv}_k = \boldsymbol{y}_k, \boldsymbol{u}_k = \frac{\boldsymbol{v}_k}{\max(\boldsymbol{v}_k)}, \lambda = p + \frac{1}{\max(\boldsymbol{v}_k)},$$

计算结果如下：

$$\lambda \approx 6.617\,848\,97$$

$k=2$ 时，有

$$\boldsymbol{y}_2 = (0.498\,855\,835, -0.135\,011\,442, 1.108\,009\,154)^{\mathrm{T}},$$
$$\boldsymbol{v}_2 = (0.742\,944\,316, 0.397\,406\,559, 0.205\,186\,88)^{\mathrm{T}},$$
$$\boldsymbol{u}_2 = (1, 0.534\,907\,597, 0.276\,180\,698)^{\mathrm{T}},$$
$$\lambda \approx 7.345\,995\,896,$$
$$\vdots$$

$k=6$ 时，有

$$\boldsymbol{y}_6 = (0.522\,506\,89, -0.019\,568\,109, 1.015\,654\,488)^{\mathrm{T}},$$
$$\boldsymbol{v}_6 = (0.776\,020\,139, 0.405\,957\,918, 0.188\,084\,164)^{\mathrm{T}},$$

$$u_6 = (1, 0.523\,120\,87, 0.242\,370\,209)^{\mathrm{T}},$$
$$\lambda \approx 7.288\,626\,351,$$

$k=7$ 时,有

$$y_7 = (0.523\,128\,07, -0.019\,193\,826, 1.015\,355\,061)^{\mathrm{T}},$$
$$v_7 = (0.776\,528\,141, 0.405\,985\,642, 0.188\,028\,715)^{\mathrm{T}},$$
$$u_7 = (1, 0.522\,821\,544, 0.242\,140\,245)^{\mathrm{T}},$$
$$\lambda \approx 7.287\,783\,336\,.$$

从而 $\boldsymbol{A}$ 的最接近于 6 的特征值 $\lambda \approx 7.288$,对应的特征向量 $\boldsymbol{x} \approx (1, 0.5228, 0.2421)^{\mathrm{T}}$.

5. 设 $\boldsymbol{A}$ 是对称矩阵,λ 和 $\boldsymbol{x}(\|\boldsymbol{x}\|_2 = 1)$ 是 $\boldsymbol{A}$ 的一个特征值及对应的特征向量,又设 $\boldsymbol{P}$ 为一个正交阵,使

$$\boldsymbol{Px} = \boldsymbol{e}_1 = (1, 0, \cdots, 0)^{\mathrm{T}}.$$

证明:$\boldsymbol{B} = \boldsymbol{PAP}^{\mathrm{T}}$ 的第一行和第一列除了 λ 外其余元素均为零.

证明 因为 $\boldsymbol{B} = \boldsymbol{PAP}^{\mathrm{T}}$,$\boldsymbol{A}$ 是对称阵,所以 $\boldsymbol{B}^{\mathrm{T}} = (\boldsymbol{PAP}^{\mathrm{T}})^{\mathrm{T}} = \boldsymbol{PAP}^{\mathrm{T}} = \boldsymbol{B}$,即 $\boldsymbol{B}$ 为对称阵.

又因为 λ 和 $\boldsymbol{x}$ 是 $\boldsymbol{A}$ 的特征值及对应的特征向量,所以 $\boldsymbol{Ax} = \lambda\boldsymbol{x}$,而 $\boldsymbol{P}$ 为正交阵且 $\boldsymbol{Px} = \boldsymbol{e}_1$,所以

$$\boldsymbol{Be}_1 = \boldsymbol{PAP}^{\mathrm{T}}\boldsymbol{Px} = \boldsymbol{PAx} = \lambda\boldsymbol{Px} = \lambda\boldsymbol{e}_1,$$

即 $\boldsymbol{Be}_1 = \lambda\boldsymbol{e}_1$,故 $b_{21} = b_{31} = \cdots = b_{n1} = 0$,又由 $\boldsymbol{B}$ 的对称性,得 $b_{12} = b_{13} = \cdots = b_{1n} = 0$,从而得证.

6. 设矩阵 $\boldsymbol{A} \in \mathbb{R}^{n\times n}$ 为海森伯格形,$\boldsymbol{A}$ 非奇异,证明 QR 变换

$$\boldsymbol{A} = \boldsymbol{QR}, \boldsymbol{B} = \boldsymbol{Q}^{\mathrm{T}}\boldsymbol{AQ} = \boldsymbol{RQ}$$

中的矩阵 $\boldsymbol{Q}$ 和 $\boldsymbol{B}$ 都是海森伯格形. 按定理 7.2.3 的 QR 分解过程,$Q = H_1H_2\cdots H_{n-1}$,其中豪斯霍尔德矩阵

$$\boldsymbol{H}_i = \begin{pmatrix} \boldsymbol{I}_{i-1} & & \\ & \widetilde{\boldsymbol{H}}_i & \\ & & \boldsymbol{I}_{n-i-1} \end{pmatrix}, i = 1, 2, \cdots, n-1,$$

式中;$\widetilde{\boldsymbol{H}}_i$ 为二阶子矩阵.

证明 记 $\boldsymbol{A} = (a_{ij})$,$\boldsymbol{B} = (b_{ij})$,$\boldsymbol{Q} = (q_{ij})$,$\boldsymbol{R} = (r_{ij})$,其中 $\boldsymbol{Q}$ 是正交阵,$\boldsymbol{R}$ 是上三角阵. 由 $\boldsymbol{A}$ 非奇异知,$\boldsymbol{Q}$,$\boldsymbol{R}$ 非奇异,故 $\boldsymbol{R}$ 的所有对角元 $r_{ii} \neq 0 (i = 1, 2, \cdots, n)$.

由 $\boldsymbol{A} = \boldsymbol{QR}$,得 $a_{ij} = \sum\limits_{k=1}^{j} q_{ik}r_{ij}, (i, j = 1, 2, \cdots, n)$.

(1) 用数学归纳法证明 $\boldsymbol{Q}$ 是上海森伯格矩阵,即要证明当 $i > j+1$ 时,$q_{ij} = 0$.

当 $j=1$ 时,对 $i = 3, 4, \cdots, n$,由于 $\boldsymbol{A}$ 为上海森伯格矩阵,因此 $a_{i1} = 0$,从而 $q_{i1} = \dfrac{a_{i1}}{r_{11}} = 0$.

设 j 直到 l 时有 $q_{ik} = 0 (k = 1, 2, \cdots, l; i = k+2, k+3, \cdots, n; l < n-1)$,则当 $j = l+1$ 时,对 $i = l+3, l+4, \cdots, n$,利用

$$0=a_{i,l+1}=\sum_{k=1}^{l+1}q_{ik}r_{k,l+1}=\sum_{k=1}^{l}q_{ik}r_{k,l+1}+q_{i,l+1}r_{l+1,l+1}=q_{i,l+1}r_{l+1,l+1},$$

可得 $q_{i,l+1}=0$. 于是,由归纳法得知,对所有 q_{ij},当 $i>j+1$ 时,$q_{ij}=0$.

(2) 证明 $\boldsymbol{B}=\boldsymbol{RQ}$ 是上海森伯格矩阵.

当 $i>j+1$ 时,有

$$b_{i,j}=\sum_{k=1}^{n}r_{ik}q_{kj}=\sum_{k=1}^{i-1}r_{ik}q_{kj}+\sum_{k=i}^{n}r_{ik}q_{kj},$$

由 $r_{kj}=0(i>k)$ 以及 $q_{kj}=0(k\geqslant i>j+1)$ 得知,当 $i>j+1$ 时,有 $b_{ij}=0$,因此 $\boldsymbol{B}$ 也是上海森伯格矩阵.

7. 用 Givens 变换将矩阵

$$\boldsymbol{A}=\begin{pmatrix}0&12&16&-15\\12&288&309&185\\16&309&312&80\\-15&185&80&-600\end{pmatrix}$$

化为三对角矩阵.

解 记 $\boldsymbol{A}_1=\boldsymbol{A}$,第一列对角线以下的向量为 $\boldsymbol{x}=(x_1,x_2,x_3)^{\mathrm{T}}=(12,16,-15)^{\mathrm{T}}$,取

$$\cos\theta_1=\frac{x_1}{\sqrt{x_1^2+x_2^2}}=\frac{3}{5},\sin\theta_1=\frac{x_2}{\sqrt{x_1^2+x_2^2}}=\frac{4}{5}$$

构造 Givens 变换矩阵

$$\widetilde{\boldsymbol{H}}_1=\begin{pmatrix}\frac{3}{5}&\frac{4}{5}&0\\-\frac{4}{5}&\frac{3}{5}&0\\0&0&1\end{pmatrix},$$

使得 $\widetilde{\boldsymbol{H}}_1x=(20,0,-15)^{\mathrm{T}}$,令

$$\boldsymbol{H}_1=\begin{pmatrix}1&\boldsymbol{0}\\\boldsymbol{0}&\widetilde{\boldsymbol{H}}_1\end{pmatrix}=\begin{pmatrix}1&0&0&0\\0&\frac{3}{5}&\frac{4}{5}&0\\0&-\frac{4}{5}&\frac{3}{5}&0\\0&0&0&1\end{pmatrix}.$$

则有

$$\boldsymbol{A}_2=\boldsymbol{H}_1\boldsymbol{A}_1\boldsymbol{H}_1^{\mathrm{T}}=\begin{pmatrix}0&20&0&-15\\20&600&-75&175\\0&-75&0&-100\\-15&175&-100&-600\end{pmatrix}.$$

记 $\boldsymbol{y}=(y_1,y_2,y_3)^{\mathrm{T}}=(20,0,-15)^{\mathrm{T}}$,取 $\cos\theta_2=\frac{4}{5},\sin\theta_2=-\frac{3}{5}$.

构造 Givens 变换

$$\widetilde{H}_2 = \begin{pmatrix} \frac{4}{5} & 0 & -\frac{3}{5} \\ 0 & 1 & 0 \\ \frac{3}{5} & 0 & \frac{4}{5} \end{pmatrix},$$

使得 $\widetilde{H}_2 y = (25,0,0)^{\mathrm{T}}$，令

$$H_2 = \begin{pmatrix} 1 & \mathbf{0} \\ \mathbf{0} & \widetilde{H}_2 \end{pmatrix} = \begin{pmatrix} 1 & 0 & 0 & 0 \\ 0 & \frac{4}{5} & 0 & -\frac{3}{5} \\ 0 & 0 & 1 & 0 \\ 0 & \frac{3}{5} & 0 & \frac{4}{5} \end{pmatrix},$$

则有

$$A_3 = H_2 A_2 H_2^{\mathrm{T}} = H_2 H_1 A_1 H_1^{\mathrm{T}} H_2^{\mathrm{T}} = \begin{pmatrix} 0 & 25 & 0 & 0 \\ 25 & 0 & 0 & 625 \\ 0 & 0 & 0 & -125 \\ 0 & 625 & -125 & 0 \end{pmatrix}.$$

记 $z = (0,625)^{\mathrm{T}}$，构造 $\widetilde{H}_3 = \begin{pmatrix} 0 & 1 \\ -1 & 0 \end{pmatrix}$，使得 $\widetilde{H}_3 z = (625,0)^{\mathrm{T}}$，令

$$H_3 = \begin{pmatrix} 1 & \mathbf{0} \\ \mathbf{0} & \widetilde{H}_3 \end{pmatrix} = \begin{pmatrix} 1 & 0 & 0 & 0 \\ 0 & 1 & 0 & 0 \\ 0 & 0 & 0 & 1 \\ 0 & 0 & -1 & 0 \end{pmatrix},$$

则有

$$A_4 = H_3 A_3 H_3^{\mathrm{T}} = H_3 H_2 H_1 A_1 H_1^{\mathrm{T}} H_2^{\mathrm{T}} H_3^{\mathrm{T}} = \begin{pmatrix} 0 & 25 & 0 & 0 \\ 25 & 0 & 625 & 0 \\ 0 & 625 & 0 & 125 \\ 0 & 0 & 125 & 0 \end{pmatrix}.$$

令 $Q = H_3 H_2 H_1$，则 QAQ^{T} 化 A 为上述三对角阵.

8. 用豪斯霍尔德变换将矩阵

$$A = \begin{pmatrix} 5 & 2 & 3 \\ 2 & 8 & 1 \\ 3 & 1 & 7 \end{pmatrix}$$

化为三对角矩阵.

解 将向量 $(2,3)^{\mathrm{T}}$ 作豪斯霍尔德变换，变为与 $e = (1,0)^{\mathrm{T}}$ 平行的向量. 由公式得

$$\sigma = \mathrm{sgn}(2)\left(\sum_{i=2}^{3} a_{i1}^2\right)^{\frac{1}{2}} = \sqrt{2^2 + 3^2} = \sqrt{13},$$

$$u = (2,3)^{\mathrm{T}} + \sigma e = (2+\sqrt{13},3)^{\mathrm{T}},$$

$$\beta = \frac{1}{2}\|u\|_2^2 = \sigma(\sigma+2) = 13+2\sqrt{13},$$

$$\widetilde{H}_1 = I - \beta^{-1}uu^{\mathrm{T}} = \begin{pmatrix}1 & 0\\ 0 & 1\end{pmatrix} - \frac{1}{13+2\sqrt{13}}\begin{pmatrix}(2+\sqrt{13})^2 & 6+3\sqrt{13}\\ 6+3\sqrt{13} & 9\end{pmatrix}$$

$$= \begin{pmatrix}-0.554702 & -0.832051\\ -0.832051 & 0.554700\end{pmatrix},$$

所求豪斯霍尔德变换矩阵为

$$H = \begin{pmatrix}1 & 0\\ 0 & \widetilde{H}_1\end{pmatrix} = \begin{pmatrix}1 & 0 & 0\\ 0 & -0.554702 & -0.832051\\ 0 & -0.832051 & 0.554700\end{pmatrix},$$

满足

$$HAH^{\mathrm{T}} = \begin{pmatrix}5 & 3.605552 & 0\\ 3.605552 & 8.230751 & 0.846144\\ 0 & 0.846144 & 6.769226\end{pmatrix}.$$

9. 对下述矩阵 A 作 QR 分解：

$$A = \begin{pmatrix}2 & 4 & 2\\ -1 & 0 & -4\\ 2 & 2 & -1\end{pmatrix}.$$

解 用豪斯霍尔德变换求解.

第一步，将 A 的第一列变为与 $e_1=(1,0,0)^{\mathrm{T}}$ 平行的向量，取

$$\sigma_1 = \sqrt{2^2+(-1)^2+2^2} = 3, u_1 = (2,-1,2)^{\mathrm{T}} + \sigma_1 e_1 = (5,-1,2)^{\mathrm{T}},$$

$$\beta_1 = \frac{1}{2}\|u_1\|_2^2 = \sigma_1(\sigma_1+2) = 15,$$

因此，所求反射阵为

$$H_1 = I_3 - \beta_1^{-1}u_1u_1^{\mathrm{T}} = \begin{pmatrix}-\frac{2}{3} & \frac{1}{3} & -\frac{2}{3}\\ \frac{1}{3} & \frac{14}{15} & \frac{2}{15}\\ -\frac{2}{3} & \frac{2}{15} & \frac{11}{15}\end{pmatrix}, H_1A = \begin{pmatrix}-3 & -4 & -2\\ 0 & \frac{8}{5} & -\frac{16}{5}\\ 0 & -\frac{6}{5} & -\frac{13}{5}\end{pmatrix}.$$

第二步，将 H_1A 第二列中的二维向量 $\left(\frac{8}{5},-\frac{6}{5}\right)^{\mathrm{T}}$ 变为与 $e_2=(1,0)^{\mathrm{T}}$ 平行的向量，取

$$\sigma_2 = \frac{10}{5}, u_2 = \left(\frac{8}{5},-\frac{6}{5}\right)^{\mathrm{T}} + \sigma_2 e_2 = \left(\frac{18}{5},-\frac{6}{5}\right)^{\mathrm{T}},$$

$$\beta_2 = \frac{1}{2}\|u_2\|_2^2 = \sigma_2\left(\sigma_2+\frac{8}{5}\right) = \frac{36}{5},$$

所求反射阵为

$$\widetilde{H}_2 = I_2 - \beta_2^{-1} u_2 u_2^{\mathrm{T}} = \begin{pmatrix} -\frac{4}{5} & \frac{3}{5} \\ \frac{3}{5} & \frac{4}{5} \end{pmatrix},$$

令

$$H_2 = \begin{pmatrix} 1 & \mathbf{0} \\ \mathbf{0} & \widetilde{H}_2 \end{pmatrix} = \begin{pmatrix} 1 & 0 & 0 \\ 0 & -\frac{4}{5} & \frac{3}{5} \\ 0 & \frac{3}{5} & \frac{4}{5} \end{pmatrix},$$

则

$$H_2 H_1 A = \begin{pmatrix} -3 & -4 & -2 \\ 0 & -2 & 1 \\ 0 & 0 & -4 \end{pmatrix},$$

于是令

$$Q = (H_2 H_1)^{-1} = H_1 H_2 = \frac{1}{3}\begin{pmatrix} -2 & -2 & -1 \\ 1 & -2 & 2 \\ -2 & 1 & 2 \end{pmatrix}, R = \begin{pmatrix} -3 & -4 & -2 \\ 0 & -2 & 1 \\ 0 & 0 & -4 \end{pmatrix},$$

则 $A = QR$ 为 A 的 QR 分解.

10. 用 QR 方法计算矩阵

$$A = \begin{pmatrix} 3 & 1 & 0 \\ 1 & 2 & 1 \\ 0 & 1 & 1 \end{pmatrix}$$

的特征值.

解 令 $A_1 = A$，并对 A_1 作 QR 分解，得

$$A_1 = \begin{pmatrix} -0.948683 & 0.267261 & 0.169031 \\ -0.316228 & -0.801784 & -0.507093 \\ 0.000000 & -0.534522 & 0.845154 \end{pmatrix} \begin{pmatrix} -3.162278 & -1.581139 & -0.316228 \\ 0.000000 & -1.870829 & -1.336306 \\ 0.000000 & 0.000000 & 0.338062 \end{pmatrix}$$

$$= Q_1 R_1,$$

于是

$$A_2 = R_1 Q_1 = \begin{pmatrix} 3.500000 & 0.591608 & 0.000000 \\ 0.591608 & 2.214286 & -0.180702 \\ 0.000000 & -0.180702 & 0.285714 \end{pmatrix},$$

同理作 $A_2 = Q_2 R_2$ 分解，又得

$$A_3 = R_2 Q_2 = \begin{pmatrix} 3.658730 & 0.348755 & 0.000000 \\ 0.348755 & 2.073015 & 0.023252 \\ 0.000000 & 0.023252 & 0.268255 \end{pmatrix},$$

继续下去，得

$$A_{11}=R_{11}Q_{11}=\begin{pmatrix}3.732050 & 0.001327 & 0.000000\\ 0.001327 & 2.000001 & 0.000000\\ 0.000000 & 0.000000 & 0.267949\end{pmatrix},$$

$$A_{12}=R_{12}Q_{12}=\begin{pmatrix}3.732051 & 0.000711 & 0.000000\\ 0.000711 & 2.000000 & 0.000000\\ 0.000000 & 0.000000 & 0.267949\end{pmatrix},$$

可见,$\boldsymbol{A}_{12}$已接近对角阵,$\boldsymbol{A}$ 的三个特征值为

$$\lambda_1\approx 3.732051,\lambda_2\approx 2,\lambda_3\approx 0.267949.$$

进一步迭代,将收敛到矩阵 $\boldsymbol{A}$ 的三个精确特征值.

第 8 章　常微分方程的数值解法

8.1　基本要求与知识要点

本章要求了解常微分方程数值解的基本概念和基本思想，掌握欧拉方法和改进的欧拉方法；熟悉局部截断误差和整体截断误差，了解单步法的收敛性与稳定性；掌握经典四阶龙格－库塔方法；熟悉阿达姆斯线性多步法；了解微分方程组数值解和微分方程边值问题的数值解法.

一、常微分方程数值解法的基本思想

一阶常微分方程初值问题，形式如下

$$\begin{cases} \dfrac{dy}{dx} = f(x,y), \\ y(a) = y_0, \end{cases} \quad a \leqslant x \leqslant b. \tag{8-1}$$

所谓常微分方程数值解法，就是寻求问题（8－1）的解 $y(x)$ 在一系列离散节点

$$a = x_0 < x_1 < \cdots < x_N = b$$

的近似值 $y_n(n=1,2,\cdots,N)$.

定义 8.1　如果存在常数 $L>0$，使得对任意 $x\in[a,b]$ 及 $y_1,y_2\in\mathbb{R}$，有

$$|f(x,y_1)-f(x,y_2)|\leqslant L|y_1-y_2|,$$

则称 f 关于 y 满足利普希茨条件，L 称为利普希茨常数.

本章讨论中，总假定函数 $f(x,y)$ 连续，并且对变量 y 满足利普希茨条件.

定理 8.1　设 f 在区域 $D=\{(x,y)|a\leqslant x\leqslant b, y\in\mathbb{R}\}$ 上连续，关于 y 满足利普希茨条件，则对任意 $x_0\in[a,b]$，$y_0\in\mathbb{R}$，常微分方程初值问题（8－1）当 $x\in[a,b]$ 时存在唯一的连续可微解 $y(x)$.

微分方程数值解法本质上是将连续问题转化为离散问题然后求解，最后利用离散问题的解代替原来问题的解，离散化通常有三种方法：差商逼近法，数值积分法，泰勒展开法.

二、欧拉方法

1. 几种常用的差分格式

显式欧拉公式：$y_{n+1}=y_n+hf(x_n,y_n)$.

隐式欧拉公式：$y_{n+1}=y_n+hf(x_{n+1},y_{n+1})$.

梯形公式：$y_{n+1}=y_n+\dfrac{h}{2}[f(x_n,y_n)+f(x_{n+1},y_{n+1})]$.

改进的欧拉公式：

$$\begin{cases}\bar{y}_{n+1} = y_n + hf(x_n, y_n), \\ y_{n+1} = y_n + \dfrac{h}{2}[f(x_n, y_n) + f(x_{n+1}, \bar{y}_{n+1})].\end{cases}$$

2. 截断误差

单步法的统一形式可写成

$$y_{n+1} = y_n + h\varphi(x_n, y_n, x_{n+1}, y_{n+1}, h), \tag{8-2}$$

其中多元函数 φ 与 $f(x,y)$ 有关，称为增量函数. 若 φ 中不含有 y_{n+1}，则对应的方法为显式的，否则为隐式的.

定义 8.2 设 $y(x)$ 是微分方程初值问题(8-1)的准确解，若从 $y(x_0)=y_0$ 出发，如果考虑每一步产生的误差，直到 x_n，则有误差 $e_n = y(x_n) - y_n$，称为在 x_n 点的整体截断误差. 又称

$$T_{n+1} = y(x_{n+1}) - y(x_n) - h\varphi(x_n, y(x_n), x_{n+1}, y(x_{n+1}), h)$$

为局部截断误差.

定义 8.3 若存在最大整数 p，使得求解微分方程的数值方法的局部截断误差为

$$T_{n+1} = O(h^{p+1}),$$

则称该方法具有 p 阶精度. 含有 h^{p+1} 的项称为该方法的局部截断误差主项.

显式欧拉公式是一阶精度，其局部截断误差主项为 $\dfrac{h^2}{2}y''(x_n)$.

隐式欧拉公式是一阶精度，其局部截断误差主项为 $-\dfrac{h^2}{2}y''(x_n)$.

梯形公式是二阶精度，其局部截断误差主项为 $-\dfrac{h^3}{12}y'''(x_n)$.

改进的欧拉法是二阶精度，其局部截断误差主项为

$$h^3\left[-\frac{1}{12}y'''(x_n) + \frac{1}{4}(y''(x_n)f_y(x_n, y(x_n)))\right].$$

三、龙格-库塔方法

龙格-库塔方法的一般形式

$$\begin{cases}y_{n+1} = y_n + h\sum\limits_{i=1}^{r} c_i K_i, \\ K_1 = f(x_n, y_n), \qquad\qquad i = 2,3,\cdots,r, \\ K_i = f\left(x_n + \lambda_i h, y_n + h\sum\limits_{j=1}^{i-1}\mu_{ij}K_j\right),\end{cases} \tag{8-3}$$

式中：c_i, λ_i, μ_{ij} 均为常数.

式(8-3)称为 r 级显式龙格-库塔方法(简称 R-K 方法).

常用的龙格-库塔方法有以下几种.

（1）二阶中点公式：

$$\begin{cases} y_{n+1} = y_n + hK_2, \\ K_1 = f(x_n, y_n), \\ K_2 = f\left(x_n + \frac{h}{2}, y_n + \frac{h}{2}K_1\right). \end{cases} \tag{8-4}$$

（2）二阶 Heun 公式：

$$\begin{cases} y_{n+1} = y_n + h\left(\frac{1}{4}K_1 + \frac{3}{4}K_2\right), \\ K_1 = f(x_n, y_n), \\ K_2 = f\left(x_n + \frac{2}{3}h, y_n + \frac{2}{3}hK_1\right). \end{cases} \tag{8-5}$$

（3）改进的欧拉公式：

$$\begin{cases} y_{n+1} = y_n + h\left(\frac{1}{2}K_1 + \frac{1}{2}K_2\right), \\ K_1 = f(x_n, y_n), \\ K_2 = f(x_n + h, y_n + hK_1). \end{cases} \tag{8-6}$$

（4）经典四阶龙格－库塔公式：

$$\begin{cases} y_{n+1} = y_n + \frac{h}{6}(K_1 + 2K_2 + 2K_3 + K_4), \\ K_1 = f(x_n, y_n), \\ K_2 = f\left(x_n + \frac{h}{2}, y_n + \frac{h}{2}K_1\right), \\ K_3 = f\left(x_n + \frac{h}{2}, y_n + \frac{h}{2}K_2\right), \\ K_4 = f(x_n + h, y_n + hK_3). \end{cases} \tag{8-7}$$

（5）变步长的龙格－库塔方法．设用 p 阶龙格－库塔方法计算 y_{n+1}. 从节点 x_n 出发，以步长 h 计算一步，求 $y(x_{n+1})$ 的近似值 $y_{n+1}^{(h)}$，由于 p 阶方法的局部截断误差为 $O(h^{p+1})$，故有

$$y(x_{n+1}) - y_{n+1}^{(h)} = ch^{p+1} + O(h^{p+2}).$$

将步长折半，即取 $\frac{h}{2}$ 为步长，仍从 x_n 出发，计算两步得 $y(x_{n+1})$ 的另一近似值 $y_{n+1}^{(\frac{h}{2})}$，其中每一步的局部截断误差为 $c\left(\frac{h}{2}\right)^{p+1}$，因此有

$$y(x_{n+1}) - y_{n+1}^{(\frac{h}{2})} = 2c\left(\frac{h}{2}\right)^{p+1} + O(h^{p+2}),$$

可得 $y(x_{n+1})$ 的修正的近似计算公式

$$y_{n+1} = \frac{2^p y_{n+1}^{(\frac{h}{2})} - y_{n+1}^{(h)}}{2^p - 1},$$

还可得 $y_{n+1}^{(\frac{h}{2})}$ 作为 $y(x_{n+1})$ 近似值的事后误差估计式

$$y(x_{n+1}) - y_{n+1}^{(\frac{h}{2})} \approx \frac{1}{2^p - 1}(y_{n+1}^{(\frac{h}{2})} - y_{n+1}^{(h)}),$$

通过检查步长,用折半前后两次计算结果之差 $\Delta = |y_{n+1}^{(\frac{h}{2})} - y_{n+1}^{(h)}|$ 来判定所选的步长是否合适,具体做法是:

(1) 对于给定的精度 ε,如果 $\Delta > \varepsilon$,则反复将步长折半进行计算,直至 $\Delta < \varepsilon$ 为止,并取最终得到的 $y_{n+1}^{(\frac{h}{2})}$ 作为结果.

(2) 如果 $\Delta < \varepsilon$,则反复将步长加倍进行计算,直至 $\Delta > \varepsilon$ 为止,这时再将步长折半一次,就得到所要的结果.

这种将步长加倍或折半来计算 $y(x_{n+1})$ 近似值的方法称为变步长方法.

四、单步法的收敛性与稳定性

定义 8.4 若求解微分方程的一种数值方法对于固定的 $x_n = x_0 + nh$,当 $h \to 0$(同时 $n \to \infty$)时,单步法的近似解均有 $y_n \to y(x_n)$,则称该方法是收敛的.

定理 8.2 设单步法 $y_{n+1} = y_n + h\varphi(x_n, y_n, h)$ 具有 p 阶精度,且增量函数 $\varphi(x,y,h)$ 关于 y 满足利普希茨条件

$$|\varphi(x,y,h) - \varphi(x,\bar{y},h)| \leqslant L_\varphi |y - \bar{y}|,$$

又设初值 y_0 是准确的,即 $y_0 = y(x_0)$,则其整体截断误差为

$$y(x_n) - y_n = O(h^p).$$

推论 8.1 如微分方程(8-1)的右端 $f(x,y)$ 关于 y 满足利普希茨条件,且初值是精确的,则显式欧拉方法、改进的欧拉方法和龙格-库塔方法是收敛的.

定义 8.5 设用数值方法计算 y_n 时有大小为 δ_n 的扰动,即 $\bar{y}_n = y_n + \delta_n$,如果由该扰动引起以后各节点值 $y_m(m > n)$ 的偏差 δ_m 均满足 $|\delta_m| \leqslant |\delta_n|$,则称该数值方法是稳定的,也称绝对稳定.

微分方程 $y' = \lambda y$(λ 为复数)称为模型方程(或试验方程),通过该模型方程,可以研究各种微分方程数值解法的稳定性问题.

显式欧拉方法的绝对稳定区间为 $-2 \leqslant \lambda h \leqslant 0$.

梯形法的绝对稳定区间为 $-\infty < \lambda h \leqslant 0$.

二阶龙格-库塔方法的绝对稳定区间为 $-2 \leqslant \lambda h \leqslant 0$.

四阶经典龙格-库塔方法的绝对稳定区间为 $-2.78 \leqslant \lambda h \leqslant 0$.

五、线性多步法

如果计算 y_{n+k} 时,除用 y_{n+k-1} 的值,还用到 $y_{n+i}(i=0,1,\cdots,k-2)$ 的值,则称此方法为线性多步法. 线性多步法的一般形式为

$$y_{n+k} = \sum_{i=0}^{k-1} \alpha_i y_{n+i} + h \sum_{i=0}^{k} \beta_i f_{n+i}, \tag{8-8}$$

式中:y_{n+i} 为 $y(x_{n+i})$ 的近似值;$f_{n+i} = f(x_{n+i}, y_{n+i})$,$x_{n+i} = x_n + ih$,$\alpha_i$,$\beta_i$ 为常数.

定义 8.6 设 $y(x)$ 是初值问题(8-1)微分方程的准确解，线性多步法(8-8)在 x_{n+k} 处的局部截断误差为

$$T_{n+k} = y(x_{n+k}) - \sum_{i=0}^{k-1} \alpha_i y(x_{n+i}) - h\sum_{i=0}^{k} \beta_i y'(x_{n+i}).$$

若 $T_{n+k}=O(h^{p+1})$，则称线性多步法(8-8)是 p 阶的.

定义 8.7 在式(8-8)中，令 $\alpha_0=\alpha_1=\cdots=\alpha_{k-2}=0,\alpha_{k-1}=1$，得

$$y_{n+k} = y_{n+k-1} + h\sum_{i=0}^{k}\beta_i f_{n+i}, \tag{8-9}$$

称式(8-9)为 k 步阿达姆斯方法. 当 $\beta_k=0$ 时，称为阿达姆斯显式方法. 当 $\beta_k\neq 0$ 时，称为阿达姆斯隐式方法.

阿达姆斯四步四阶显式公式为

$$y_{n+4} = y_{n+3} + \frac{h}{24}(55f_{n+3} - 59f_{n+2} + 37f_{n+1} - 9f_n).$$

阿达姆斯三步四阶隐式公式为

$$y_{n+3} = y_{n+2} + \frac{h}{24}(9f_{n+3} + 19f_{n+2} - 5f_{n+1} + f_n).$$

其他方法如辛普森方法、米尔尼方法、汉明方法等(见教材)，也是重要的微分方程数值解法.

六、有关常微分方程其它形式的数值解

前面所述一阶常微分方程的各种数值解法可以推广到一阶常微分方程组，而高阶常微分方程可以通过变换化为一阶常微分方程组来求解.

关于微分方程边值问题的数值解法，常采用差分法，它是求解常微分方程边值问题的一种常用方法，其基本思想是：用离散的、只含有有限个未知量的差分方程去近似代替连续变量的微分方程和边界条件，并把差分方程的解作为原边值问题的近似解.

8.2 典型例题选讲

例 8.1 分别用欧拉法、改进的欧拉法和梯形法解初值问题，取步长 $h=0.1$.

$$\begin{cases} \dfrac{dy}{dx} = -y + x + 1,\ 0 \leqslant x \leqslant 0.5, \\ y(0) = 1. \end{cases}$$

解 这里 $f(x,y)=-y+x+1, h=0.1, x_0=0, y_0=1, x_{n+1}=x_n+h$.

欧拉公式为

$$y_{n+1} = y_n + h(-y_n + x_n + 1) = 0.9y_n + 0.1x_n + 0.1.$$

改进的欧拉法为

$$\begin{cases} \bar{y}_{n+1} = y_n + h(-y_n + x_n + 1), \\ y_{n+1} = y_n + \dfrac{h}{2}[(-y_n + x_n + 1) + (-\bar{y}_{n+1} + x_{n+1} + 1)]. \end{cases}$$

解得

$$y_{n+1}=0.905y_n+0.095x_n+0.1.$$

梯形法为

$$y_{n+1}=y_n+\frac{h}{2}[(-y_n+x_n+1)+(-y_{n+1}+x_{n+1}+1)],$$

解得

$$y_{n+1}=\frac{1}{1.05}(0.95y_n+0.1x_n+0.105).$$

计算结果如下：

x_n	欧拉法		改进欧拉法		梯形法		$y(x_n)$
	y_n	$\lvert y(x_n)-y_n\rvert$	y_n	$\lvert y(x_n)-y_n\rvert$	y_n	$\lvert y(x_n)-y_n\rvert$	
0	1.000 000	0	1.000 000	0	1.000 000	0	0
0.1	1.000 000	4.8×10^{-3}	1.005 000	1.6×10^{-4}	1.004 762	7.5×10^{-5}	1.004 837
0.2	1.010 000	8.7×10^{-3}	1.019 025	2.9×10^{-4}	1.018 594	1.4×10^{-4}	1.018 731
0.3	1.029 000	1.2×10^{-2}	1.041 218	4.0×10^{-4}	1.040 633	1.9×10^{-4}	1.040 818
0.4	1.056 100	1.4×10^{-2}	1.070 802	4.8×10^{-4}	1.070 096	2.2×10^{-4}	1.070 320
0.5	1.090 490	1.6×10^{-2}	1.107 076	5.5×10^{-4}	1.106 278	2.5×10^{-4}	1.106 531

例 8.2 用二阶泰勒展开法求初值问题

$$\begin{cases}y'=x^2+y^2,\\ y(1)=1\end{cases}$$

的解在 $x=1.5$ 时的近似值，取步长 $h=0.25$，至少保留 5 位小数.

解 二阶泰勒展开式为

$$y(x_{n+1})=y(x_n)+y'(x_n)h+\frac{y''(x_n)}{2!}h^2+o(h^3).$$

用 $y'=x^2+y^2, y''=2x+2yy'=2x+2y(x^2+y^2)$ 代入上式并略去高阶项 $o(h^3)$，得求解公式

$$y_{n+1}=y_n+h(x_n^2+y_n^2)+\frac{h^2}{2}[2x_n+2y_n(x_n^2+y_n^2)].$$

由 $x_0=1, y(x_0)=y_0=1$，计算得

$$y(1.25)\approx y_1=1.6875, y(1.5)\approx y_2=3.333298.$$

例 8.3 推导初值问题

$$\begin{cases}\dfrac{dy}{dx}=f(x,y), & a\leqslant x\leqslant b\\ y(a)=b,\end{cases}$$

的数值求解公式 $y_{n+1}=y_{n-1}+\frac{h}{3}(y_{n+1}+4y_n+y_{n-1})$.

证明 用数值积分法构造该数值解公式，对方程$\frac{dy}{dx}=f(x,y)$在区间$[x_{n-1},x_{n+1}]$上积分，得

$$y(x_{n+1})=y(x_{n-1})+\int_{x_{n-1}}^{x_{n+1}}f(x,y(x))dx,$$

记步长为h，对积分$\int_{x_{n-1}}^{x_{n+1}}f(x,y(x))dx$采用辛普森求积公式，得

$$\begin{aligned}\int_{x_{n-1}}^{x_{n+1}}f(x,y(x))dx&=\frac{2h}{6}[f(x_{n-1})+4f(x_n)+f(x_{n+1})]\\&\approx\frac{h}{3}(y_{n-1}+4y_n+y_{n+1}),\end{aligned}$$

所以得数值求解公式$y_{n+1}=y_{n-1}+\frac{h}{3}(y_{n+1}+4y_n+y_{n-1})$.

例 8.4 证明用欧拉法求解初值问题

$$\begin{cases}y'=\lambda y,\\y(0)=1\end{cases}$$

的计算公式为$y_n=(1+h\lambda)^n$（h为步长），且$n\to\infty$时，y_n收敛于初值问题的精确解.

证明 欧拉法为

$$y_{n+1}=y_n+hf(x_n,y_n)=y_n+h\lambda y_n=(1+h\lambda)y_n,$$

递推下去，得

$$y_n=(1+h\lambda)y_{n-1}=(1+h\lambda)^2y_{n-2}=\cdots=(1+h\lambda)^ny_0,$$

代入$y_0=1$，于是得计算公式$y_n=(1+h\lambda)^n$.

由于$x_0=0,x=nh,h=\frac{x}{n}$，于是

$$\lim_{n\to\infty}y_n=\lim_{n\to\infty}(1+h\lambda)^n=\lim_{n\to\infty}\left(1+\frac{\lambda x}{n}\right)^n=\lim_{n\to\infty}\left[\left(1+\frac{\lambda x}{n}\right)^{\frac{n}{\lambda x}}\right]^{\lambda x}=e^{\lambda x},$$

即数值解收敛于初值问题的精确解$e^{\lambda x}$.

例 8.5 推导梯形法、改进的欧拉法的阶及其局部截断误差主项的表达式.

解 利用泰勒公式. 对于梯形法，局部截断误差为

$$\begin{aligned}T_{n+1}&=y(x_{n+1})-y(x_n)-\frac{h}{2}[f(x_n,y(x_n))+f(x_{n+1},y(x_{n+1}))]\\&=y(x_{n+1})-y(x_n)-\frac{h}{2}[y'(x_n)+y'(x_{n+1})]\\&=y(x_n)+hy'(x_n)+\frac{h^2}{2}y''(x_n)+\frac{h^3}{6}y'''(x_n)-y(x_n)\\&\quad-\frac{h}{2}\left[2y'(x_n)+hy''(x_n)+\frac{h^2}{2}y'''(x_n)\right]+O(h^4)\\&=-\frac{h^3}{12}y'''(x_n)+O(h^4),\end{aligned}$$

所以梯形法是二阶方法，其局部截断误差主项为 $-\frac{h^3}{12}y'''(x_n)$.

二元函数 $f(x,y)$ 的泰勒展开式为

$$f(x+\Delta x,y+\Delta y)=f+f_x\Delta x+f_y\Delta y+\frac{1}{2!}[f_{xx}(\Delta x)^2+2f_{xy}\Delta x\Delta y+f_{yy}(\Delta y)^2]+\cdots,$$

且知

$$y'(x)=f(x,y(x)),$$

$$y''(x)=\frac{d}{dx}f(x,y(x))=f_x+f_yy'(x)=f_x+f_yf,$$

$$y''(x)=f_{xx}+2ff_{xy}+f^2f_{yy}+f_y(f_x+ff_y).$$

对于改进的欧拉法，局部截断误差为

$$\begin{aligned}T_{n+1}&=y(x_{n+1})-y(x_n)-\frac{h}{2}[f(x_n,y(x_n))+f(x_{n+1},y(x_n)+hf(x_n,y(x_n)))]\\&=y(x_n)+hy'(x_n)+\frac{h^2}{2}y''(x_n)+\frac{h^3}{6}y'''(x_n)+\cdots-y(x_n)\\&\quad-\frac{h}{2}\left[2y'(x_n)+hy''(x_n)+\frac{h^2}{2}(f_{xx}+2ff_{xy}+f^2f_{xy})|_{(x_n,y(x_n))}\right]+O(h^4)\\&=h^3\left[\frac{1}{6}y'''(x_n)-\frac{1}{4}(f_{xx}+2ff_{xy}+f^2f_{xy})|_{(x_n,y(x_n))}\right]+O(h^4)\\&=h^3\left[\frac{1}{6}y'''(x_n)-\frac{1}{4}(y'''(x_n)-f_y(x_n,y(x_n))y'''(x_n)\right]+O(h^4)\\&=h^3\left[-\frac{1}{12}y'''(x_n)+\frac{1}{4}(y''(x_n)f_y(x_n,y(x_n)))\right]+O(h^4).\end{aligned}$$

所以改进的欧拉法是二阶方法，其局部截断误差主项为

$$h^3\left[-\frac{1}{12}y'''(x_n)+\frac{1}{4}(y''(x_n)f_y(x_n,y(x_n)))\right].$$

例 8.6 试证明由

$$y_{n+1}=y_n+\frac{1}{6}h[4f(x_n,y_n)+2f(x_{n+1},y_{n+1})+hf'(x_n,y_n)]$$

所定义的隐式单步法为三阶方法.

证明 设 $y_n=y(x_n)$，利用泰勒公式，得

$$f(x_{n+1},y_{n+1})=y'(x_{n+1})=y'(x_n)+hy''(x_n)+\frac{h^2}{2}y'''(x_n)+\frac{h^3}{6}y^{(4)}(x_n)+O(h^4).$$

则 y_{n+1} 在 x_n 处的泰勒展开式为

$$\begin{aligned}y_{n+1}&=y(x_n)+\frac{1}{6}h\{4y'(x_n)+2[y'(x_n)+hy''(x_n)\\&\quad+\frac{h^2}{2}y'''(x_n)+\frac{h^3}{6}y^{(4)}(x_n)+O(h^4)]+hy''(x_n)\}\\&=y(x_n)+hy'(x_n)+\frac{h^2}{2}y''(x_n)+\frac{h^3}{6}y'''(x_n)+\frac{h^4}{18}y^{(4)}(x_n)+O(h^5).\end{aligned}$$

而 $y(x_{n+1})$ 在 x_n 处的泰勒展开式为

$$y(x_{n+1}) = y(x_n) + y'(x_n)h + \frac{y''(x_n)}{2}h^2 + \frac{y'''(x_n)}{6}h^3 + \frac{y^{(4)}(x_n)}{24}h^4 + O(h^5),$$

于是有

$$T_{n+1} = y(x_{n+1}) - y_{n+1} = -\frac{1}{72}h^4 y^{(4)}(x_n) + O(h^5),$$

故所定义的隐式单步法为三阶方法.

例 8.7 用欧拉法求解初值问题

$$\begin{cases} y' = -5y + x, \\ y(x_0) = y_0. \end{cases}$$

如何选取步长 h 才能使计算稳定?

解 $f(x,y) = -5y + x$,对于模型方程 $y' = \lambda y$,这里 $\lambda = \frac{\partial f}{\partial y} = -5$,由于欧拉法的绝对稳定区间为 $-2 \leqslant \lambda h \leqslant 0$,即 $-2 \leqslant -5h \leqslant 0$,故当 $0 < h \leqslant 0.4$ 时计算稳定.

例 8.8 用四阶经典龙格－库塔方法求解初值问题:

$$\begin{cases} y' = -2xy, 0 \leqslant x \leqslant 0.4, \\ y(0) = 1. \end{cases}$$

取步长 $h = 0.2$.

解 $f(x,y) = -2xy$,$h = 0.2$ 代入四阶经典龙格－库塔方法计算公式(8－7),得

$$\begin{cases} y_{n+1} = y_n + \frac{0.2}{6}(K_1 + 2K_2 + 2K_3 + K_4), \\ K_1 = -2x_n y_n, \\ K_2 = 2(x_n + 0.1)(y_n + 0.1K_1), \\ K_3 = -2(x_n + 0.1)(y_n + 0.1K_2), \\ K_4 = -2(x_n + 0.2)(y_n + 0.2K_3). \end{cases}$$

当 $n = 0$ 时,$x_0 = 0$,$y_0 = 1$,计算得 $y(0.2) \approx y_1 = 0.960789333$.

当 $n = 1$ 时,$x_1 = 0.2$,$y_1 = 0.960789333$,计算得 $y(0.4) \approx y_2 = -0.846347508$.

例 8.9 求系数 a,b,c,使初值问题

$$\begin{cases} y' = f(x,y), \\ y(x_0) = y_0 \end{cases}$$

的数值解公式 $y_{n+1} = ay_n + by_{n-1} + hcf_{n-1}$ 有尽可能高的精度,并求其局部截断误差主项.

解 设 $y_n = y(x_n)$,利用泰勒公式,得

$$y_{n-1} = y(x_{n-1}) = y(x_n) - y'(x_n)h + \frac{1}{2}y''(x_n)h^2 - \frac{1}{6}y'''(x_n)h^3 + O(h^4),$$

$$f_{n-1} = f(x_{n-1}, y_{n-1}) = y'(x_{n-1}) = y'(x_n) - y''(x_n)h + \frac{1}{2}y'''(x_n)h^2 + O(h^3),$$

所以

$$
\begin{aligned}
y_{n+1} &= ay_n + by_{n-1} + hcf_{n-1} \\
&= ay(x_n) + b[y(x_n) - y'(x_n)h + \frac{1}{2}y''(x_n)h^2 - \frac{1}{6}y'''(x_n)h^3] \\
&\quad + hc\left[y'(x_n) - y''(x_n)h + \frac{1}{2}y'''(x_n)h^2\right] + O(h^4) \\
&= (a+b)y(x_n) + (-b+c)hy'(x_n) + \left(\frac{1}{2}b - c\right)h^2y''(x_n)^2 \\
&\quad + \left(-\frac{1}{6}b + \frac{1}{2}c\right)h^3y'''(x_n) + O(h^4),
\end{aligned}
$$

又有

$$
y(x_{n+1}) = y(x_n) + hy'(x_n) + \frac{h^2}{2}y''(x_n) + \frac{h^3}{6}y'''(x_n) + O(h^4),
$$

为提高数值解公式精度,使上两式系数尽可能相等,得

$$
\begin{cases}
a + b = 1, \\
-b + c = 1, \\
\frac{1}{2}b - c = \frac{1}{2},
\end{cases}
$$

解得 $a=4, b=-3, c=-2$,局部截断误差为

$$
T_{n+1} = y(x_{n+1}) - y_{n+1} = \frac{2}{3}y'''(x_n)h^3 + O(h^4),
$$

上式右端第一项即为局部截断误差主项.

例 8.10 用阿达姆斯四阶显式公式求初值问题

$$
\begin{cases}
y' = \frac{2}{3}xy^{-2}, 0.1 \leqslant x \leqslant 1.2, \\
y(0) = 1
\end{cases}
$$

的数值解,取步长 $h=0.1$,并与精确解 $y=\sqrt[3]{x^2+1}$ 比较.

解 设 $f(x,y)=\frac{2}{3}xy^{-2}, x_0=0, y_0=1, x_n=nh, n=0,1,\cdots,12$,先用经典龙格-库塔法计算初值:$y_0=1, y_1=1.003322, y_2=1.013159, y_3=1.029142$.

阿达姆斯四阶显式公式为

$$
y_{n+4} = y_{n+3} + \frac{h}{24}(55f_{n+3} - 59f_{n+2} + 37f_{n+1} - 9f_n),
$$

计算结果如下:

n	x_n	y_n	$y(x_n)$	$\lvert y(x_n)-y_n \rvert$
4	0.4	1.050695	1.050718	2.3×10^{-5}
5	0.5	1.077171	1.077217	4.6×10^{-5}
6	0.6	1.107865	1.107932	6.6×10^{-5}
7	0.7	1.142086	1.421650	7.9×10^{-5}

（续）

n	x_n	y_n	$y(x_n)$	$\lvert y(x_n)-y_n \rvert$
8	0.8	1.179189	1.179274	8.4×10^{-5}
9	0.9	1.218605	1.218689	8.4×10^{-5}
10	1.0	1.259842	1.259921	7.9×10^{-5}
11	1.1	1.302487	1.302559	7.2×10^{-5}
12	1.2	1.346198	1.346263	6.5×10^{-5}

8.3 课后习题解答

1. 用欧拉法计算下列初值问题的解在各节点处的近似值(保留到小数点后4位).

(1) $\begin{cases} y' = x^2 + 100y^2, 0 \leqslant x \leqslant 0.3, \\ y(0) = 0, \end{cases}$ 取步长 $h = 0.1$.

(2) $\begin{cases} y' = -y - xy^2, 0 \leqslant x \leqslant 0.6, \\ y(0) = 1, \end{cases}$ 取步长 $h = 0.2$.

解 (1) 欧拉法计算公式为

$$y_{n+1} = y_n + hf(x_n, y_n) = y_n + 0.1(x_n^2 + 100y_n^2), n = 0,1,2,$$

代入 $y(0) = y_0 = 0$,得

$$y(0.1) \approx y_1 = 0.0000, y(0.2) \approx y_2 = 0.0010, y(0.3) \approx y_3 = 0.0050.$$

(2) 欧拉法计算公式为

$$y_{n+1} = y_n + hf(x_n, y_n) = y_n + 0.2(-y_n - x_n y_n^2), n = 0,1,2,$$

代入 $y(0) = y_0 = 1$,得

$$y(0.2) \approx y_1 = 0.8000, y(0.4) \approx y_2 = 0.6144, y(0.6) \approx y_3 = 0.4613.$$

2. 用梯形法和改进的欧拉法求初值问题

$$\begin{cases} y' = x + y, 0 \leqslant x \leqslant 0.5, \\ y(0) = 1. \end{cases}$$

的数值解,取步长 $h = 0.1$,并与准确解 $y = -x - 1 + 2e^x$ 相比较,计算结果保留5位小数.

解 梯形法计算公式为

$$y_{n+1} = y_n + \frac{h}{2}(x_n + y_n + x_{n+1} + y_{n+1}),$$

即

$$y_{n+1} = \frac{2}{2-h}\left[\left(1 + \frac{h}{2}\right)y_n + \frac{h(x_n + x_{n+1})}{2}\right], n = 0,1,\cdots,4.$$

改进的欧拉法为

$$\begin{cases} \bar{y}_{n+1} = y_n + h(x_n + y_n), \\ y_{n+1} = y_n + \frac{h}{2}(x_n + y_n + x_{n+1} + \bar{y}_{n+1}), \end{cases}$$

即

$$\begin{cases}\bar{y}_{n+1} = hx_n + (1+h)y_n, \\ y_{n+1} = \left(1 + \dfrac{h}{2}y_n\right) + \dfrac{h}{2}\bar{y}_{n+1} + \dfrac{h}{2}(x_n + x_{n+1}), i = 0,1,\cdots,4.\end{cases}$$

代入 $h=0.1$,$y(0)=1$,计算结果如下:

n	x_n	梯形法 y_n	$\lvert y(x_n)-y_n\rvert$	n	x_n	改进欧拉法 y_n	$\lvert y(x_n)-y_n\rvert$
1	0.1	1.110 526 316	$0.184\ 479\times10^{-3}$	1	0.1	1.11	$0.341\ 836\times10^{-3}$
2	0.2	1.243 213 296	$0.407\ 779\times10^{-3}$	2	0.2	1.242 050	$1.755\ 516\times10^{-3}$
3	0.3	1.400 393 643	$0.676\ 027\times10^{-3}$	3	0.3	1.398 465 250	$1.252\ 365\times10^{-3}$
4	0.4	1.584 645 606	$0.996\ 210\times10^{-3}$	4	0.4	1.581 804 101	$1.845\ 294\times10^{-3}$
5	0.5	1.798 818 827	$1.376\ 285\times10^{-3}$	5	0.5	1.794 893 532	$1.549\ 009\times10^{-3}$

可以看出,就本题而言,梯形法比改进的欧拉法精度略高.

3. 利用改进的欧拉方法计算积分

$$y = \int_0^x e^{t^2}dt$$

在点 $x=0.25,0.5,0.75,1$ 处的近似值(取步长 $h=0.25$,保留 6 位小数).

解 令 $f(x) = \int_0^x e^{t^2}dt$,则有初值问题

$$y' = e^{x^2}, y(0) = 0.$$

对上述问题应用欧拉法,取 $h=0.25$,计算公式为

$$y_{n+1} = y_n + 0.25e^{x_n^2}, n = 0,1,2,3.$$

由 $y(0)=y_0=0$,得

$$y(0.25) \approx y_1 = 0.242427, y(0.50) \approx y_2 = 0.457204,$$
$$y(0.75) \approx y_3 = 0.625777, y(1.0) \approx y_4 = 0.742985.$$

4. 已知初值问题

$$\begin{cases}y' = ax + b, \\ y(0) = 0.\end{cases}$$

的准确解为 $y(x)=\dfrac{a}{2}x^2+bx$. 以 h 为步长,试导出欧拉方法的近似解的表达式,并证明整体截断误差为

$$\varepsilon_n = y(x_n) - y_n = \frac{1}{2}ahx_n.$$

解 已知 $x_0=0$,$y_0=0$,$x_n=nh$, 欧拉法公式为

$$y_{n+1} = y_n + hf(x_n,y_n) = y_n + h(ax_n+b), n = 0,1,2,\cdots.$$

于是得

$$y_1 = bh,$$

$$y_2 = bh + h(ax_1 + b) = 2bh + ahx_1,$$
$$y_3 = 2bh + ahx_1 + h(ax_2 + b) = 3bh + ah(x_1 + x_2),$$
$$\vdots$$
$$\begin{aligned} y_n &= (n-1)bh + ah(x_1 + x_2 + \cdots + x_{n-2}) + h(ax_{n-1} + b) \\ &= nbh + ah^2[1 + 2 + \cdots + (n-1)] \\ &= bx_n + ah^2 \frac{(n-1)n}{2} = bx_n + \frac{1}{2}ax_{n-1}x_n. \end{aligned}$$

即得近似解的计算公式为

$$y_n = bx_n + \frac{1}{2}ax_{n-1}x_n.$$

$$\begin{aligned} \varepsilon_n = y(x_n) - y_n &= \frac{1}{2}ax_n^2 + bx_n - \left(bx_n + \frac{1}{2}ax_{n-1}x_n\right) \\ &= \frac{1}{2}ahx_n = \frac{1}{2}anh^2. \end{aligned}$$

5. 用梯形法解初值问题

$$\begin{cases} y' + y = 0, \\ y(0) = 1. \end{cases}$$

证明求得的近似解为

$$y_n = \left(\frac{2-h}{2+h}\right)^n,$$

并证明当步长 $h \to 0$ 时，y_n 收敛于原初值问题的准确解 $y = \mathrm{e}^{-x}$.

证明 梯形公式为

$$y_{n+1} = y_n + \frac{h}{2}[f(x_n, y_n) + f(x_{n+1}, y_{n+1})],$$

代入 $f(x) = -y$，得

$$y_{n+1} = y_n + \frac{h}{2}(-y_n - y_{n+1}),$$

解得

$$y_{n+1} = \left(\frac{2-h}{2+h}\right)y_n = \left(\frac{2-h}{2+h}\right)^2 y_{n-1} = \cdots = \left(\frac{2-h}{2+h}\right)^{n+1} y_0.$$

因为 $y_0 = 1$，故

$$y_n = \left(\frac{2-h}{2+h}\right)^n.$$

对 $\forall x > 0$，以 h 为步长，经 n 步计算可求得 $y(x)$ 的近似值 y_n，故 $x = nh$，$n = \frac{x}{h}$，则

$$y_n = \left(\frac{2-h}{2+h}\right)^{\frac{x}{h}},$$

于是

$$\lim_{h\to\infty} y_n = \lim_{h\to\infty}\left(\frac{2-h}{2+h}\right)^{\frac{x}{h}} = \lim_{h\to\infty}\left[\left(1+\frac{-2h}{2+h}\right)^{\frac{2+h}{-2h}}\right]^{\frac{-2x}{2+h}} = e^{-x}.$$

6. 对上面第 5 题初值问题，证明用改进的欧拉法求得的近似解为

$$y_n = (1 - h + \frac{1}{2}h^2)^n, n = 0,1,2,\cdots$$

并证明步长 $h\to 0$ 时，$y_n \to e^{-x}$.

解 改进的欧拉法为

$$\begin{cases} \bar{y}_{n+1} = y_n + hf(x_n, y_n), \\ y_{n+1} = y_n + \dfrac{h}{2}[f(x_n, y_n) + f(x_{n+1}, \bar{y}_{n+1})], \end{cases}$$

代入 $f(x) = -y$，得

$$\begin{cases} \bar{y}_{n+1} = y_n - hy_n = (1-h)y_n, \\ y_{n+1} = y_n + \dfrac{h}{2}(-y_n - \bar{y}_{n+1}) = \left(1 - h + \dfrac{1}{2}h^2\right)y_n. \end{cases}$$

于是

$$y_n = \left(1 - h + \frac{1}{2}h^2\right)y_{n-1} = \left(1 - h + \frac{1}{2}h^2\right)^2 y_{n-2}$$

$$= \cdots = \left(1 - h + \frac{1}{2}h^2\right)^n y_0.$$

由于 $x_0 = 0, y_0 = 1, x = nh, n = \dfrac{x}{h}$，所以求得的近似解为

$$y_n = \left(1 - h + \frac{1}{2}h^2\right)^n, n = 0,1,2,\cdots.$$

且

$$\lim_{h\to 0} y_n = \lim_{h\to 0}\left(1 - h + \frac{1}{2}h^2\right)^n = \lim_{h\to 0}\left(1 - h + \frac{1}{2}h^2\right)^{\frac{x}{h}}$$

$$= \lim_{h\to 0}\left[\left(1 + \frac{h^2 - 2h}{2}\right)^{\frac{2}{h^2-2h}}\right]^{\frac{h-2}{2}x} = e^{-x}.$$

7. 利用欧拉预测－校正系统求初值问题

$$\begin{cases} y' + y + y^2\sin x = 0, 1 \leqslant x \leqslant 1.4, \\ y(1) = 1. \end{cases}$$

的近似解，取步长 $h = 0.2$，要求保留 5 位小数.

解 由题意知 $f(x,y) = -y - y^2\sin x$，欧拉预测－校正系统即改进的欧拉法，形式为

$$\begin{cases} y_p = y_n + hf(x_n, y_n), \\ y_c = y_n + hf(x_{n+1}, y_p), \\ y_{n+1} = \dfrac{1}{2}(y_p + y_c), \end{cases}$$

代入f,得

$$\begin{cases} y_p = y_n + h(-y_n - y_n^2\sin x_n), \\ y_c = y_n + h(-y_p - y_p^2\sin x_{n+1}), \\ y_{n+1} = \dfrac{1}{2}(y_p + y_c). \end{cases}$$

已知$x_0 = 1, y(x_0) = y_0 = 1, h = 0.2$,计算结果如下:

$n = 0$时,有

$$y_p = y_0 + h(-y_0 - y_0^2\sin x_0) = 1 + 0.2(-1 - 1^2\sin 1) \approx 0.631706,$$

$$y_c = y_0 + h(-y_p - y_p^2\sin x_1) = 1 + 0.2(-0.631706 - 0.631706^2\sin 1.2) \approx 0.799272,$$

$$y_1 = \frac{1}{2}(y_p + y_c) \approx 0.715489.$$

$n = 1$时,有

$$y_p = y_1 + h(-y_1 - y_1^2\sin x_1) = 0.715489 + 0.2(-0.715489 - 0.715489^2\sin 1.2) \approx 0.476964,$$

$$y_c = y_1 + h(-y_p - y_p^2\sin x_2) = 0.715489 + 0.2(-0.476964 - 0.476964^2\sin 1.4) \approx 0.575259,$$

$$y_2 = \frac{1}{2}(y_p + y_c) \approx 0.526112.$$

于是$y(1) = y_0 = 1, y(1.2) \approx y_1 \approx 0.71549, y(1.4) \approx y_2 \approx 0.526112$.

8. 用四阶经典龙格-库塔方法求解下列初值问题(保留6位小数):

(1) $\begin{cases} y' - 2x + y, 0 \leqslant x \leqslant 1, \\ y(0) = 1, \end{cases}$ 取步长$h = 0.2$.

(2) $\begin{cases} y' = \sqrt{x + y}, 0 \leqslant x \leqslant 0.5, \\ y(0) = 1, \end{cases}$ 取步长$h = 0.1$.

解 (1) $f(x, y) = 2x + y, x_0 = 0, y_0 = y(0) = 1, h = 0.2$代入四阶经典龙格-库塔方法计算公式(8-7),得

$$\begin{cases} y_{n+1} = y_n + \dfrac{h}{6}(K_1 + 2K_2 + 2K_3 + K_4), \\ K_1 = 2x_n + y_n, \\ K_2 = 2x_n + h + y_n + \dfrac{h}{2}K_1, \\ K_3 = 2x_n + h + y_n + \dfrac{h}{2}K_2, \\ K_4 = 2x_n + 2h + y_n + hK_3. \end{cases}$$

计算结果如下:

x_n	y_n	x_n	y_n
0.2	1.264208	0.8	3.076619
0.4	1.675473	1.0	4.154839
0.6	2.266354		

(2) $f(x,y)=\sqrt{x+y}$, $x_0=0$, $y_0=y(0)=1$, $h=0.1$ 代入四阶经典龙格－库塔方法计算公式(8－7)，计算结果如下：

x_n	y_n	x_n	y_n
0.1	1.104921	0.4	1.475681
0.2	1.219405	0.5	1.616925
0.3	1.343091		

9. 证明对任意参数 t，下列龙格－库塔公式是二阶的：

$$\begin{cases} y_{n+1} = y_n + \dfrac{h}{2}(K_2 + K_3), \\ K_1 = f(x_n, y_n), \\ K_2 = f(x_n + th, y_n + thK_1), \\ K_3 = f(x_n + (1-t)h, y_n + (1-t)hK_1). \end{cases}$$

证明 根据局部截断误差定义，只要证明 $T_{n+1}=O(h^3)$ 即可. 而

$$T_{n+1} = y(x+h) - y(x) - h\varphi(x,y,,h),$$

$$\varphi(x,y,,h) = \frac{1}{2}[f(x+th, y+thy'(x)) + f(x+(1-t)h, y+(1-t)hy'(x))],$$

将 $y(x+h)$ 和 $\varphi(x,y,,h)$ 都在 x 处展开即可得到余项表达式

$$f(x+th, y+thy'(x)) = f(x,y) + th\frac{\partial}{\partial x}f(x,y) + thy'(x)\frac{\partial}{\partial y}f(x,y) + O(h^2),$$

$$f(x+(1-t)h, y+(1-t)hy'(x))$$
$$= f(x,y) + (1-t)h\frac{\partial}{\partial x}f(x,y) + (1-t)hy'(x)\frac{\partial}{\partial y}f(x,y) + O(h^2),$$

各式代入 T_{n+1}，并同时将 $y(x+h)$ 也在 x 处展开，得

$$\begin{aligned} T_{n+1} &= y(x) + hy'(x) + \frac{1}{2}h^2y''(x) + \frac{1}{3!}h^3y'''(x) - y(x) \\ &= -\frac{1}{2}h\left[2f(x,y) + h\frac{\partial}{\partial x}f(x,y) + hy'(x)\frac{\partial}{\partial y}f(x,y) + O(h^2)\right] \\ &= O(h^3), \end{aligned}$$

故对任意参数 t，方法是二阶的.

10. 对于初值问题

$$\begin{cases} y' = -100(y - x^2) + 2x, \\ y(0) = 1. \end{cases}$$

（1）用欧拉法求解，步长 h 取什么范围的值，才能使计算稳定？

（2）若用四阶龙格－库塔方法计算，步长 h 如何选取？

（3）若用梯形公式计算，步长 h 有无限制？

解 因为 $f(x,y) = -100(y-x^2)+2x$，所以 $\lambda = \frac{\partial f}{\partial y} = -100$.

（1）由于欧拉法的绝对稳定区间为 $-2 \leqslant \lambda h \leqslant 0$，即 $-2 \leqslant -100h \leqslant 0$，故当 $0 < h \leqslant 0.02$ 时计算稳定.

（2）四阶龙格－库塔方法的绝对稳定区间为 $-2.78 \leqslant \lambda h < 0$，所以当 $0 < h \leqslant 0.0278$ 时计算稳定.

（3）梯形法的绝对稳定区间为 $0 < h < \infty$，所以步长无限制.

11. 分别用阿达姆斯四步四阶显式公式和三步四阶隐式公式求初值问题

$$\begin{cases} y' = x - y + 1, 0 \leqslant x \leqslant 1, \\ y(0) = 1. \end{cases}$$

取步长 $h=0.1$，要求保留 6 位小数（用精确解 $y(x) = e^{-x} + x$ 或用四阶经典龙格－库塔方法给出初始值）.

解 $f_n = x_n - y_n + 1, h = 0.1, x_n = 0.1n$，阿达姆斯四步四阶显式公式为

$$\begin{aligned} y_{n+4} &= y_{n+3} + \frac{h}{24}(55f_{n+3} - 59f_{n+2} + 37f_{n+1} - 9f_n) \\ &= \frac{1}{24}(18.5y_{n+3} + 5.9y_{n+2} - 3.7y_{n+1} + 0.9y_n + 0.24n + 3.24). \end{aligned}$$

阿达姆斯三步四阶隐式公式为

$$y_{n+3} = y_{n+2} + \frac{h}{24}(9f_{n+3} + 19f_{n+2} - 5f_{n+1} + f_n).$$

代入 $f_n, f_{n+1}, f_{n+2}, f_{n+3}$，解出 y_{n+3}，得

$$y_{n+3} = \frac{1}{2.49}(22.1y_{n+2} + 0.5y_{n+1} - 0.1y_n + 0.24n + 3).$$

计算结果如下：

x_n	$y(x_n)$	阿达姆斯四阶显式		阿达姆斯四阶隐式	
		y_n	$\lvert y(x_n)-y_n\rvert$	y_n	$\lvert y(x_n)-y_n\rvert$
0.3	1.040 818 22			1.040 818 01	2.1×10^{-7}
0.4	1.070 320 05	1.070 322 92	2.9×10^{-6}	1.070 319 66	3.8×10^{-7}
0.5	1.106 530 66	1.106 535 48	4.8×10^{-6}	1.106 530 14	5.2×10^{-7}
0.6	1.148 811 64	1.148 818 41	6.8×10^{-6}	1.148 811 01	6.3×10^{-7}
0.7	1.196 585 30	1.196 593 40	8.1×10^{-6}	1.196 584 59	7.1×10^{-7}
0.8	1.249 328 96	1.249 338 16	9.2×10^{-6}	1.249 328 19	7.7×10^{-7}
0.9	1.306 569 66	1.306 579 62	1.0×10^{-5}	1.306 568 84	8.2×10^{-7}
1.0	1.367 879 44	1.367 889 96	1.1×10^{-5}	1.367 878 59	8.4×10^{-7}

12. 写出常微分方程 $y''' = y'' - 2y' + y - x + 1$ 等价的一阶方程组.

解 令 $y_1 = y, y_2 = y', y_3 = y''$,则常微分方程可化为与之等价的一阶常微分方程组,即

$$\begin{cases} y'_1 = y_2, \\ y'_2 = y_3, \\ y'_3 = y_3 - 2y_2 + y_1 - x + 1. \end{cases}$$

13. 用差分方法求边值问题

$$\begin{cases} y'' - y = x^2 - 4x, 0 \leqslant x \leqslant 4, \\ y(0) = y(4) = 0. \end{cases}$$

取步长 $h = 1$,区间 4 等分.

解 对于一般的边值问题

$$\begin{cases} y'' + p(x)y' + q(x)y = r(x), a < x < b, \\ y(a) = \alpha, y(b) = \beta. \end{cases}$$

令 $h = \dfrac{b-a}{N}, x_n = a + nh$,通过用差商代替导数,即

$$y'(x) \approx \frac{y(x_{n+1}) - y(x_{n-1})}{2h}, y''(x_n) = \frac{y(x_{n+1}) - 2y(x_n) + y(x_{n-1})}{h^2}.$$

将问题转化为三对角方程组,即

$$\begin{pmatrix} b_1 & c_1 & & & \\ a_2 & b_2 & c_2 & & \\ & \ddots & \ddots & \ddots & \\ & & a_{N-2} & b_{N-2} & c_{N-2} \\ & & & a_{N-1} & b_{N-1} \end{pmatrix} \begin{pmatrix} y_1 \\ y_2 \\ \vdots \\ y_{N-2} \\ y_{N-1} \end{pmatrix} = \begin{pmatrix} d_1 - a_1\alpha \\ d_2 \\ \vdots \\ d_{N-2} \\ d_{N-1} - c_{N-1}\beta \end{pmatrix},$$

其中

$$a_n = 1 - \frac{h}{2}p(x_n), b_n = -2 + h^2 q(x_n),$$

$$c_n = 1 + \frac{h}{2}p(x_n), d_n = h^2 r(x_n) n = 1, 2, \cdots, N-1.$$

本题中,$p(x) = 0, q(x) = -1, r(x) = x^2 - 4x, a = 0, b = 4, \alpha = 0, \beta = 0$,取节点 $x_n = nh = n(n = 0, 1, 2, 3, 4)$,得对应的三对角方程组

$$\begin{pmatrix} -3 & 1 & \\ 1 & -3 & 1 \\ & 1 & -3 \end{pmatrix} \begin{pmatrix} y_1 \\ y_2 \\ y_3 \end{pmatrix} = \begin{pmatrix} -3 \\ -4 \\ -3 \end{pmatrix},$$

解得

$$y(1) \approx y_1 = \frac{13}{7}, y(2) \approx y_2 = \frac{18}{7}, y(3) \approx y_3 = \frac{13}{7}.$$

参考文献

[1] 关治.数值分析学习指导[M].北京:清华大学出版社,2008.

[2] 李庆扬,王能超,易大义.数值分析[M].5版.北京:清华大学出版社,2008.

[3] 杜廷松,覃太贵.数值分析及实验[M].2版.北京:科学出版社,2012.

[4] 马东升,雷勇军.数值计算方法[M].2版.北京:机械工业出版社,2013.

[5] 蔡大用,白峰杉.高等数值分析[M].北京:清华大学出版社,1997.

[6] 吴勃英,高广宏.数值分析学习指导[M].北京:高等教育出版社,2007.

[7] 雷金贵,蒋勇,陈文兵.数值计算方法理论与典型例题选讲[M].北京:科学出版社, 2012.

[8] 任玉杰.数值分析及其 MATLAB 实现[M].北京:高等教育出版社,2012.

[9] 李华.数值计算方法及其程序实现[M].广州:暨南大学出版社,2013.

[10] 谢冬秀,左军. 数值计算方法与实验[M]. 北京:国防工业出版社,2014.